普通高等院校水利专业“十三五”规划教材

节水灌溉新技术规划与设计

主编　姚宝林　李林　李志刚

中国建材工业出版社

图书在版编目（CIP）数据

节水灌溉新技术规划与设计/姚宝林等主编．--北京：中国建材工业出版社，2020.8（2024.1 重印）
ISBN 978-7-5160-2919-0

Ⅰ.①节…　Ⅱ.①姚…　Ⅲ.①农田灌溉－节约用水－高等学校－教材　Ⅳ.①S275

中国版本图书馆 CIP 数据核字（2020）第 081815 号

内容提要

本书是高等院校农业水利工程专业及农学相关专业选修课程教材。全书主要内容包括节水灌溉技术概述、喷灌技术、微灌技术、低压管道输水灌溉技术、膜下滴灌技术及节水灌溉技术有关管材、管件、水泵、过滤器、施肥罐等设备设计参数附录。

本书可作为全国水利类本科院校、高等专科学校和高等职业技术学院农业水利工程专业、农学及相关专业的教学用书，也可供从事农业节水设计、管理等方面相关工作人员参考用书。

节水灌溉新技术规划与设计
Jieshui Guangai Xinjishu Guihua yu Sheji
主编　姚宝林　李　林　李志刚

出版发行：中国建材工业出版社
地　　址：北京市海淀区三里河路 11 号
邮　　编：100831
经　　销：全国各地新华书店
印　　刷：北京印刷集团有限责任公司
开　　本：787mm×1092mm　1/16
印　　张：13.5
字　　数：320 千字
版　　次：2020 年 8 月第 1 版
印　　次：2024 年 1 月第 2 次
定　　价：49.00 元

本社网址：www.jccbs.com，微信公众号：zgjcgycbs
请选用正版图书，采购、销售盗版图书属违法行为

前　　言

当前农业水利工程专业人才培养中所开设的“节水灌溉技术”课程内容难以适应西北干旱地区现代节水农业的发展需要。“节水灌溉技术”是农业水利工程专业选修课程，当前出版的教材多注重理论讲解且对传统地面节水灌溉技术内容编写较多。随着以（膜下）滴灌为代表的管道式节水灌溉新技术的快速发展及普及，我们在编写过程中删减了当前“节水灌溉技术”教材中常规地面节水灌溉技术的内容，同时删减了在“灌溉排水工程学”课程中已经讲授的有关作物需水量、需水规律、渠道输水及防渗技术等内容。本书的编写更加符合应用型人才培养目标的课程内容和体系，且大量应用节水灌溉技术有关新规范、标准、图集，增加了管道式节水灌溉（如喷灌、低压管道、膜下滴灌）设计示例，更加注重学生实践能力的培养。

本书的编写得到塔里木大学农业水利工程专业综合试点改革项目和“灌溉排水工程学”重点课程建设资助，同时也得到了塔里木大学教务处、水利与建筑工程学院领导和相关教师的支持与帮助，对此表示衷心的感谢。本书引用了大量国内外研究成果，参考了许多已经出版的相关著作和教材，在此一并表示诚挚的感谢。

本书由姚宝林、李林、李志刚编写。

由于国内外节水灌溉技术处在快速发展和探索阶段，加之编者水平有限，书中缺点、错误在所难免，恳请读者批评指正。

编　者

2020 年 7 月

目　录

第1章 概　　论

1.1 节水灌溉的概念及内涵

1.1.1 节水灌溉的概念

《节水灌溉工程技术规范》（GB/T 50363—2018）中对节水灌溉定义为：根据作物需水规律和当地供水条件，高效利用降水和灌溉水，以取得农业最佳经济效益、社会效益和环境效益的综合措施。节水灌溉不仅包括灌溉过程中的节水措施，还包括与灌溉密切相关、提高农业用水效率的其他措施，如雨水蓄集、土壤保墒、井渠结合、灌溉渠系优化配水和用水管理措施等。将自然界的水转化为农作物产量，一般要经过4个环节：①水资源进行合理开发，使其成为农业可用水源；②将水从水源输送至田间；③把引入田间的水，均匀地分配到灌溉的区域并储存到土壤中；④作物经根系吸收土壤水，通过作物体内生理、生化过程转化形成经济产量。

1.1.2 节水灌溉的内涵

1. 合理开发农用水资源

农用水资源包括降水、地表水、地下水、土壤水和经过净化处理的中水或劣质水。农用水资源的合理开发，是指采取必要的工程技术措施，对天然状态下的水进行有目的的干预、控制和改造，在维护生态平衡条件下，为农业生产提供定水量的活动。

（1）降水。我国多年平均降水总量为61900亿立方米，约合水深648mm，目前约有56%的降水消耗于陆面蒸发与植物的蒸腾，进一步开发利用的潜力很大。

（2）地表水。地表水是我国农田灌溉的主要水源。我国多年平均地表河川径流量为2710亿立方米，目前利用率仅为15.4%，其中80.1%用于灌溉，但利用率很低，一般地表水灌区仅30%～40%被利用。未利用的部分主要为雨季的洪水和深层渗漏，且分布在长江以南地区。北方地区的地表水资源开发潜力不大。

（3）地下水。我国多年平均可更新地下水资源量为8290亿立方米，其中与地表水重复的部分为300亿立方米。目前地下水的直接利用量为898亿立方米，其中约53.1%用于农田灌溉，井灌面积目前约占全国粮食作物灌溉面积的25%，并且多为旱涝保收的稳产高产田。但是，由于长期开采地下水，一些地区已因严重超采地下水引发一系列生态环境问题，合理开发地下水资源已成为当务之急。

（4）土壤水。在干旱或半干旱地区，土壤水也是相当重要的农用水资源。土壤水既具有水资源的基本特征，又与重力水资源有区别，具有不可调度性、不可开采性，只能就地被植物利用，或者直接消耗蒸发返回大气。对土壤水的利用，基本上属于自然利用，不需要耗费高昂的工程投资。据调查，在我国北方地区土壤水资源占降水资源的60%～70%，合水深360～420mm，有试验结果表明，在小麦生育期内，土壤水利用量可占全部耗水量的1/3，但在多数地区却未能得到充分利用。

（5）劣质水。劣质水包括生活与工业污水以及微咸水和灌溉回归水；劣质水也是一种可开发的农用水资源。我国还有相当数量的咸水和微咸水资源。仅华北平原浅层地下咸水面积就约占平原总面积的60%，其中矿化度2～3g/L的微咸水面积约为3.6万平方公里，占咸水区面积的40%；据计算，华北平原浅层地下咸水天然资源量为75亿立方米/年，其中矿化度2～3g/L的微咸水资源量为36亿立方米/年，矿化度大于3g/L的咸水资源量为39亿立方米/年。但是，目前我国微咸水的灌溉技术比较落后，利用水平也较低，亟待研究并采用新技术，加大劣质水开发利用的力度。

2. 修建输配水工程，将水从水源送到田间

把水从水源引入，输送到田间是通过修建输配水工程来实现的。渠道和管道是我国农田灌溉最主要的输水工程，但传统的土渠输水渗漏损失大，占到输水量的50%～60%，一些土质较差的渠道输水损失高达70%。据有关资料分析，全国各级渠道渗漏损失水量达1700亿立方米/年，衡量输水工程的输水有效程度可用渠系水利用系数表示，即通过末级固定渠道进入田间的总水量与渠首引进的灌溉总水量的比值。由于输水损失中主要是渗漏损失，所以渠系水利用系数的高低既反映了输配水工程质量，也反映了水源调度及渠系管理运行的质量。因此，渠系水利用系数越低，则表明灌溉水从水源输送至田间过程中的水量损失越大，反之亦然。目前我国灌区的渠系水利用系数还很低，据统计分析，全国平均渠系水利用系数为0.50左右。实践证明，采用渠道防渗或管道输水可大幅度减少输水损失，显著提高渠系水利用系数。但我国渠道防渗和低压管道输水所占的比例很低。因此，大力发展渠道防渗和低压管道输水是我国节约灌溉用水的主要技术措施。

3. 采用田间工程技术把引入田间的水均匀地分配到指定的灌溉面积上

把引入田间的水均匀地分配到指定的灌溉面积上，储存在土壤中转化为土壤水，是通过田间工程来实现的，一般可采用沟灌、畦灌、格田灌等传统地面灌溉技术；间歇灌、水平畦田灌等改进地面灌溉技术；喷灌、微灌等先进灌溉技术。无论采用何种灌水技术，都将引入田间的灌溉水转化为土壤水的过程中会有水量的损失，如蒸发漂移、深层渗漏和地面径流等损失。衡量这个损失的程度可用田间水利用系数来表示，它是指同一时期内，田间实际灌水面积计划湿润层内土壤中得到的净水量与灌区末级固定渠道供给田间总水量的比值。田间水利用系数越大，则田间灌溉水损失越小。田间水有效利用程度与土地平整、土壤质地、耕作措施以及采用的田间工程等密切相关。据有关统计分析，目前我国灌区的田间水利用系数平均为0.75～0.80。

从水源引水到田间灌水这个过程为节约灌溉用水所采取的技术措施，称为工程节水措施，在衡量从水源引水到田间形成土壤水过程中，灌溉水有效利用程度的指标用灌溉水利用系数来表示。灌溉水利用系数是指灌入田间存储在土壤中的有效水量与渠首引进总水量的比值，是集中反映灌溉工程质量、灌溉技术水平和管理水平的一项综合性指标。根据统计分析，我国灌区目前灌溉水利用系数平均为0.54左右，也就是说，从水源引水到作物根层有1/2以上的灌溉水在这个过程中，因渗漏、蒸发和管理不善等原因

而损失了，没有被作物利用。因此，工程节水措施尽管不与作物形成产量直接发生关系，但却是当前节水灌溉技术的主要因素。

提高降水的利用率也是节水灌溉的一个重要方面。在灌溉农田上，利用降水则意味着少用灌溉水。因此，充分有效地利用降水，也是节水灌溉技术的一项重要措施。降水的利用集中在田间，衡量降水有效程度的指标一般用降水有效利用系数表示，其数值与降水总量、每次降水强度及降水延续时间、土壤性质、作物生长与地面覆盖情况、计划湿润层深度等因素有关。不同地区、不同作物和不同年份的降水有效利用系数各不相同，且必须通过实地观测试验求得。为了提高降水有效利用系数，目前一般采取耕作和地表覆盖等技术措施，目的是减少因田面降水的蒸发、形成地表径流以及深层渗漏所引起的降水量损失。

4. 作物从农田土壤中获取水分形成产量

作物从农田土壤中获取水分到形成产量，是通过作物对土壤水的吸收、运输和蒸腾来完成的。根系是作物吸水的主要器官，它从土壤中吸收大量的水分，满足作物生长发育的需要。根的吸水主要在根尖进行，在根尖中，以根毛区的吸水能力最大。水在作物体内的运输是首先进入根部，经过皮层薄壁细胞，进入木质部的导管和管胞中，然后水分沿着木质部向上运输到茎或叶的木质部，再从叶片木质部末端细胞进入气孔下腔附近的叶肉细胞的细胞壁的蒸发部位，最后通过气孔蒸腾出去。作物从土壤中吸收的水分，只有极小部分用于代谢，通过光合作用和作物体内复杂的生理、生化过程转化成经济产量，绝大部分都以蒸腾的形式散发到体外。在作物吸收的总水量中，能利用的只占1%～5%，作物的蒸腾过程和光合作用是同步进行的，当水汽通过开着的气孔扩散进入大气时，光合过程需要CO_2同时通过气孔进入叶片；当供水不足而使气孔部分关闭导致蒸腾受阻时，CO_2的吸收也同时受阻，从而使光合作用减弱，作物产量降低。因此，作物的蒸腾是必不可少的。对于节水灌溉来说，就是要提高蒸腾的效率，即在保证作物必要的蒸腾条件下，尽可能提高作物的产量。作物形成产量过程中对水分的需求除了蒸腾外，还有棵间蒸发和构成植株体所需的水量，这就是作物需水量。由于构成植株体的水量与蒸腾及棵间蒸发量相比其量极小，一般小于它们之和的1%，可忽略不计。因此，作物需水量可认为是作物在一定产量条件下，植株蒸腾量和棵间蒸发量之和，也称为腾发量、蒸散发量农田总蒸发量。在任意土壤水分条件下的作物需水量也称作物耗水量，对于水稻田，必要的农田水分消耗除了蒸发蒸腾外，还包括适当的渗漏量。通常把水稻蒸发蒸腾量与稻田渗漏量之和称为水稻田耗水量。衡量农田水分利用效率程度的指标是水分生产率，它是单位面积平均产量与单位面积平均净灌溉水量、土壤储水量差值和有效降水量及地下水补给量之和的比值，也即是作物产量与水分投入量的比值。这里的水分投入量也就是腾发量，对于水稻田还包括适当的渗漏量。因此，水分生产率是集中反映作物对水分的利用效率的一项综合性指标，主要是灌水技术产生的节水效果。

5. 管理节水

管理节水是节水灌溉的重要组成部分。实践证明，灌溉节水潜力的50%是在管理上。因此，从水源到作物产量形成的整个用水过程中，都要做好管理工作，采用先进的节水管理技术，这些技术包括制订节水灌溉制定、土壤墒情监测与灌溉预报技术、优化配水技术、量水技术和现代化管理新技术。由此可见，节水灌溉技术不是一种单一技术，而是由工程节水技术、农艺节水技术和管理节水技术组成的一种技术体系。实施这种技术体系的根本目的是最大限度地减少从水源通过输水、配水、灌水直至作物耗水过程的损失，最大限度地提高单位耗水量的作物产量和产值。

1.2 节水灌溉技术

1.2.1 水源节水技术

1. 水资源优化分配技术

对水资源进行综合评价，提出能充分利用水资源并发挥最大效益的优化分配方案，进行水资源的开发利用。

2. 多水源联合运用技术

利用系统工程理论和模糊数学方法，建立优化调度模型，采用计算机管理，提高各种水源的利用率，充分发挥各种水源的效益，实现节水增产并保持灌区水资源的良性循环。

3. 雨水蓄集利用技术

在干旱缺水的丘陵山区，选择有一定产流能力的坡面、路面、屋顶，或经过夯实防渗处理的区域，作为雨水蓄集区，将雨水引入位置较低的水窖（窑）或水池内储存，经过净化处理后，供农村的人、畜饮水和农作物灌溉用水。

4. 地下水利用技术

在利用地下水为灌溉水源的地区，在维持地下水生态平衡的前提下，确定开采强度，合理利用地下水，对机井进行测试改造，提高机井的出水效率和装置效率，降低能耗。在井渠结合灌区，非灌溉季节时，可利用渠道引过境水或利用排水沟集蓄雨季降水，入渗补给地下水。

5. 劣质水利用技术

劣质水包括城市生活污水、工业废水、微咸水和灌溉回归水。城市或工矿企业排放的污、废水含有多种重金属元素、有害的无机物或有机化合物、病原生物等，必须经过严格净化处理达到灌溉水质标准，才能用于灌溉非直接食用的农作物。当利用微咸水灌溉时，可根据土壤积盐状况、农作物不同生育期耐盐能力，直接利用微咸水或咸淡水掺混使用。但应特别注意掌握灌水时间、灌水量、灌水次数，同时与农业耕作栽培措施结合，防止土壤盐碱化。对于灌区渠系和田间渗漏水、退水、跑水产生的回归水，可收集起来重复利用或作为下游灌区的灌溉水源。但使用回归水之前，要化验确认其水质已符合灌溉水质标准。

1.2.2 输水节水技术

1. 渠道防渗技术

渠道防渗技术是我国目前应用得最广泛的节水灌溉工程技术措施。通过对渠床土壤处理或建立不易透水的防护层，如混凝土护面、浆砌石衬砌、塑料薄膜防渗和混合材料防渗等工程技术措施，减少输水渗漏损失、加快输水速度、提高灌水效率。与土渠相比，浆砌石衬砌防渗可减少渗漏损失50%～90%；混凝土护面可减少渗漏损失60%～90%；塑料薄膜防渗可减少渗漏损失70%～80%。

2. 管道输水灌溉技术

用塑料管或混凝土管等管道输水代替土渠输水到田间对农田实施灌溉，可大大减少输水过程中的渗漏、蒸发损失，水的输送有效利用率可达95%，还可减少渠道占地，提高输水速度，加快灌水进度，缩短轮灌周期，有利于控制灌水量。管道输水系统通常由地埋管道、给水栓和地面移动闸管组成，采用低压输水。在井灌区，可利用井泵余压解决输水所需的工作压力，因此在我国北方井灌区推广很快。在自流灌区，可采用大口径低压管道代替明渠输水。

1.2.3 配水节水技术

1. 节水灌溉制度

节水灌溉制度是把有限的灌溉水量在作物生育期内进行最优分配，以提高灌溉水向作物可吸收的根层储水的转化效率，以及光合产物向经济产量转化的效率。可以采用非充分灌溉、抗旱灌溉和低定额灌溉等措施，限制对作物的水分供应，巧灌关键水，增加有效降雨的利用，加大土壤蓄水能力，同时对作物生境抗旱锻炼，采用“蹲苗”“促控”等技术，降低田间滕发量，提高作物对农田水的利用效率。一般采用低定额灌溉可节水30%～40%，而对产量无明显影响。

2. 土壤墒情监测与灌溉预报技术

用先进的科学技术手段监测土壤墒情，数据经分析整理后配合天气预报，对适宜灌水时间、灌水量进行预报，可以做到适时适量灌溉，有效地控制土壤含水量，达到节水又增产。

3. 灌区配水技术

根据灌区各级输配水渠道的技术参数和灌溉农田及作物分布情况，按照水源可供水量和作物某生育阶段需水量及水分生产函数，以输配水过程中水量损失较小而增产值较大为目标，应用系统工程手段，编制灌区水量优化调度方案，合理调配灌溉水量，做到增产又节水。

4. 灌区量水技术

采用量水设备对灌区用水量进行量测是搞好灌区经营管理、提高经济效益、实行按量收费、促进节约用水的重要手段。常用的量水设备有量水堰、量水槽、灌区特种量水器和复合断面量水堰。随着电子技术、计算机技术的发展，半自动式或自动式量水装置已开始应用，可大幅度提高灌区的量水效率和量水精度。

5. 现代化灌溉管理技术

采用电子技术对河流、水库、渠道的水位、流量、含沙量乃至抽水灌区的水泵运行工况等技术参数进行采集，输入计算机，利用预先编制好的计算机软件对数据进行处理，按照最优方案用有线或无线传输方式，控制各个闸门的开启度或调节水泵运行台数，实现自动化监测控制。可节省大量的管理劳动力，实现最优化用水管理。

1.2.4 田间节水灌溉技术

1. 灌水方法与灌水技术措施

（1）喷灌技术。喷灌技术是指利用专门的设备将水加压或利用水的自然落差将有压水经过压力管道送到田间，再经喷头喷射到空中散成细小的水滴，均匀地散布在农田上，达到灌溉目的。喷灌几乎适用于灌溉所有的旱作物，如谷物、蔬菜、果树等，既可适用于平原也适用于山丘区；既可用来灌溉农作物又可用于喷洒肥料与农药、防霜冻和防干热风等。但在多风情况下，喷洒均匀度很低，蒸发损失增大。为充分发挥喷灌的节水增产作用，应优先应用于经济价位较高且连片种植、集中管理的作物；地形起伏大、土壤透水性强、采用地面灌溉困难的地方；水源有足够自然落差适合修建自压喷灌的地方；灌溉季节风小的地方。现阶段适合在我国大面积推广的主要有固定式、半固定式和机组移动式三种喷灌形式。与地面灌溉相比，大田作物喷灌一般可省水30%～50%，增产10%～30%。

（2）微灌技术。微灌是一种新型的最节水的灌溉工程技术，包括滴灌、微喷灌和涌泉灌等。生产上常用的是滴灌，滴灌可根据作物需水要求，通过管道系统与安装在末级管道上的灌水器，将水和作物生长所需的养分以很小的流量均匀、准确、适时、适量地直接输送到作物根部附近的土壤表面或土层中进行灌溉，从而使灌溉水的深层渗漏和地表蒸发减少到最低限度。滴灌常以少量的水湿润作物根区附近的部分土壤，因此主要用于局部灌溉。滴灌适用于所有的地形和土壤，特别适用于干旱缺水地区，我国北方和西北地区是微灌最有发展前途的地区，南方丘陵区的经济作物因常受季节性干旱影响也很适宜采用滴灌。滴灌系统可分为固定式和半固定式两种，固定式常用于宽行作物，半固定式常用于密植的大田作物及宽行瓜类等。与地面灌溉相比，滴灌技术一般省水50%～80%，增产效果也十分显著。

（3）覆膜灌溉技术。覆膜灌溉技术包括膜上灌、膜下灌和膜侧灌。膜上灌是在地膜栽培的基础上，把以往的地膜旁侧灌水改为膜上灌水，水沿放苗孔和地膜旁侧渗对作物进行灌溉。通过调整膜畦首尾的渗水孔数及孔的大小，来调整沟畦首尾的灌水量，可获得较常规地面灌水方法相对高的灌水均匀度。膜下灌是在地膜下用滴灌供水灌溉。比膜上灌更省水。覆膜灌操作简便，便于控制灌水量，可大幅度减少土壤的深层渗漏和蒸发损失，因此能显著提高水的利用率。覆膜灌适用于实行地膜种植的中耕作物，与常规沟灌玉米、棉花相比，可省水60%～80%，并有明显增产效果。

（4）地下灌溉技术。地下灌溉技术是指把灌溉水输入地面以下铺设的透水管道或采取其他工程措施普遍抬高地下水位，依靠土壤的毛细管作用浸润根层土壤、供给作物所需水分的灌溉工程技术。地下灌溉技术根据供水方式的不同可分为地下浸润灌溉、地下管道灌溉和地下灌排两用系统。地下浸润灌溉适用于地下水位较高、地下水及土壤含盐量均较低、土壤透水性较好又有一定排水条件的地区。地下管道灌溉适用于水资源紧缺、地下水位较深、灌溉水质较好、计划湿润土层以下有弱透水土层的地区。地下灌排两用系统适用于地下水位较浅，土壤无盐碱化的低洼易涝渍又有干旱威胁的地区。地下灌溉可减少表土蒸发损失，灌溉水的利用率较高，与常规沟、畦灌相比，一般可增产10%～30%。

（5）坐水种技术。坐水种技术是指利用坐水单体播种机，使开沟、浇水、播种、施肥和覆土一次完成的技术，特别适用于我国有小水源的旱地农业区。与常规沟灌玉米相比，可节水 90%，增产 15%～20%。

（6）沟、畦改造技术。沟、畦灌是我国当前最主要的田间灌水方式，为了节水增产，可在精细平整土地的基础上对某些沟畦灌进行改进，如长沟改短沟，长畦改短畦，以使沟、畦规格合理化。一般可比常规沟、畦减少灌水定额 50%，增产 10%～15%。有条件的地区可采用间歇灌或利用激光控制平地实现水平畦田灌，以大幅度提高田间灌水的利用率。

2. 土壤储水补灌技术

（1）蓄水保墒工程技术。采用深耕松土，镇压、中耕除草，改善土壤结构等耕作方法，可以疏松土壤，增大活土层，增强雨水入渗速度和入渗量，减少降雨径流流失，切断毛细管，减少土壤水分蒸发，既可提高蓄集降水的能力，又可减少土壤的蒸发，使土壤水的利用效率得到显著提高。

（2）覆盖保墒技术。在耕地表面覆盖塑料薄膜、秸秆、沙石或其他材料可以抑制土壤蒸发，减少地表径流，蓄水保墒、提高地温、培肥地力和改善土壤物理性状等，因此，利用此类技术可起到蓄水保墒、提高水的利用率和促进作物增产的良好效果。秸秆覆盖一般可节水 15%～20%，增产 10%～20%；覆盖塑料薄膜可增加耕层土壤水分 1%～4%，节水 20%～30%，增产 30%～40%。

（3）水肥耦合技术。通过对土壤肥力的测定，建立以肥、水、作物产量为核心的耦合模型和技术，合理施肥，培肥地力，以肥调水，以水促肥，充分发挥水肥协同效应和激励机制，提高抗旱能力和水分利用效率。可在不增加施肥量的条件下，获得较大的经济效益，以节约水肥资源，减少污染，改善生态环境，增产增收。在不增加施肥量和水量的情况下，肥料利用率可提高 3%～5%，产量增加 20%～30%。

（4）节水作物品种筛选技术。根据当地的降水分布、干旱发生规律和水分特性，因地制宜地压缩需水量大、易旱的作物，扩大雨热同步的秋热作物，选择耗水少而水分利用效率高的作物。通过调整作物布局，建立适应型高效种植制度，一般可使农田整体水分利用效率提高 1. 5～2. 25kg/（mm・hm^2），增产 15%～30%。在优化种植制度下，选用抗旱、节水、高产品种一般可较原主栽品种增产 10%～25%，水分利用效率提高 1. 5～2. 25kg/（mm・hm^2）。

1.3　节水灌溉技术发展现状及存在问题

1.3.1　节水灌溉技术发展现状

节水灌溉技术的基本特点是高技术、高投入和管理现代化，有无效益则是维系节水灌溉能否持续发展的基础。

1. 喷灌技术

自 20 世纪 60 年代“红火”以来，喷灌技术一直是机械化大面积解决灌溉问题的最主要技术。随着这项技术在生产中的广泛应用和各类喷灌机在技术、经济、适应性等方面的考核，目前世界上已趋于将软管卷盘式自动喷灌机、平移式自动喷灌机及人工移管式喷灌机三大类受欢迎的机型大面积推广。

近年来，喷灌技术又在喷洒农药、降低能耗、施水方式等多用途利用方面取得了很大突破。如美国林赛公司在平移式喷灌机上对喷头装置和喷洒方式进行了改进，水量损失大大减少，水的利用率可提高到0.9以上。法国等国在提高软管卷盘式的能量利用率上做了不少工作，使驱动旋转和过流损失减少了很多，很大程度上改善了这种机型耗能较多的“先天不足”的问题。在综合利用机型上，英国、美国等国将平移式喷灌机作为田间的综合作业机械将所有的作物种植环节以此一机包办，其不仅可完成作物的所有老观念种植环节的耕、耙、播、收等，还可以完成其他许多新作业项目。

2. 微灌技术

20世纪80年代发展起来的微灌技术，近十年来取得了很大的进步，随着设施农业的发展，微灌技术和设备更是如虎添翼，已趋于完善的地步。微灌技术的发展最有典型性应是以色列，除了大田作物很少应用外，他们几乎将微灌技术应用到有作物的各处包括林园、阳台、花园，甚至室内装饰植物。近几年微灌设备有很大突破，20世纪80年代，仅灌水器（滴头、微喷头等）就有100余种，现在逐步淘汰，形式变少，品种系列化。滴灌多采用滴灌带。微喷头多采用旋转与折射相结合的形式，使出水孔口相对变大不易堵塞；射程相对增加使喷灌强度变小，均匀度提高；水滴直径绝大多数为细小水滴，而不是雾状，使能耗大大减少。

3. 渠道防渗工程技术

世界各国，如美国、日本、印度、苏联、巴基斯坦、伊朗、加拿大等，由于集道渗漏损失的水量很大，均非常重视并积极开展渠道防渗工程研究和建设工作。这些国家渠道防渗工程建设发展快，技术水平高，节水效果显著。如美国把渠道防渗作为水利工程挖潜措施之一，早在1946年就开始研究，到1990年，美国共建防渗渠道9656km。目前已形成统一的设计和施工技术标准，施工机械化程度高，工程质量好。防渗材料多采用混凝土，约1/3采用压实土防渗，塑膜等新型材料目前正在发展推广中。日本也十分重视渠道防渗，现有干、支渠道已经全部防渗，田间渠道也基本防渗，他们大量使用工厂化生产的钢筋混凝土预制构件，现场施工以机械施工为主，渠道防渗工程标准高、质量好。

4. 管道输水灌溉技术

管道输水灌溉技术在国外发展较早。目前，世界发达国家的管道输水灌溉技术应用十分广泛，甚至有逐步代替田间地面渠道灌溉系统的趋势。美国到1984年管道输水灌溉面积已发展到9648万亩①，占全美国地面灌溉面积的46.9%。苏联用地下管道代替明渠的发展速度已超过防渗渠道，到1984年，地埋管道系统已占总灌溉渠系统的63%，管道总长21.8万千米。以色列、英国、瑞典有90%以上的灌溉土地实现了管道输水。日本已经由部分管道输水向多级组合的完整的管道系统发展，且管网的自动化、半自动化给水控制设备较完善。其他如罗马尼亚、保加利亚等国家，管道输水灌溉技术发展也都比较快。

① 1亩$=666.667m^2$。

5. 地下灌溉

近十年来，世界上兴起了研究新型地下灌溉热潮，地下灌溉不仅在机理上、技术上、经济上，而且在生态环境保护上、水资源保护上，都被认为是最有发展前途的节水灌溉技术。这种技术主要用在草地、果园棉田、小麦、玉米、蔬菜、花卉等作物上。地下灌溉在意大利、美国、德国、法国、日本、俄罗斯及中国等国研究较多，发展较快，面积在稳定增加。

1.3.2 节水灌溉技术存在问题

1. 喷灌、微灌技术存在的问题

由于世界性淡水资源的短缺，各国都十分重视研究、推广最具节水效果的喷、微灌技术。到20世纪80年代，全世界喷、微灌面积已突破了0.2亿公顷（3亿亩），其中美国和苏联均已超过667万公顷（1亿亩），分别占两国灌溉面积的40%左右。干旱缺水的以色列，其灌溉几乎全都采用喷、微灌技术。日本的旱地灌溉面积中，喷、微灌占到90%以上。欧洲诸国已广泛采用喷、微灌技术。由于这一灌溉技术的普遍运用，较大程度地缓解了全球水危机，保证了农业及其他产业的可持续发展。

我国的喷、微灌技术研究始于20世纪50～60年代，但真正起步却是70年代之后。1970年国家将喷灌技术列为重点科研项目，组织水利、农机、农业等部门联合攻关，1978年又将其列入农田水利基本建设计划，有力地促进喷、微灌技术的快速发展，其间虽然几经波折，但全国喷、微灌面积仍稳定在80万公顷左右。

水泵是供水设备中的主体设备，尤其是中小型水泵在节水灌溉中发挥了巨大作用。我国同类产品的生产企业多，但规模小，质量差，成套设备不合理，机组效率低，冷加工设备陈旧，铸造工艺落后，成品率低，外观质量差，产品技术水平相当于20世纪80年代的国际水平。

大型喷灌机与国外同类产品的主要技术差距表现在制造精度较差、电动机减速器效率较低、桁架和喷洒器的规格种类偏少等。

中型喷灌机主要问题是品种、规格少；制造质量不稳定，特质PE软管性能不过关；水力驱动装置尚不成系列；调整装置与国外的电子调整装置相比精度偏低，影响了喷灌机的喷洒均匀性；垂直摇臂式喷枪可靠性较差，没有形成系列；与绞盘式喷灌机配套的水泵及动力也尚未成系列。到1999年，全国绞盘式喷灌机保有量约在3000台，其中从国外引进2000多台。

轻小型喷灌机组主要问题是喷头系列长、档次疏、用户选配困难，喷灌泵铸造工艺落后，与电动机、柴油机配套后机组效率低，结构笨重，机型落后，不能满足目前我国农业产业结构调整的需要。

微灌设备整体技术水平与先进国家推出的第五代产品差距较大，特别是系统首部的附件品种、规格很少，主要依靠进口；因原材料和制造工艺落后，使滴灌管（带）的生产速度远远低于国际水平，其成品率仅有85%。

微喷设备在我国目前使用较多的型式为折射式喷头。其品种单一、附件不全的主要原因是受到国内模具加工精度和费用等因素的制约。

输水管道方面，配套附件不全，尤其是管径在250mm以上的管材配套附件几乎是空白，很难集成经济合理的灌溉网络。由于软管牵引绞盘式喷灌机的特质 PE 软管在耐磨、耐压、耐拉、耐老化等性能方面还不过关，目前主要依靠进口。喷灌用薄壁铝合金管的壁厚绝大部分离国家标准相差很远。

2. 西北地区发展喷灌技术存在的问题

西北地区土地资源广阔，水资源匮乏，加之工业的发展对水资源压力将更大，显然要走节水型农业之路，从农业这个耗水大户上入手是明智之举。节水灌溉方法很多，喷灌是其中之一。但喷灌技术性很强，在风多、风力大的地区会使均匀度剧降，漏喷现象严重，喷灌的节水增产优势就丧失了。发展喷灌技术中出现的问题主要有：①喷灌系统选型不合理；②规划设计不合理；③喷灌设备质量问题；④喷灌系统运行管理问题；⑤风对喷灌的影响。喷灌的最大克星是风。世界各国的经验是风力达到 3 级要停喷。受灌区自然气候影响，风大，干燥，喷灌受风力影响大，蒸发、飘移损失，灌水不均匀，水的利用率低，春季多大风，不能抵御自然灾害。

3. 渠道防渗技术

渠道是大多数国家的主要输水手段，渠道防渗衬砌是提高渠系水利用率的主要措施。渠道防渗效果在很大程度上取决于衬砌材料。目前，各国普遍采用的材料为刚性材料、土料和膜料 3 类，其中刚性材料（尤其是混凝土）占主导地位。美国的混凝土渠道占全部渠道长度约 52%，罗马尼亚占 70%～80%，意大利几乎全为混凝土渠道，日本输水干渠一般采用预制混凝土衬砌。

随着化学工业的发展和机械化施工技术的推进，膜料衬砌的比重日益增大。美国已实现从开挖渠床、铺设塑料薄膜直到填土或浇筑混凝土保护层都由机械完成。

在我国，渠道衬砌逐步由单一材料向复合材料发展，梯形断面向弧形断面发展，探索出许多结构新颖、省材、抗冻、抗变形、防渗效果好的衬砌方法。

4. 低压管道输水技术

管道输水效率高、占地少、易管理，灌溉渠道管道化已经成为各国的共同发展趋势。美国约有 50%的大型灌区实行了输水的管道化。日本土地有限，因此非常重视发展管道输水，1960 年，先在旱地灌溉系统中用管道取代斗、农渠；20 世纪 70 年代末，开始用大口径管道取代输水干渠；到 20 世纪 80 年代中期，全国新建灌溉渠道 50%以上都实现了管道化。东欧各国也十分重视发展管道输水技术，罗马尼亚的灌溉系统中，斗渠以上采用 U 形渠槽，农渠以下全部采用管道输水。

除新建灌区采用管道输水外，也有不少国家达旧灌区改建成管道输水系统，如澳大利亚南部伦马克灌区，灌溉面积达 0.41 万公顷，1975 年改建为管道输水系统后，节约灌溉用水量 33%，年运行费减少约 22%。

国外低压管道输水灌溉技术已趋成熟，今后的方向是开发性能更好、价格更低的新型管材和各种先进量、放水设备及适合于多目标利用的系统与形式。

我国低压管道输水灌溉技术从 20 世纪 80 年代开始发展，“七五”期间，水利部组织了专项科技攻关，解决发展中出现的各种技术问题，取得较为丰硕的成果。在管材开发方面，研制开发出一批输水性能好、机械性能优、用料省的新型管材。在管件方面，研制开发出数十种出水口、给水栓、安全装置及量水装置。在工程规划设计方面，运用系统工程理论进行优化设计，使工程建设更加经济合理。

5. 节水灌溉管理技术

节水灌溉管理技术是指根据农作物的需水、耗水规律，来控制、调配水源，以最大限度地满足作物对水分的需求，实现区域效益最佳的农田水分调控管理。它包括土壤墒情监测与预报技术，节水高效灌溉制度的制订，以区域总效益最大为目的的灌溉预报技术，输配水与灌水水量的量测和流量调节控制技术等几个方面。

土壤墒情监测与预报技术在国内外均有悠久的历史。自 20 世纪 70 年代后期以来，美国、澳大利亚等发达国家采用高空红外线遥感遥测，大范围监测土壤墒情，但由于费用高，技术难度大，正逐步转向计算机模拟。我国干旱、半干旱地区历来十分重视土壤墒情的监测与预报，播种日期、种植面积、作物品种选择等都要通过中长期墒情预报决定。

从 20 世纪 80 年代初开始，许多国家的研究者一改传统的丰产灌溉制度的研究，转向非充分灌溉的试验研究。以色列大量的试验统计表明，在大量节水的情况下可获得相当于最高产量 85%～95%的产量。我国从 20 世纪 50 年代即开展灌溉制度方面的研究，绘制出全国主要农作物需水量等值线图，建立了全国灌溉试验资料数据库，为灌区的规划设计和科学用水提供了基础资料。

第2章　喷灌技术

2.1　概　　述

喷灌是喷洒灌溉的简称，是指利用专门设备将有压水流送到灌溉地段，通过喷头以均匀喷洒方式进行灌溉的方法［《喷灌工程技术规范》（GB/T 50085—2007）］。喷灌有较显著的节水增产效益，是一种比较先进的灌水技术。与一般地面灌溉方式相比，喷灌能提高水的利用系数30%～50%，喷灌不仅具有节水效果，同时还有增产、省地、保土、保肥、适应性强、可综合利用及便于实现灌溉机械化、自动化的优点。

2.1.1　喷灌的优点

（1）节水。灌溉水的损失，一是发生在从水源到田间的输水过程中，二是发生在田间灌水过程中，即配水过程。我国地面灌溉水利用系数仅为0.5左右。喷灌通常采用管道和防渗渠道等输水、配水，输水损失很小。另外，喷灌是利用喷头直接将水比较均匀地喷洒到作物叶面上，田面上各处的受水时间相同，只要设计正确和管理科学，可以不产生明显的深层渗漏和地面径流，因此，喷灌的灌溉水利用系数可以达到0.75以上，比传统的地面灌溉节水30%～50%。

（2）保土。即保护土壤结构不被破坏和保持土壤肥力。这对于精细控制土壤水分、保持土壤肥力，适应换茬时两种作物对水分的不同要求极为有利。喷灌像降雨一样湿润土壤，不破坏土壤团粒结构，为作物根系生长创造了良好的土壤状况。

（3）增加农作物产量、提高农作物的产品品质。喷灌对增加农作物产量的作用是多方面的。喷灌可以适时适量地满足农作物对水分的要求，从每公顷喷洒几百到上千立方米水，只要控制喷洒的时间、速度即可实现。喷灌大大减少了沟渠和田埂占地，一般可提高耕地利用率7%～15%，这对于单产较高的小麦等条播作物进一步提高产量效果十分明显，可增10%～20%。喷灌可以调节田间小气候增加近地层空气湿度，调节温差和昼夜温差，不但可避免干热风、霜冻对作物的危害，而且可显著提高水果、蔬菜、茶叶、烟草等经济作物的品质。

（4）节省劳动力。我国农业经营正向规模化、集约化方向发展，同样面临着提高农业劳动生产率的问题。喷灌的机械化程度高，将大大减轻灌水的劳动强度和提高作业效率，免去年年修筑田埂和田间沟渠的重复劳动。可以说，喷灌是我国今后全面实现农业机械化最有效的灌溉措施之一。

（5）适应性强。喷灌是将水直接喷洒到田面上，并且在一定条件下不产生径流，故灌水均匀度与地形和土壤透水性没有直接的关系，在土壤透水性强或地形坡度较大的条件下仍可以采用喷灌，在大多数情况下无需为灌溉而平整土地和控制地面坡度。

此外，使用喷灌可以在灌水的同时施用肥料、杀虫剂、保水剂等化学药物。还可以防止产生土壤的次生盐碱化和沼泽化，并可以用来开垦荒漠。

2.1.2　喷灌的缺点

（1）风和湿度对喷灌质量产生很大的影响。风不但会将喷洒的水滴吹到远处，而且明显改变了各方向的射程和水量分布，影响灌水质量，甚至产生漏喷现象，一般风力大于 3 级时不宜进行喷洒作业。灌溉季节多风的地区应在设备选型的规划设计上充分考虑风的不利影响，如难以解决，则应考虑采用其他灌溉方法；而如果空气湿度过低，蒸发损失增大，灌溉水利用系数就会减小，当白天空气湿度过低时，可以考虑在夜间喷灌，以得到较好的喷灌效果。

（2）要求较高的投资。喷灌系统工作压力较高，对设备的耐压要求也高，因而投资一般较高。如固定管道式喷灌系统需投资 13500～18000 元/hm^2；半固定管道式喷灌系统需投资 4500～6750 元/hm^2；卷盘式喷灌机需投资 4500 元/hm^2；大型机组约需投资 6000 元/hm^2。这也是当前制约喷灌发展的主要因素。

（3）相对耗能高。喷灌是利用水的压力使水流破碎成水滴并且喷洒到规定范围内，因此喷灌耗能较大。

喷灌需要较高的压力，耗能大，在能源紧张的情况下，受到限制。从节省能源的角度考虑，国外趋向于发展中、近射程的中、低压喷灌系统。

我国在发展喷灌的过程中，结合国情已形成了一套较为完整的技术体系，对世界上绝大多数的喷灌形式都进行了深入细致的研究和示范，包括技术比较复杂的恒压喷灌系统和大型机组式喷灌系统。在管网优化设计、喷头合理组合、自压喷灌、喷头和喷灌自吸泵设计、施工技术等方面均达到了较高的水平；从技术上看，我国的喷灌技术内容丰富、体系完整、集成度和成熟度较高。为了保证喷灌事业的健康发展，我国于 1999 年颁布《喷灌与微灌工程技术管理规程》（SL 236—1999）和 2007 年颁布了国家标准《喷灌工程技术规范》（GB/T 50085—2007），对规划设计的标准化和规范化发挥了重要作用。针对喷灌使用专用设备多的特点，我国对主要的喷灌设备颁布了国家标准或行业标准，如喷头、管材、自吸泵等，这些标准是喷灌设备生产制造必须遵守的准则和依据。

2.2　喷灌系统的组成和分类

2.2.1　喷灌系统的组成

通常喷灌系统由水源工程、水泵和动力机、输配水管道系统、喷头以及附属设备、田间工程等组成，见图 2-1、图 2-2。

（1）水源工程。喷灌系统的水源可以是河流、湖泊、水库、池塘、井水或渠道水等。以地下水为水源的喷灌工程其灌溉设计保证率应不低于 90%，其他情况下喷灌工程灌溉设计保证率应不低于 85%。水源应满足喷灌在水量和水质方面的要求。对于轻小型喷灌机组，应设置满足其流动作业要求的田间水源工程。

（2）水泵和动力机。除利用自流水头以外，喷灌系统的工作压力均需由水泵提供，

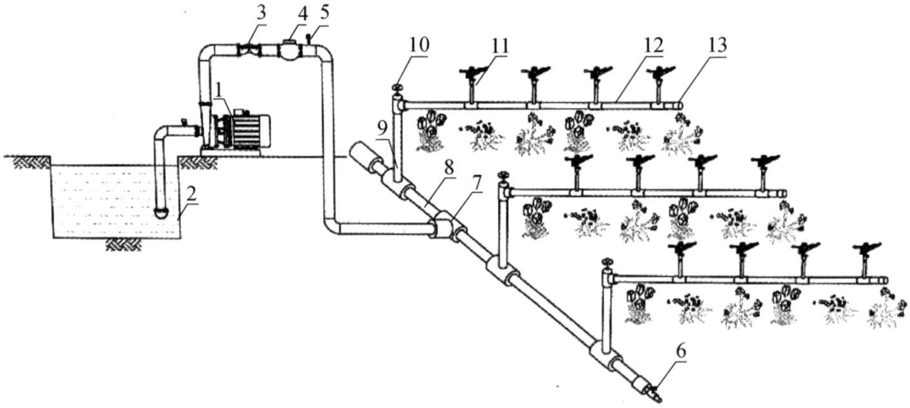

图 2-1　地表水喷灌系统组成示意图

1—动力及加压设备；2—地表水水源；3—逆止阀；4—水表；5—压力表；6—排水阀；7—地下管网连接件；8—地下管网；9—出水栓；10—取水阀；11—喷头及连接件；12—喷灌用地面管；13—管堵

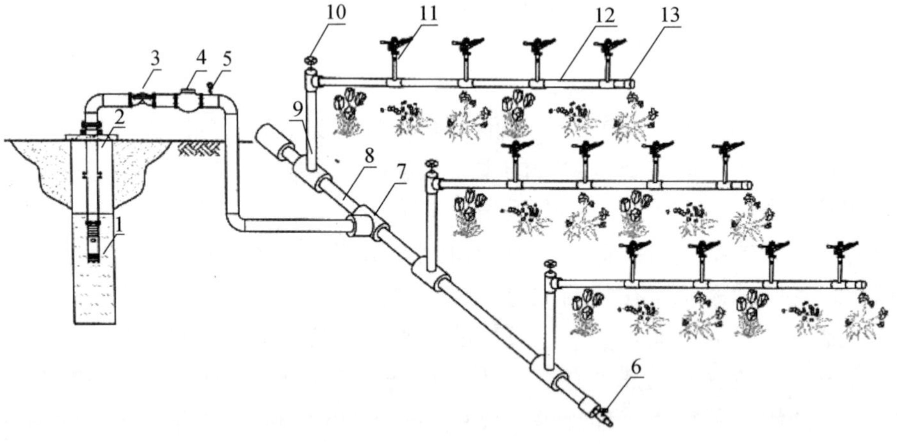

图 2-2　地下水喷灌系统组成示意图

1—动力及加压设备；2—地下水水源；3—逆止阀；4—水表；5—压力表；6—排水阀；7—地下管网连接件；8—地下管网；9—出水栓；10—取水阀；11—喷头及连接件；12—喷灌用地面管；13—管堵

与水泵配套的动力机在有供电的情况下应尽量采用电动机，无电地区只能采用柴油机，轻小型喷灌机组为移动方便通常采用喷灌专用自吸泵并以柴油机、汽油机带动。在井灌区等建设的小型喷灌工程往往用水泵一次完成提水和加压工作，建设大型喷灌工程时为了降低系统工作压力，通常采用分级加压的方式。喷灌系统实际工作流量变化大时，应对水泵的运行进行调节，最常用的有增减水泵开启台数和配备压力罐进行水泵工作时间调节等方式。

（3）输配水管道系统。喷灌使用有压水，故一般采用压力管道进行输配水。大型喷灌工程或在渠灌区发展喷灌也可以利用明渠输水，在支渠或斗渠控制范围内设立加压泵站，加压后再进入喷灌管道系统。喷灌管道系统应能承受一定的压力并通过一定的流量，通常分为干管和支管两级。干管起输配水的作用，支管是工作管道，支管上按一定间隔安装竖管，竖管上安装喷头，有压水通过干管、支管、竖管经喷头喷洒到田面，必要时可增加一级分干管。管道根据铺设状况可分为地埋管道和地面移动管道，地埋管道埋于地下，地面移动管则按灌水要求沿地面铺设。部分喷灌机组的工作管道往往和行走部分结合为一个整体。

(4) 喷头。喷头是喷灌系统的专用设备，形式多种多样，其作用都是将管道内的连续水流喷射到空中，形成众多细小水滴，洒落到地面的一定范围内补充土壤水分。对喷头的基本要求是使连续水流变为细小水滴，称为雾化；使水滴较均匀地喷洒到地面的一定范围内，称为合理的水量分布；单位时间内喷洒到地面的水量应适应土壤入渗能力，不产生径流，称适宜的喷灌强度。单喷头的喷洒范围很有限，水量分布难以达到均匀，故实际应用中经常是多喷头作业，称为喷头组合。作业中喷头边喷边移动时称为行走式喷洒（简称行喷），作业中喷头不移动的称为定点喷洒（简称定喷）。

(5) 附属设备（工程）。喷灌工程中还用到一些附属设备和附属工程。如果从河流、湖泊、渠道取水，则应设拦污设施；为了保护喷灌系统安全运行，必要时应设进气阀、排气阀、调压阀、减压阀、安全阀等。为了喷灌系统安全越冬，应在灌溉季节结束后排空管道中的水，故需设泄水阀。为观察喷灌系统的运行状况，在水泵进出管路上应设真空表、压力表以及水表，在管道系统上还应设置必要的闸阀，以便配水和检修，利用喷灌喷洒农药和肥料时，还应有必要的调配和注入设备。

采用卷盘式喷灌机等机组式喷灌系统时应按喷灌的要求规划田间作业道路和供水设备，以电动机为动力时应架设供电线路，配置低压配电和电气控制箱等。

附属设备、附属工程对于保证喷灌系统正常运行，充分发挥效益具有重要的意义，应引起足够的重视。

(6) 田间工程。有些喷灌系统，需要利用渠道将灌溉水从水源引到田间，以节省管道长度，这时就必须修建田间渠道及相应的建筑物。

2.2.2 喷灌系统的分类

喷灌系统可按不同方法进行分类。按系统获得压力的方式可分为机压喷灌系统和自压喷灌系统；按设备组成可分为管道式喷灌系统和机组式喷灌系统；按喷洒特征可分为定喷式喷灌系统和行喷式喷灌系统；按系统中主要组成部分是否移动和移动的程度可分为固定式、移动式和半固定式 3 类。下文将对管道式喷灌系统和机组式喷灌系统进行介绍。

1. 管道式喷灌系统

管道式喷灌系统是指以各级管道为主组成的喷灌系统。根据管道可移动程度，管道式喷灌系统又可分为固定式喷灌系统、移动式喷灌系统和半固定喷灌系统 3 种。

(1) 固定式喷灌系统。喷灌系统各组成部分除喷头外，在整个灌溉季节，甚至常年都是固定不动的。水泵和动力机组成固定的泵站，干管和支管埋入地下，进行轮灌。这种喷灌系统称为固定式喷灌系统。

固定式喷灌系统的优点是使用操作方便，易于管理和保养，生产效率高，运行费用低，工程占地少。其缺点是工程投资大，设备利用率低；同时固定在田间的竖管对机耕有一定的妨碍。因此，一般只在灌水频繁，经济价值高的蔬菜及经济作物区采用。

(2) 移动式喷灌系统。在田间仅有固定的水源（如塘、井或渠道），而水泵、动力、管道及喷头都是移动的。这样在一个灌溉季节里，一套设备可以在不同的地块上轮流使用，进而提高了设备的利用率，降低了单位面积设备的投资。若将移动部分安装在一起，省去干管、支管，构成一个整体，称为喷灌机。这种形式的喷灌系统使用灵活，但管理、劳动强度大，路渠占地较多。

（3）半固定式喷灌系统。半固定式喷灌系统的动力、水泵和干管是固定的，在干管上装有许多给水栓，支管和喷头是移动的。支管在一个位置上与给水栓连接进行喷洒，喷洒完毕，即可移至下一个位置与下一个给水栓连接。这样的喷灌系统比固定式喷灌系统设备利用率高，投资也较省，操作起来比移动式喷灌系统劳动力强度低些，生产率也高一些，因此，很多国家的喷灌系统多为半固定式喷灌系统。

2. 机组式喷灌系统

机组式喷灌系统是指以喷灌机组为主体的喷灌系统。按其运行方式可分为定喷式喷灌机和行喷式喷灌机两类。

（1）定喷式喷灌机。定喷式喷灌机包括手抬式喷灌机、手推式喷灌机、拖拉机悬挂式喷灌机和滚移式喷灌机等，喷灌机在一个固定位置喷洒，待灌溉水量达到灌水定额后，按预先制订的移动方案移动到另一个位置进行喷洒。

（2）行喷式喷灌机。行喷式喷灌机在喷灌过程中一边喷洒一边移动，在灌水周期内灌完计划灌溉的面积。其主要类型包括绞盘式喷灌机、中心支轴式喷灌机、平移式喷灌机等。

1）绞盘式喷灌机。绞盘式喷灌机是指由软管供水，通过绞盘卷绕软管或钢索，牵引喷头车移动喷灌的喷灌机。常用的有软管牵引绞盘式喷灌机和钢索牵引绞盘式喷灌机两种。绞盘式喷灌机一般包括绞盘车和喷头车两部分。绞盘车停在干管旁边并通过高压半软管与干管相连。绞盘车与喷头车之间也用高压半软管相连，软管直径多为 50～125mm，长为 100～300m。绞盘式喷灌机喷灌时绞盘转动，边喷边收管。收卷完毕，喷头停喷，然后转入下一地段作业，见图 2-3。

图 2-3 软管牵引绞盘式喷灌机作业方式示意图

2）中心支轴式喷灌机。中心支轴式喷灌机又称时针式喷灌系统。其结构在可以自动行走的小车及塔架上，工作时支管像时针一样围绕中心点旋转，如图 2-4 所示。常用的支管长度为 400～500m；根据轮灌的需要，转一周要 2～20d，可控制 800～1000 亩（注：1 亩≈666.67m^2），支管离地面 2～3m。这种系统的优点是机械化、自动化程度高，可以不要人操作，连续工作，生产效率高；支管上可以装很多喷头，喷洒范围互相重叠，提高了灌水均匀度，且受风的影响小；可适用于起伏地形。但其最大缺点是灌溉范围是圆形的，难以覆盖全部耕地。为此，也有在支管末端再安装自动喷角装置，喷洒地角耕地。

3）平移式喷灌机。它的支管和时针式系统一样，也是支撑在可以自动行走的小车上，但它是平行于作物移动的，由垂直于支管的干管上的给水栓通过软管供水，或由主机上的提水加压设备从渠道吸水。当行走一定距离（等于给水栓间距）后就要改由下一个给水栓供水，这样喷灌范围是矩形的，便于与耕作相配合，并易于覆盖全部耕地，见图 2-5。

图 2-4　时针式喷灌系统运行图

图 2-5　平移式喷灌机运行图

2.3　喷　　头

2.3.1　喷头的分类

喷头又称为喷洒器，是喷灌系统中的重要设备。它可以安装在固定的或移动的管路上、行喷机组桁架的输水管上、绞盘式喷灌机的牵引架上，并与配套的动力机、水泵、管道等组成一个完整的喷灌系统。

喷头的种类很多，通常按喷头结构形式或工作压力进行分类。

1. 按喷头结构形式分类

按喷头结构形式，可以把喷头分为旋转式喷头、固定式喷头和喷洒孔管式喷头 3 类。

（1）旋转式喷头。旋转式喷头又称为射流式喷头，其特点是边喷洒边旋转，水从喷嘴喷出时成集中射流状，射程远，流量范围大，喷灌强度较低，是我国目前农田灌溉中应用最普遍的一种喷头。旋转式喷头的共同缺点是当竖管不垂直时，喷头转速不均匀，因而会影响喷灌的均匀性。根据旋转方式又可分类如下：

1）水平旋转式喷头。常用的摇臂式喷头见图 2-6 和图 2-7。摇臂式喷头优点是结构简单，运行可靠，便于推广，转速稳定且易于调节，喷洒的水量分布可借改变摇臂撞击频率调整，喷灌质量较高。摇臂式喷头主要有 PY 系列和 ZY 系列，PY 系列喷头由于耐久性、可靠性、成本等方面原因，目前应用较少；ZY 系列喷头是目前喷灌系统主流，有 1 型和 2 型两种型号，目前研发的有 3 型喷头，但是应用较少。表 2-1 为常用 ZY 系列摇臂式喷头性能参数，可供设计时参考。

水平旋转式喷头的主要缺点是在有风或回转面不水平（竖管倾斜）时旋转速度不均匀，喷管从斜面向下旋转或顺风时转得较快，而从斜面向上旋转或逆风时则转得比较慢，这样两侧的喷灌强度就不一样，影响喷洒均匀性，由于摇臂式喷头不能经受大的振动，所以应避免在手扶拖拉机、柴油机、水泵、喷头直联机组上应用，此外，由于它是撞击驱动，所以要求相应的零件耐冲击，目前对较大的喷头，在冲击部位都设置橡胶打击垫，以改善受力状况，而较小的喷头可以不加。一般在管道式喷灌系统上摇臂式喷头运转比较可靠，使用最普遍。

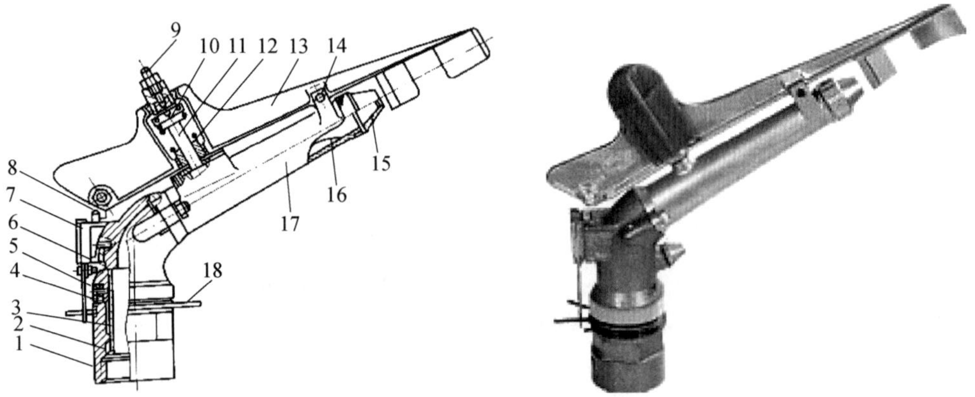

图 2-6　单嘴带换向机构的摇臂式喷头结构图

1—空心轴套；2—减磨密封圈；3—空芯轴；4—防沙弹簧；5—弹簧罩；6—喷体；7—换向器；8—反转钩；9—摇臂调位螺钉；10—弹簧座；11—摇臂轴；12—摇臂弹簧；13—摇臂；14—打击块；15—喷嘴；16—稳流器；17—喷管；18—限位环

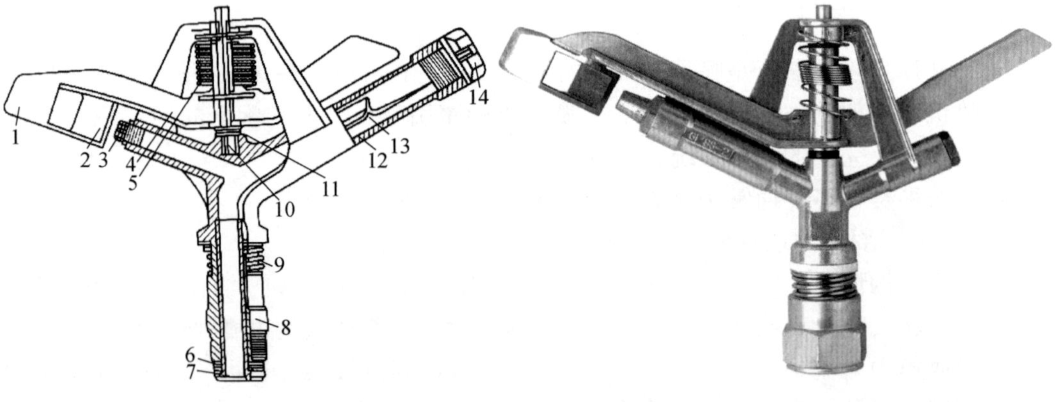

图 2-7　双嘴摇臂式喷头典型结构

1—导水板；2—挡水板；3—小喷体；4—摇臂；5—摇臂弹簧；6—三层垫圈；7—空芯轴；8—轴套；9—防沙弹簧；10—摇臂轴；11—摇臂垫圈；12—大喷管；13—整流器；14—大喷嘴

2）垂直摇臂式喷头（反作用式喷头）。作为一种反作用式喷头，垂直摇臂式喷头是一种中、高压型的喷头，除幼嫩作物外，可适用于各种作物。特别是应用在行走喷洒的系统中稳定性好。另外，它还可以喷洒污水或粪液等混合液体。

需要说明的是，垂直摇臂式喷头和摇臂式喷头虽然都是靠摇臂来驱动喷头旋转的，但其作用原理是完全不同的。前者靠水流冲击直接驱动，后者靠摇臂回位撞击驱动。

3）全射流喷头。全射流喷头是我国在 20 世纪 70 年代研制出的一种新型喷头。它最大的优点是无撞击部件，构造较简单，喷洒性能较好，但是，由于射流元件上的工作孔隙很小，因此对喷洒水质要求较高。

表 2-1 ZY 系列部分喷头性能参数表

型号	接头形式及尺寸（in.）	喷嘴直径（mm）	工作压力（MPa）	喷头流量（m^3/h）	喷头射程（m）
ZY-1	3/4 管螺纹	5.0	0.2	1.33	14.4
			0.3	1.64	16.0
			0.35	1.77	16.6
		6.0	0.2	1.93	15.3
			0.3	2.37	16.9
			0.35	2.56	17.6
ZY-1（双嘴型）	3/4 管螺纹	5.0×2.8	0.2	1.96	14.4
			0.3	2.36	16.0
			0.35	2.54	16.6
		6.0×3.2	0.2	2.47	15.3
			0.3	2.98	16.9
			0.35	3.20	17.6
ZY-2	1（内）管螺纹	7.0	0.2	2.91	18.2
			0.3	3.21	19.3
			0.35	3.46	20.3
		7.5	0.2	3.35	18.7
			0.3	3.67	19.9
			0.35	3.96	20.6
		8.0	0.2	3.81	19.2
			0.3	4.19	20.4
			0.35	4.51	21.3
		9.0	0.2	4.82	20.1
			0.3	5.29	21.7
			0.35	5.70	22.5
ZY-2（双嘴型）	1（内）管螺纹	7×3.1	0.2	3.51	18.2
			0.3	3.83	19.2
			0.35	4.13	20.3
		8×3.1	0.2	4.38	19.3
			0.3	4.82	20.4
			0.35	5.17	21.2
		9×3.1	0.2	5.92	21.7
			0.3	6.38	22.6
			0.35	6.81	23.4

注：in.＝2.540cm。

（2）固定式喷头。固定式喷头又称漫射式喷头或散水式喷头。此类喷头的特点是水流向全圆周或部分圆周（扇形）同时喷洒，射程短，湿润圆半径一般只有 3～9m，喷灌强度较高，一般为 15～20mm/h，通常雾化程度较高。

固定式喷头的优点是结构简单，没有旋转部分，工作可靠，喷洒水滴对作物的打击强度小，要求的工作压力较低，常用在温室、菜地、草坪、苗圃、园林等处。其缺点是喷孔易被堵塞。固定式喷头还适用手悬臂式绞盘喷灌机、中心支轴式和平移式喷灌机等行喷机组式喷灌系统上，可节约能源。

按结构形式可将固定式喷头可分为折射式喷头、缝隙式喷头和离心式喷头 3 种。

1）折射式喷头。一般由喷嘴、折射锥和支架组成，水流由喷嘴垂直向上喷出，遇到折射锥即被击散成薄水层沿四周射出，在空气阻力作用下即形成细小水滴洒落在四周地面上（图 2-8）。

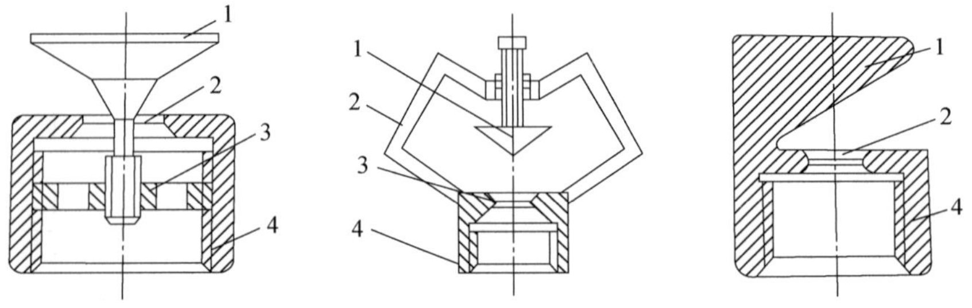

(a) 内支架式　　(b) 外支架式　　(c) 整体式

图 2-8　折射式喷头

1—折射锥；2—喷嘴；3—支架；4—管接头

2）缝隙式喷头。其喷头结构如图 2-9 所示。在管端开出一定形状的缝隙，使水流能均匀地洒成细小的水滴，缝隙与水平角成 30°角，使水舌喷得较远，其工作可靠性比折射式要差，因为缝隙容易被污物堵塞，所以对水质的要求较高，水在进入喷头之前需要进行过滤。但是这种喷头结构简单，制作方便。一般用于扇形喷洒。

3）离心式喷头。这种喷头主要由喷嘴、锥形轴（螺旋轴）、蜗壳、接头等部分组成，其结构见图 2-10。工作时水流沿切线方向或螺旋孔道进入蜗壳，并绕垂直轴旋转，这样经过喷嘴射出的薄水层，同时具有离心速度和圆周速度，所以水流离开喷嘴后就向四周散开，在空气阻力作用下，薄水曾被粉碎成小水滴，洒落到地面。

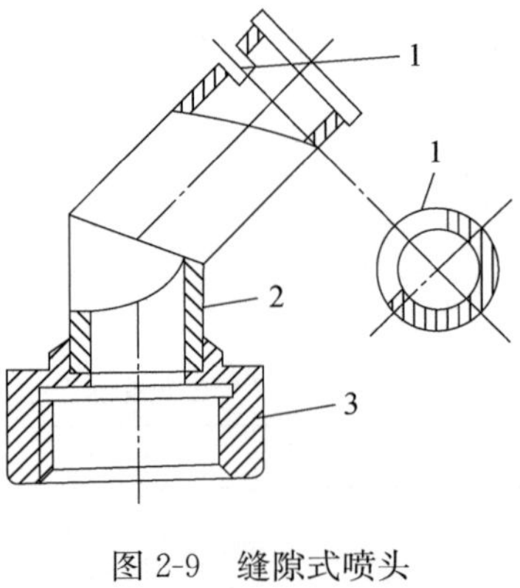

图 2-9　缝隙式喷头

1—缝隙；2—喷体；3—管接头

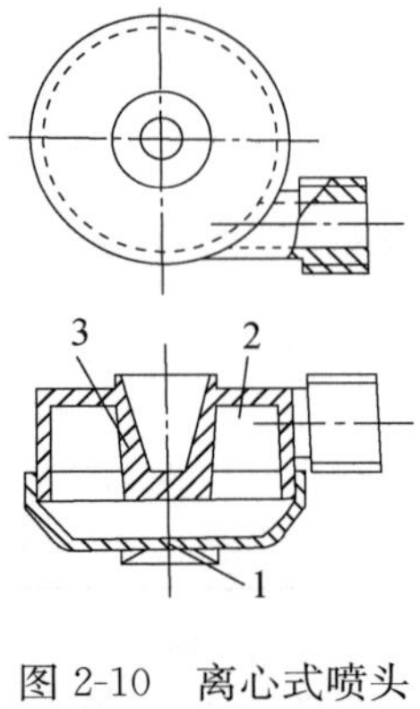

图 2-10　离心式喷头

1—喷嘴；2—蜗壳；3—锥形轴

（3）喷洒孔管。喷洒孔管的优点是结构简单。其缺点是喷灌强度较高；由于喷射水流较细，受风的影响大；孔口小，抗堵塞能力差，不仅污物杂草会堵塞孔口，就连颗粒较大的泥沙也会堵塞孔口；工作压力低，支管内实际压力受地形的影响较大。喷洒孔管一般用于蔬菜、花卉的喷灌。

2. 按工作压力分类

按工作压力分类，可以把喷头分为低压喷头、中压喷头和高压喷头，见表 2-2。目前国内用的最多的是中压喷头，因为它的能耗较小且容易得到较好的喷灌质量。

表 2-2　喷头按工作压力分类

类型	工作压力（MPa）	射程（m）	流量（m^3/h）	特点及适用范围
低压喷头	＜0.2	＜15.5	＜2.5	射程近，水滴打击强度低，主要用于苗圃、菜地、温室、草坪园林、自压喷灌的低压区或行喷式喷灌机
中压喷头	0.2～0.5	15.5～42	2.5～32	喷灌强度适中，适用范围广，果园、草地、菜地、大田及各类经济作物均可适用
高压喷头	＞0.5	＞42	＞32	喷洒范围大，但水滴打击强度也大。多用于喷洒质量要求不高的大田作物和牧草等

2.3.2　喷头的性能参数

喷头是喷灌系统的主要组成部分，一个好的喷头既要求其机械性能好，即结构简单，工作可靠，又要求其水力性能好，也就是能满足喷灌的主要技术要求，而且能节约能源，这些要求往往相互矛盾或相互制约，所以在喷头的应用中，应全面考虑各方面的要求，不可片面追求某一项指标而忽略其他要求，这就需要深入了解喷头各水力参数之间的关系及其影响因素，以便合理地选用，使之更好地符合生产的要求。

喷头的基本参数包括喷头的几何参数、工作参数和水力性能参数（详见本章第 5 节）。

1. 喷头的几何参数

（1）进水口直径 D。进水口直径是指喷头空芯轴或进水口管道的内径 D（mm）。通常比竖管内径小，因而使流速增加，一般流速设计在 3～4m/s 的范围内，以求水头损失小而又不致使喷头体积太大。喷头的进水口直径确定后，其过水能力和结构尺寸也就大致确定了。喷头与竖管的连接一般采用管螺纹。

（2）喷嘴直径 d。喷嘴直径是指喷嘴流道等截面段的直径 d（mm），喷嘴直径反映喷头在一定工作压力下的过水能力。同一型号的喷头，往往允许配用不同直径的喷嘴，如果工作压力相同，则喷嘴直径越大，喷水量就越大，射程也越远，但雾化程度要相对下降。

（3）喷射仰角 α。喷射仰角是指喷嘴出口处射流与水平面的夹角。在相同工作压力和流量情况下，喷射仰角是影响射程和喷洒水量分布的主要参数。适宜的喷射仰角能获得最大的射程，从而可以降低喷灌强度和扩大喷头的控制范围，降低喷灌系统的建设投资。喷射仰角一般为 20°～30°，大中型喷头的 α 大于 20°，小喷头的 α 小于 20°，目前我国常用喷头的喷射仰角 α 多为 27°～30°，为了提高抗风能力，有些喷头采用 21°～25°的喷射仰角。对于小于 20°的喷射仰角，称为低喷射仰角。低喷射仰角喷头一般多用于树下喷灌。对于特殊用途的喷灌，还可以将喷射仰角 α 制造的更小。

2. 喷头的工作参数

（1）工作压力。工作压力是指喷头进水口前的工作压力，一般在喷头进口前 20cm 处的竖管上安装压力表测量，它是使喷头能正常工作的压力。通常用 Pa（压强）或 H（压力水头）表示，其单位为 kPa、MPa 或 m。有时为了评价喷头性能的好坏而使用喷嘴压力，它是指喷嘴出口处的水流总压力，工作压力减去喷头内流过部分的水头损失就是喷嘴压力，喷头流道内水力损失的大小主要取决于喷头的设计和制造水平。

对于一个喷头，其工作压力又可以分为起始工作压力、设计工作压力和最高工作压力。起始工作压力就是能使喷头正常运转的最低水压力值，如果喷头进口处压力低于此值，则喷头无法运转。同样，如果喷头进口处的水压力高于最高工作压力，喷头也无法正常工作。由此可见，在设计喷灌系统时，一定要使整个系统所有竖管末端的实际水压力都在最高工作压力和起始工作压力之间，而且最好能使绝大多数喷头在设计工作压力或接近设计工作压力的条件下工作。在水力性能相同的前提下，喷头的工作压力越低越好，这样有利于节约能源。采用低压喷头是喷灌技术的发展方向之一，但往往需要在节省能源和增加其他费用之间进行平衡和选择。

（2）喷头流量 q。喷头流量又称为喷水量，是指一个喷头在单位时间内喷洒出来的水的体积（或水量）。其单位一般为 m^3/h、L/s 等。影响喷头流量的主要因素是工作压力和喷嘴直径。工作压力越大，喷嘴直径越大，喷头流量就越大；反之，喷头流量就越小。由此可见，喷头流量是选择喷嘴直径乃至进水口直径的重要因素之一。

（3）射程 R。简单地说射程 R 是指无风情况下，喷头正常工作喷射出来的有效水滴所能达到的最远距离。但是这种说法不够严密，为了统一标准、便于比较，国家标准《旋转式喷头试验方法》中规定，喷头的射程指在无风条件下正常工作时，雨量筒中每小时收集的水深为 0.3mm/h（喷头流量低于 250L/h 时为 0.15mm/h）的那一点到喷头中心的水平距离。《喷灌工程技术规范》（GB/T 50085—2007）中定义为：喷头正常工作时，喷洒有效湿润范围的半径。旋转式喷头的结构参数确定后，其射程主要受工作压力的影响。在一定的工作压力范围内，压力增大，则射程也相应增大；超出这一压力范围时，压力增加只会提高雾化程度而射程不会再增加。在喷头流量相同的条件下，射程越大，则单个喷头的喷洒强度就越小，提高了喷灌对黏重土壤的适用性，同时喷头的布置间距可以增大，这对于降低成本极为有利，所以射程是喷头的一个重要工作参数。

2.4 喷灌系统辅助设施

喷灌系统中还用到一些辅助设备和辅助工程。如从河流、湖泊、渠道取水，则应设拦污设施等辅助工程；为了保护喷灌系统安全运行，必要时应安装各种管道附件、各种阀门以及为了便于观测而安装的各种仪表、特殊用途的设备。

本节主要介绍喷灌系统的各种辅助设备。管材附件是指管道系统中的控制件和连接件，它们是管道系统不可缺少的配件。一般常用的有控制阀、安全阀、减压阀、排进气阀、水锤消除器、专用阀等，其作用主要是控制管道系统内的压力和流量，在管道内水压发生波动时，确保管道系统的安全。

2.4.1 控制件

（1）闸阀。闸阀是广泛使用的一种阀门，具有阻力小、开关力小、水可从两个方向流动的优点，但结构复杂，密封面容易擦伤影响止水功能，高度尺寸也较大。

（2）球阀。球阀的优点是结构简单，体积小，质量轻，对水流阻力小。其缺点是启闭速度不易控制，从而使管内产生较大的水锤压力。球阀在喷灌系统中多安装于竖管上，用来控制喷头的开启或关闭。

（3）安全阀。安全阀是一种当管内压力上升时，自行开启，防止水锤事故的安全装置。一般安装在管路始端，对全管道起保护作用，如产生水柱分离，则必须在管路沿程的一处或几处另装安全阀，才能达到防止水锤的目的。常用的安全阀有弹簧式、杠杆式和开放式几种。

（4）减压阀。减压阀的作用是在设备或管道内的水压超过工作压力时，自动减低到所需压力。如在地势很陡、管轴线急剧下降、管内水压力上升超过了喷头的工作压力或管道的允许压力时，就要用减压阀适当降低压力。减压阀按结构形式分成薄膜式、弹簧式、活塞式和波纹管式等。除活塞式减压阀适用于蒸气和空气外，其余 3 种均可用于水和空气等介质。

（5）空气阀。空气阀是喷灌系统的主要附件之一，国外喷灌管网均安设空气阀，作自动进排气之用。国内过去许多喷灌工程由于没有安装空气阀，从而造成管道破裂。国产定型生产的空气阀分单、双室两种，一般中、小规模的喷灌系统采用单室空气阀。

（6）喷灌专用阀。喷灌专用阀主要用于喷灌机组和地面移动管的流量控制。其包括弯头、阀、给水栓和竖管快接控制阀等。

阀门是用以控制管道的启闭与流量的调节部件，按工作压力大小可以分为低压阀门、中压阀门、高压阀门等，喷灌中一般使用低压阀门。按结构分类，喷灌管道中常用的阀门有闸阀、蝶阀、截止阀等，驱动方式一般以手动，连接形式为螺纹或法兰，其中常用于连接固定管道和移动管道的给水栓是喷灌系统的专用阀门，它的结构分为上下两部分，下阀门连接在固定管道上，上阀门通过快速接头与移动管道连接以控制水流的通断。

安全阀、逆止阀、空气阀、减压阀都是以保护系统的安全而安装的阀门。安全阀用于减少管道内超过规定的压力值，在管道系统中如阀门关闭太快会造成阀门前管段压力突然上升，安装安全阀可以消除水锤；逆止阀是根据阀前后的压力差而自动启闭的阀门，它使水流只能朝一个方向流动，当水流反向时会自动关闭，此阀门一般用于保护水泵；管道系统工作时，在系统中的最高位置和管道隆起的顶部常会积累一些空气，即使开始时没有空气，水的流动分离一些空气，这些空气会影响过水面积，发生水力冲击，为消除这些空气，应在这些部位安装空气阀，当空气积累到一定程度时，空气阀会自动打开排气；减压阀的作用在于当设备或管道内的压力超过工作压力时会自动减低压力到所需压力。其他应配置有适当竖管和支架等。

(7) 管道的仪表。管道的仪表主要包括压力表、真空表。压力表安装在管道的首、末端，用来指示水泵和喷头的工作压力；真空表安装在水泵的吸水侧。在特殊用途喷灌中，还需要一些专用的附件，如污水喷灌的污水搅拌器，在喷洒农药和肥料时使用的专门设备等。

2.4.2 连接件

连接件的作用是根据需要将管道连接成一定形状的管网，也称管件。如弯头、三通、四通、异径管等。为了提高喷灌效率、减轻劳动强度，在移动管道中需要采用快速接头。这种快速接头可将一节一节的输水管或管道上的附件（如阀门、三通、四通等）简便、快速而可靠地连接和拆开。现今用得比较多的快速接头有消防水带接头、插座式快速接头、搭扣式快速接头等。

2.4.3 快速接头

为了节省时间、加速灌溉的进程和减轻劳动强度，移动管道之间常用快速接头（或称快速管接头）连接，对其要求有以下几点：①工作可靠，在工作压力作用下能承受一定的轴向推力不会脱开而且密封性能好，对于支管在压力下降后要能迅速排除管内积水；②装卸简便迅速，最好能自动锁紧和自动脱扣；③结构简单，加工容易，造价低廉；④有一定的挠性，即两管在接头处可以转一定的锥角，以适应地形变化的要求；⑤应有足够的刚度，接头可以承受一节以上的管重而不需另加支承；⑥接头内壁过渡要圆滑，使水流流线光滑以减少局部水头损失。

快速接头的结构形式很多，常用的硬管的快速接头有以下几种：

(1) 杠杆紧扣式。如图 2-11 (a) 所示，一般由接合碗、杠杆扣紧环和带橡胶密封圈的承窝 3 部分组成。这种接头密封性好，最大偏角可达 30°，但不能自动锁紧和脱扣，在插入后要用手将大小搭钩锁紧。

(2) 搭扣式。如图 2-11 (b) 所示，由 V 形橡胶密封圈止水，由搭扣承受轴向推力。插入时搭扣会自动滑入挂钩槽内，当拆卸时只要把插口再插入一定深度，然后拧一个角度，搭扣就从挂钩槽侧面的缺口滑出，然后把管子抽出就可以了，装卸简便，工作也可靠。

(3) 弹簧锁紧式。如图 2-11 (c) 所示，由 V 形橡胶密封圈止水，靠锁紧弹簧圈来承受轴向推力；锁紧弹簧圈的自由环外径比承口最大内径略大一些。这样在无水时，弹簧圈胀大，使插口可以自由插入，当管内有水时，水压把橡胶和弹簧圈一起沿承口内的斜面推出，使弹簧圈环径缩小，箍住插口使之无法退出。水压下降后弹簧又胀大，管内积水可以自动排出，而且插口可以自由抽出。这种接头操作最简单，但加工工艺要求较高，否则无法正常工作。而且在无水时，基本上不能承受轴向拉力，不便于在较陡的坡地和地形起伏的田块上使用。

(4) 暗销式。由 V 形橡胶密封圈止水，靠暗销承受轴向推力。插入时 4 个暗销刚好落在 4 个销槽内不会脱出，在拆卸时只要将插口转动 45°销片就从销槽侧面滑出，插口就可以自由抽出。外形如图 2-11 (d) 所示。暗销式接头装卸简便，加工容易。

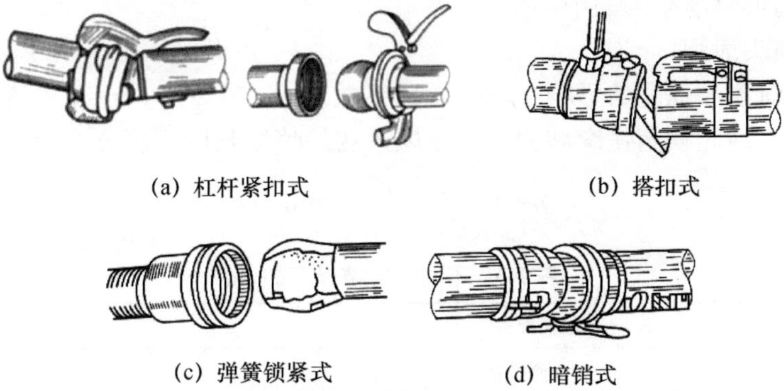

图 2-11　几种快速接头外形图

最常用的软管接头是消防水龙带用的旋扣式接头，使用时只要将承口牙扣插入插口的缺口再旋转一个角度即可扣紧，靠橡胶密封圈止水，密封性好。

2.5　喷灌技术灌水质量指标

喷灌在灌水质量方面有其特殊的要求，所以衡量其质量的指标与其他灌水方法也不完全相同，一般以喷灌强度、喷灌均匀度和水滴打击强度 3 项来表示。

2.5.1　喷灌强度

喷灌强度是指单位时间内喷洒在单位面积上的水量，即单位时间内喷洒在灌溉土地上的水深。一般用 mm/min 或 mm/h 表示。由于在喷洒时，水量分布通常是不均匀的，因此喷灌强度有点喷灌强度 ρ_i 和平均喷灌强度（面积和时间都平均）$\bar{\rho}$ 两种概念。

点喷灌强度是指在一定时间 Δt 内喷洒到某一点土壤表面的水深 Δh 与 Δt 的比值：

$$\rho_i=\frac{\Delta h}{\Delta t} \tag{2-1}$$

平均喷灌强度 $\bar{\rho}$ 是指在一定喷灌面积上各点在单位时间内的喷灌水深的平均值，以平均喷灌水深 $\bar{h}$ 与相应时间 t 的比值表示：

$$\bar{\rho}=\frac{\bar{h}}{t} \tag{2-2}$$

单喷头全圆喷洒时的平均喷灌强度 $\bar{\rho}_{全}$ 可用下式计算：

$$\bar{\rho}_{全}=\frac{1000q\eta}{A}=\frac{1000q\eta}{\pi R^2}\ (\text{mm/h}) \tag{2-3}$$

对于扇形喷洒时的平均喷灌强度 $\bar{\rho}_{扇}$ 可用下式计算：

$$\bar{\rho}_{扇}=\frac{1000q\eta}{A}\times\frac{360°}{\alpha}\ (\text{mm/h}) \tag{2-4}$$

式中　q——喷头的喷水量，m^3/h；

A——在全圆转动时一个喷头的湿润面积，m^2；

η——喷灌水的有效利用系数，即扣去喷灌水滴在空中的蒸发和漂移损失，风速低于 3.4m/s 时，取 0.8～0.9；风速低于 3.4～5.4m/s 时，取 0.7～0.8。

α——扇形喷灌范围的中心角；

R——喷头射程，m。

当考虑风对喷灌强度的影响时，引入风系数 K_W（表 2-3），在有风情况下，湿润面积也有所较小，因此喷灌强度增加。考虑风系数的喷灌强度计算公式为：

$$\rho=K_W\frac{1000q\eta}{A}\ (\text{mm/h}) \tag{2-5}$$

表 2-3　不同运行情况下的 K_W

运行情况		K_W
单喷头全圆喷洒		$1.15v^{0.314}$
单支管多喷头全圆喷洒	支管垂直于风向	$1.08v^{0.194}$
	支管平行于风向	$1.12v^{0.302}$
多支管多喷头同时喷洒		1.0

注：1. 表中 v 为风速，m/s。

2. 单支管多喷头同时全圆喷洒，若支管与风向既不垂直也不平行时，可近似地用线性插值法计算 K_W 值。

3. 表中公式适用于风速 v 为 1.0～5.5m/s。

在喷灌系统中，各喷头的湿润面积有一定重叠，实际的喷灌强度要比上述计算得高些，为准确起见，可以将有效湿润面积 $A_{有效}$ 来代替上文式中的 A 值。单喷头全圆喷洒、单喷头扇形喷洒、单支管多喷头、多支管多喷头喷洒时有效灌溉面积 $A_{有效}$ 计算见表 2-4。单支管多喷头和多支管多喷头有效灌溉面积见图 2-12 和图 2-13。

表 2-4　不同运行情况下的喷头有效控制面积

运行情况	有效控制面积 $A_{有效}$
单喷头全圆喷洒	πR^2
单喷头扇形喷洒（扇形中心角为 α）	$\pi R^2\frac{\alpha}{360}$
单支管多喷头同时全圆喷洒	$\frac{\pi R^2\left[90-\arccos\left(\frac{a}{2R}\right)\right]}{90}+\frac{a\sqrt{4R^2-a^2}}{2}$
多支管多喷头同时全圆喷洒	ab

注：R 为喷头射程，α 为扇形喷洒范围圆心角，a 为喷头在支管上的间距，b 为支管间距。

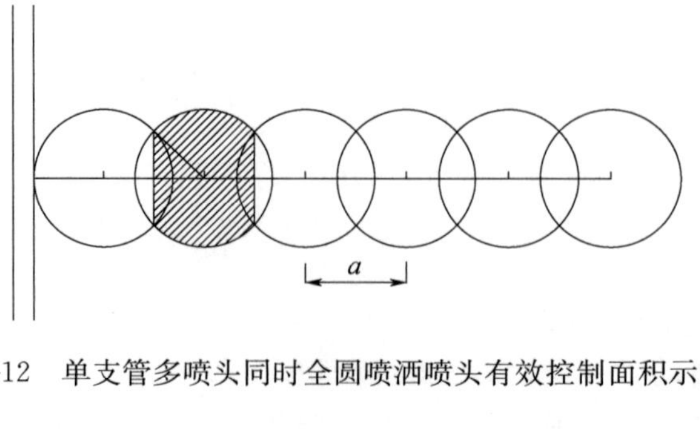

图 2-12　单支管多喷头同时全圆喷洒喷头有效控制面积示意图

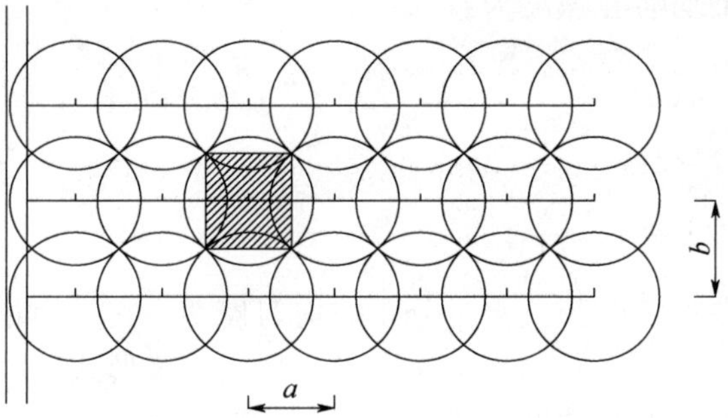

图 2-13　多支管多喷头同时喷洒喷头有效控制面积示意图

在一般情况下，平均喷灌强度应与土壤透水性相适应，应使喷灌强度不超过土壤入渗率（即渗吸速度），这样喷洒到土壤表面的水才能及时渗入土壤中，而不会在地表形成积水和径流。不同类别土壤的允许喷灌强度可按照表 2-5 确定。当地面坡度大于 5％时，允许喷灌强度应按照表 2-6 进行折减。

表 2-5　各类土壤允许喷灌强度

土壤类别	允许喷灌强度（mm/h）
砂土	20
砂壤土	15
壤土	12
壤黏土	10
黏土	8

注：有良好覆盖时，表中数值可提高 20％。

表 2-6　坡地允许喷灌强度降低值

地面坡度（％）	允许喷灌强度降低值（％）
5～8	20
9～12	40
13～20	60
＞20	75

喷灌强度测定一般是与喷灌均匀度试验结合进行，具体方法是在喷头的湿润面积内均匀地布置一定数量的量雨筒，喷洒一定时间后，测量量雨筒中的水深。量雨筒所在点的喷灌强度用下式计算：

$$\rho_i=\frac{10W}{t\omega}\ (\mathrm{mm/min}) \tag{2-6}$$

式中　W——量雨筒承接的水量，cm^3；

t——试验持续时间，min；

ω——量雨筒上部开敞口面积，cm^2。

而喷灌面积上的平均喷灌强度为：

$$\bar{\rho}=\sum_{\lambda=1}^{n}\rho_i/n \tag{2-7}$$

式中　n——量雨筒的数目。

2.5.2　喷灌均匀度

喷灌均匀度是指在喷灌面积上水量分布的均匀程度，它是衡量喷灌质量好坏的主要指标之一。喷灌均匀度与喷头结构、工作压力、喷头布置形式、喷头间距、喷头转速的均匀性、竖管的倾斜度、地面坡度和风速、风向等因素有关。

表征喷灌均匀度的方法很多，但都各有利弊，这里只介绍两种常用的表示方法。

(1) 喷洒均匀系数（克里斯琴森系数）。

$$C_u=1-\frac{\Delta h}{h} \tag{2-8}$$

$$h=\frac{\sum_{i=1}^{n}h_i}{n} \tag{2-9}$$

$$\Delta h=\frac{\sum_{i=1}^{n}|h_i-h|}{n} \tag{2-10}$$

式中　h——整个喷灌面积上的平均喷灌灌水深；

Δh——点喷灌水深平均离差；

h_i——点喷灌水深。

当测点所代表的面积不等时：

$$\bar{h}=\frac{\sum_{i=1}^{n}s_ih_i}{\sum_{i=1}^{n}s_i} \tag{2-11}$$

$$\Delta h=\frac{\sum_{i=1}^{n}s_i|h_i-\bar{h}|}{\sum_{i=1}^{n}s_i} \tag{2-12}$$

如果在喷灌面积上的水量分布得越均匀，那么 Δh 值越小，即 C_u 值越大。对于定喷式喷灌系统喷灌均匀系数不低于 0.75，行喷式喷灌系统应不低于 0.85。

喷洒均匀系数一般指一个喷灌系统的喷洒均匀系数，单个喷头的喷洒均匀系数是没有意义的，这是因为单个喷头的控制面积是有限的，要进行大面积灌溉必然要由若干个喷头组合起来形成一个喷灌系统。单个喷头在正常压力下工作时，一般都是靠近喷头部分湿润较多，边缘部分不足，这样当几个喷头在一起时，湿润面积有一定重叠，就可以使土壤湿润得比较均匀。为了便于测定，常取 4 个或几个喷头布置成矩形、正方形或三角形，测定它们之间所包围面积的喷洒均匀系数，这一数值基本上可以代表在平坦地区无风情况下喷灌系统的喷洒均匀系数。

喷头组合形式一般有矩形、正方形、等腰三角形和正三角形 4 种。我国《喷灌工程技术规范》(GB/T 50085—2007) 规定满足喷灌均匀度要求的组合间距见表 2-7。

表 2-7　喷头组合间距

设计风速（m/s）	组合间距（m）	
	垂直风向	平行风向
0.3～1.6	（1.1～1.0）R	1.3R
1.6～3.4	（1.0～0.8）R	（1.3～1.1）R
3.4～5.4	（0.8～0.6）R	（1.1～1.0）R

注：R 为喷头射程；每一档风速可按内插法取值；在风速多变、等间距组合时，应选用垂直风向栏内的数值。

若喷头组合采用等腰三角形与正三角形，可能导致田块边缘部分区域漏喷，因此，在实际应用中，一般采用矩形或正方形布置。若有稳定风向且风向与支管垂直或平行，则采用矩形布置；若风向多变或风向与支管成 45°角，则采用正方形布置，在这种情况下，支管上喷头间距和支管间距均采用垂直风向栏的数值。

（2）水量分布图。喷灌均匀度也可用喷洒范围内的等水量图来描述。用水量分布图来描述喷灌均匀度比较准确、直观，它和地形图一样标示出喷洒水量在整个喷洒面积内的分布情况，但是没有指标，不便于比较。一般常用此法表示单个喷头的水量分布情况如图 2-14 所示，也可以绘制几个喷头组合的水量分布图或喷灌系统的水量分布图。

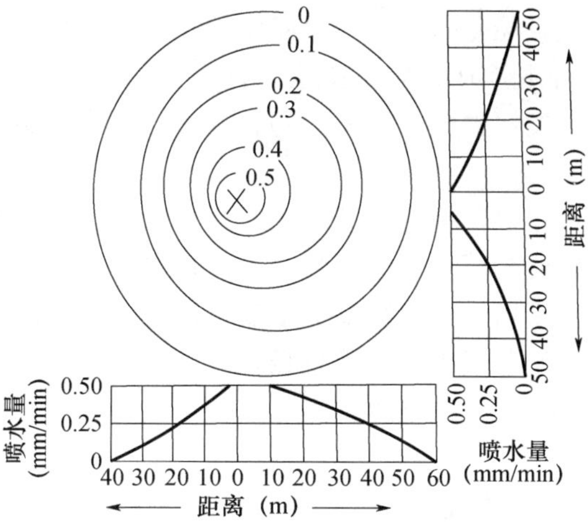

图 2-14　喷头水量分布图与径向水量分布曲线
（×——喷头位置）

影响喷头水量分布的因素很多，如工作压力、风、喷头的类型和结构等。喷头工作压力是喷头最基本的工作参数，改变工作压力会引起射程、喷头流量、雾化程度及水量分布等方面的变化。工作压力对水量分布的影响（图 2-15）：对于单喷嘴的喷头不加粉碎时，如果压力适中，水量分布曲线近似一个等腰三角形；当压力太高时，将使水流分裂加剧，大部分水滴都太小，射程不远，因此进出水量集中，远处水量不足；当压力过低时，水流分裂不足，大部分水量射到远处，中间水量少，成“马鞍形”分布。

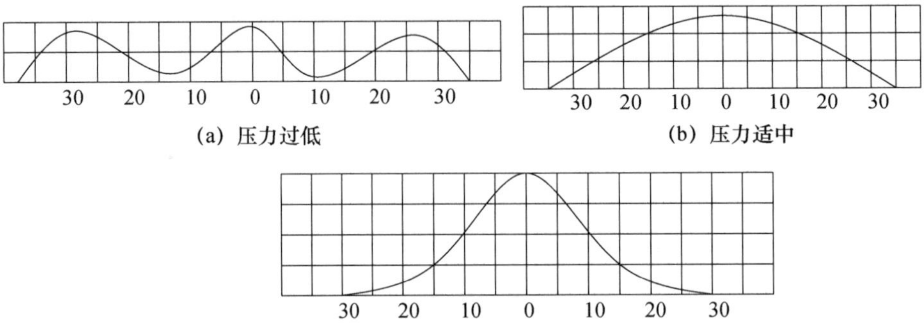

(a) 压力过低　(b) 压力适中　(c) 压力过高

图 2-15　不同条件下单个喷头的水量分布图与径向水量分布曲线

2.5.3　水滴打击强度

喷头喷洒出来的水滴对作物的影响，可用水滴打击强度来衡量。水滴打击强度也就是单位喷洒面积内水滴对作物和土壤的打击动能，它与水滴的大小、降落速度及密集程度有关。但目前尚无合适的方法来测量水滴打击强度，因此一般采用水滴直径的大小或雾化指标 W_h 来衡量。

（1）水滴直径。水滴直径是指落在地面或作物叶面上的水滴直径。水滴太大，容易破坏土壤表层的团粒结构并形成板结，甚至会打伤作物的幼苗，或把土溅到作物叶面上；水滴太小，在空中蒸发损失大，受风力的影响大。因此，要根据灌溉作物、土壤性质选择适当的水滴直径。

测定水滴直径的方法很多，但都不甚理想。过去我国较多采用滤纸法，就是将涂有色粉（即曙光红和滑石粉混合而得）的滤纸，固定在水滴接收盒中，活门快速启闭，瞬时接取若干水滴。待滤纸干后，量取滤纸上水痕色斑直径，再根据事先率定的色斑直径与水滴直径关系曲线或经验公式求出水滴直径。

水痕色斑直径 D 与水滴直径 δ 关系式一般如下：

$$\delta=\alpha D^{b} \tag{2-13}$$

式中　α——常数，因不同的滤纸而异，一般为 0.33～0.44；

b——指数，对于同一种滤纸是一个常数，一般为 0.725～0.667。

滤纸法量取色斑直径的工作量大，因此对于大量测量则要用面粉法，就是用一个直径为 20cm，深 2cm 的装满新鲜干面粉的盘子代替滤纸来接收水滴，然后在 40℃温度下烘 24h 再进行筛分。由于水滴形成的面粉团与水滴的直径有一定的关系，只要知道了面粉团的直径分布就可以知道水滴直径的分布情况。

从一个喷头喷出来的水滴大小不一，一般近处小水滴多些，远处大水滴多些，因此应在离喷头不同的距离 3～5m 处测量水滴直径，并求出平均值。一般要求平均直径不超过 1～3mm。

（2）雾化指标参考式（2-14）。

$$W_h=\frac{100h_p}{d} \tag{2-14}$$

式中　W_h——雾化指标；

h_p——喷头工作压力水头，kPa；

d——主喷嘴直径，mm。

对同一喷嘴来说，W_h 值越大，说明其雾化程度越高，水滴直径越小，打击强度也越小。一般而言，牧草、饲料作物、草坪及绿化林木的雾化指标为 2000～3000；粮食作物、经济作物及果树的雾化指标为 3000～4000，蔬菜及花卉的雾化指标为 4000～5000。

2.6　喷灌系统的规划与设计

喷灌系统规划与设计主要包括勘测调查、喷灌系统选型、管道系统总体布置、支管方向的确定、灌溉制度的拟定、水力计算和管道系统结构设计等部分。

2.6.1　喷灌工程勘测调查

（1）地形资料。在 1/1000～1/2000 的地形图上，表明行政区划、灌区范围以及现有水利设施。

（2）气象资料。气象资料包括气温、降雨、风速风向等。气温和降雨主要作为计算作物需水量和灌溉制度的依据，而风速风向则是确定支管布置方向和确定喷头组合间距时所必须的。

（3）土壤资料。一般应了解土壤的质地、干容重和土壤田间持水率等，用于确定土壤允许喷灌强度和灌水定额。

（4）水文资料。水文资料主要包括河流、库塘、井泉的历年水量、水位以及水温和水质（包含盐量、含沙量和污染等情况）等。

（5）作物种植结构及需水特点。必须了解灌区内各种作物的种植比例、种植方向、生育阶段划分、需水临界期及其需水强度等。

（6）动力和机械设备资料。了解电力供应情况和可取的电源的最近地点。为了估算工程投资与进行经济比较，也应了解设备、材料的供应情况与价格、电费等。

2.6.2　喷灌系统的选型

喷灌系统选型应根据喷灌的水源、地形、作物种类、经济条件、设备供应、管理体制等情况，综合考虑各种形式喷灌系统的优缺点，并进行必要的技术经济比较。例如，在喷灌次数频繁、经济价值高的蔬菜、果园等种植区，可采用固定管道式喷灌系统；大田作物区喷洒次数少，可采用半固定管道式、移动管道式或小型机组式喷灌系统；在地形坡度较陡、地形及地块复杂的丘陵山区，移动喷灌设备困难，可考虑用固定管道式喷灌系统；在灌水次数较少的情况下，适度规模经营的大田作物可采用卷盘式喷灌机；在大中型农场可采用时钟式喷灌机或平移式喷灌机；在集中连片的牧草地和矮秆作物种植区，可采用滚移式喷灌机。在有自然水头的地方，尽量选用自压式喷灌系统，以降低设备投资和运行费用。

2.6.3　管道系统总体布置

（1）布置原则。管道系统应根据喷灌区地形、水源位置、耕作方向及主要风向和风速等条件提出几套布置方案，经技术经济比较后选定。布置时一般应考虑以下原则：

1）加压泵站应尽量位于灌区的中心或中间位置。以地下水为水源时，井及加压泵站宜布置在喷灌区中心位置，见图 2-16；以河流为水源时，则宜将加压泵站布置在喷灌区一侧的中间位置，见图 2-17；这样布置有利于缩短干管输水距离，减小水头损失，节省运行费用，喷灌区域工作压力也比较均衡。

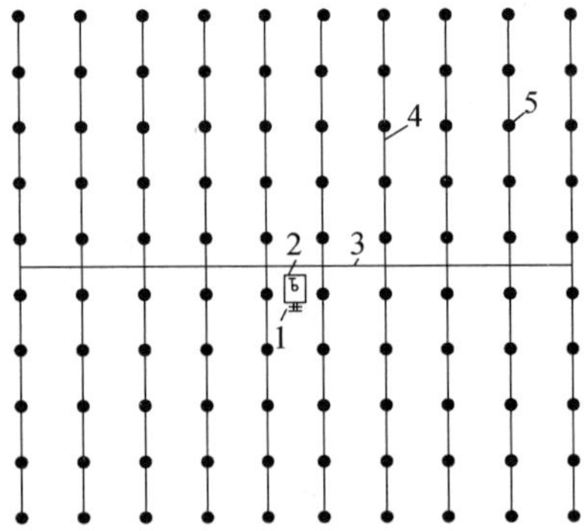

图 2-16　管道布置形式（一）

1—井；2—泵站；3—干管；4—支管；5—喷头

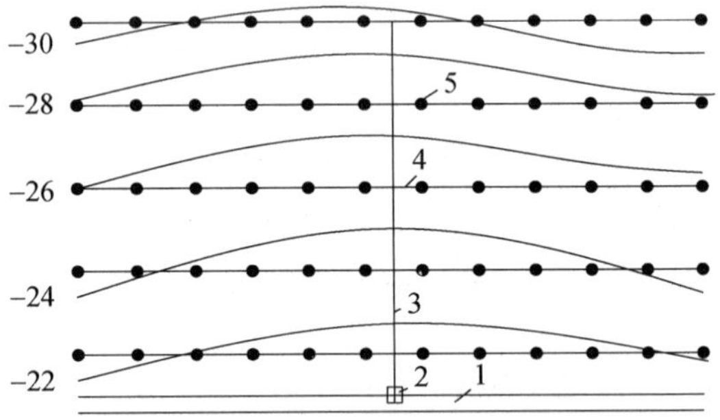

图 2-17　管道布置形式（二）

1—水源 ；2—泵站；3—干管；4—支管；5—喷头

2）在坡地上布置时，一般干管垂直于等高线，支管平行于等高线。采用这种布置方式有利于控制支管的水头损失，从而使支管上各喷头出水流量比较均匀。

3）支管布置应尽量与耕作方向一致。这样对于固定式喷灌系统，便于管道施工，并能减少竖管对机耕的影响；对于半固定式喷灌系统便于支管拆装，减少移动支管时践踏作物，也便于田间耕作管理。

4）在多风地区，支管应尽可能与主风向（一般指出现频率在 75%以上的风向）垂直布置。这样可以增大支管间距，减少支管用量。在这种情况下，虽然需要适当减少支管上喷头间距，以补偿因风力造成的喷头横向射程的缩短，但总体上仍较为经济。

5）充分考虑地形因素，力求支管与干管垂直，支管长度一致，规格统一，以利于设计、施工和管理。

6）应考虑施工与管理方便。例如，干管沿道路布置，可便于施工，也便于控制支管首部的闸阀，对支管实行轮灌。

（2）结构要求。

1）固定管道一般应埋设在地下，以减少占地和有利于机耕。其埋设深度应大于最大冻土层和最大耕作深度，以防管道被损坏。

2）固定管道的坡度依地形、土质和管径而定。一般管径大、土质差时管坡应平缓；反之应陡一些。从土坡稳定性和便于施工考虑，管坡不易大于 1：1。

3）对于管径较大且具有一定坡度的管道或者位于转弯处的管道，以防止发生位移，应设置镇墩。在管道过长或基础较差时，应布置支墩。

4）管道随地形变化而有起伏时，应在管道的最高处设置进、排气阀，在管道的最低处应安装泄水阀，以便于冬前或维修时排空管内存水。

5）在干、支管首端应安装闸阀，必要时也可安装压力表，以便于调节管道流量和压力，保证各处喷头在额定工作压力下运行。

6）对于固定管道，为避免因温度变形和不均匀沉降而造成损坏，一般应设置一定的柔性接头。

7）竖管高度视作物高度而定，以植株不阻碍喷头喷洒为最低限度，一般比地面高0.5～2.0m。

无论采用哪种布置形式，其组合间距都必须满足规定的喷灌强度及喷灌均匀度的要求，并做到经济合理。

在管道式喷灌系统中，喷头的作业方式主要有单支管多喷头同时工作和多支管多喷头同时工作两种形式。根据不同的作业方式，确定喷头有效控制面积，进而计算喷灌强度，再根据土质类型及坡度，确定喷灌允许喷灌强度。若喷灌强度大于土壤允许喷灌强度，则应调整喷头性能参数或改选喷头，重新确定喷头组合间距，直到喷灌强度满足为止。

2.6.4　支管方向的确定

对于支管的布置方向，除了考虑地形的因素（在平地上与地边平行，在坡地上最好与坡度方向平行或垂直）外，一般就是考虑风向的影响。现在普遍的看法认为，有风时湿润面积由圆形变成椭圆形，平行于风的方向顺风拉长，逆风方向变短，可以互相补充；而垂直于风的方向两侧都缩小，所以间距要小一些，因此从经济的观点出发，支管最好与风向垂直。

2.6.5　灌溉制度的拟定

灌溉制度主要包括灌水定额、灌水周期和灌溉定额。

（1）最大灌水定额。作物生育期内最大灌水定额，可按《喷灌工程技术规范》（GB/T 50085—2007）的规定进行计算：

$$m_s=0.1h(\beta_1-\beta_2) \tag{2-15}$$

$$m_s=0.1\gamma h(\beta_1'-\beta_2') \tag{2-16}$$

式中　m_s——最大灌水定额，mm；

h——计划湿润层深度，cm；

β_1——适宜土壤含水量上限（体积百分比）；

β_2——适宜土壤含水量下限（体积百分比）；

γ——土壤干容重，g/cm^3；

β_1'——适宜土壤含水量上限（质量百分比）；

β_2'——适宜土壤含水量下限（质量百分比）。

1）计划湿润层深度。喷灌条件下计划湿润层深度，是指作物在需水关键时期所期望湿润的土层厚度。计划湿润层深度主要决定于作物根系活动层的深度（一般取40～60cm）；根据安徽省的试验资料，提出几种作物计划湿润深度，供参考：小麦、玉米的计划湿润层深度为50～60cm；茶叶的计划湿润层深度为 40cm；烟草、大豆、油菜等的计划湿润层深度为 40cm；麻类作物的计划湿润层深度为 30cm；蔬菜的计划湿润层深度为20～30cm。

2）适宜土壤含水量上、下限。上限是指灌水后计划湿润层达到的水分含量，其值不能超过土壤田间持水量，一般取田间持水量的85%～100%；下限是指土壤含水量逐渐降低到一定程度时，对作物生长发育造成影响的土壤含水量，其值一般在田间持水量的60%～80%变化。

（2）设计灌水定额。也可按照式（2-17）计算：

$$m \leqslant m_s \tag{2-17}$$

式中 m——设计灌水定额，mm。

（3）设计灌水周期。设计灌水周期是指在连续无雨条件下，某种作物需水临界期的允许最大灌水间隔时间，灌水周期一般采用下式计算：

$$T=\frac{m}{ET_d} \tag{2-18}$$

式中 T——设计灌水周期，计算值取整，d；

ET_d——作物日需水量，取设计代表年灌水高峰期平均值，mm/d。

（4）灌溉定额。灌溉定额按照式（2-19）计算：

$$M=\sum_{i=1}^{n} m_i \tag{2-19}$$

式中 M——作物全生育期的灌溉定额，mm；

m_i——第 i 次灌水定额，mm；

n——全生育期灌水次数。

（5）灌溉工作制度的拟定。在灌水周期内，为保证作物适时适量的获取所需要的水分，必须制订一个合理的喷灌工作制度。喷灌工作制度包括喷头在一个喷点上的喷洒时间，每次需要同时工作的喷头数以及确定轮灌组和轮灌顺序等。

1）喷头在一个喷点上的喷洒时间。喷洒时间与设计灌水定额、喷头的流量和喷头的组合间距有关，可按式（2-20）进行计算：

$$t=\frac{mab}{1000q\eta} \tag{2-20}$$

式中 t——喷头在一个位置上的喷洒时间，h；

a——支管上的喷头间距，m；

b——支管间距，m；

q——喷头设计流量，m^3/h；

η——田间喷洒水利用系数。根据气候条件可在下列范围内选取：风速低于3.4m/s，取0.8～0.9；风速为3.4～5.4m/s，取0.7～0.8；其中湿润地区取大值，干旱地区取小值。

2）一天轮灌的组数。

$$n_d=\frac{t_d}{t} \tag{2-21}$$

式中 n_d——一天内的轮灌组数；

t_d——设计日灌溉时间，［根据《喷灌工程技术规范》（GB/T 50085—2007）的规定设计日灌溉时间见表2-8］；

t——喷头在一个位置上的喷洒时间，h。

表 2-8　设计日灌水时间（h）

喷灌系统类型	固定管道式			半固定式管道	移动式管道	定喷机组式	行喷机组式
	农作物	园林	运动场				
设计日灌水时间	12～20	6～12	1～4	12～18	12～16	12～18	14～21

3）同时工作的喷头数。

$$n_p=\frac{N_p}{n_d T} \tag{2-22}$$

式中　n_p——同时工作的喷头数；

N_p——喷灌区喷头总数。

4）同时工作的支管数。

$$n_z=\frac{n_p}{n_{zp}} \tag{2-23}$$

式中　n_z——同时工作的支管数；

n_{zp}——每条支管上喷头数。

如果计算出的 n_z 不是整数，则应考虑减少同时工作的喷头数或适当调整支管长度。

5）确定支管的轮灌方式。为提高管道的利用率，节省设备投资，多采用有序轮灌的工作制度。确定轮灌方案时应考虑以下几点：

① 轮灌分组应有一定的规律，方便运行管理。

② 各轮灌组的工作喷头数应尽量一致，以保证系统的流量变化不大。若各轮灌组的喷头数很难均等时，其差别不宜超过 1～3 个，并尽可能使地势较高或离泵站较远的喷头数略少。

③ 轮灌编组时尽量使系统轮灌周期与设计的喷灌周期接近。

④ 制订支管轮灌顺序时，应将流量迅速分散到各分配水管道中，避免流量集中于某一条配水管道。如系统需要两根支管同时工作时，支管的轮灌方式（对半固定式喷灌系统也为支管的移动方式）有 4 种方案：①两根支管在干管的同一侧，从地块的一端同时依次向前移动，见图 2-18（a）。②两根支管在干管两侧，从地块的一端同时向前移动，见图 2-18（b）。③两根支管由地块中间向两端交叉移动，见图 2-18（c）。④两根支管从干管首、尾两端反向移动，见图 2-18（d）。前两种方案干管全长上均要通过两根支管的流量，干管管径不变，不经济，后两种方案只有前半段干管通过全部流量，后半段干管只需要通过一根支管的流量，这样后半段干管可取较小管径，因此，尽量选择后两种轮灌方案。

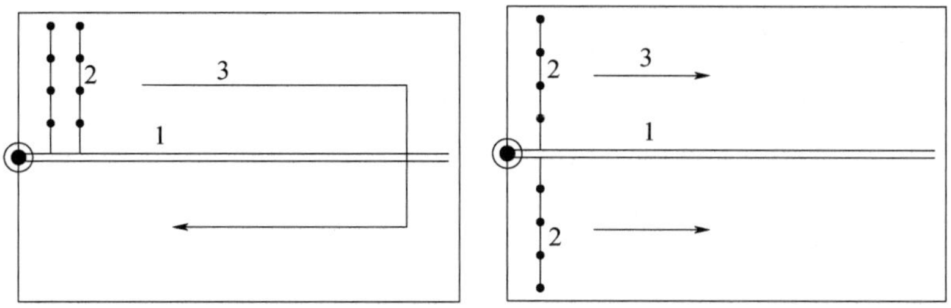

(a)　　　　(b)

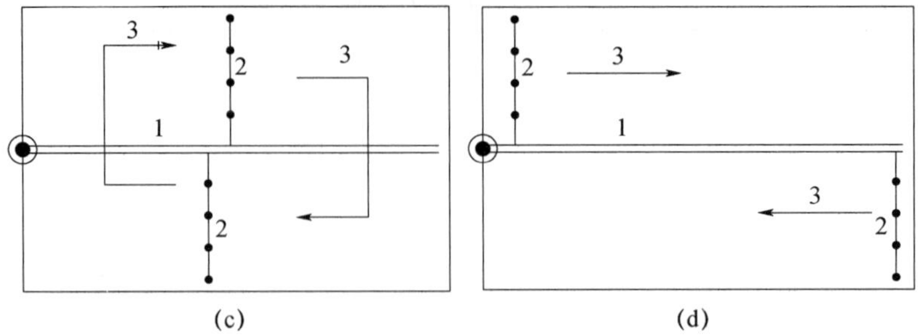

图 2-18　支管轮灌方式示意图
1—干管；2—支管；3—移动方向

当三根支管同时工作时，以每根支管负担1/3 灌溉面积的方案最为有利，如图 2-19 所示。这样，只有 0～1 段干管需要通过三根支管的流量，1～2 段干管需要通过两根支管的流量，2～3 段干管需要通过一根支管的流量。

轮灌方案确定好后，干、支管的设计流量即可确定。支管设计流量为支管上各喷头的设计流量之和，干管设计流量依支管的轮灌方式而定。

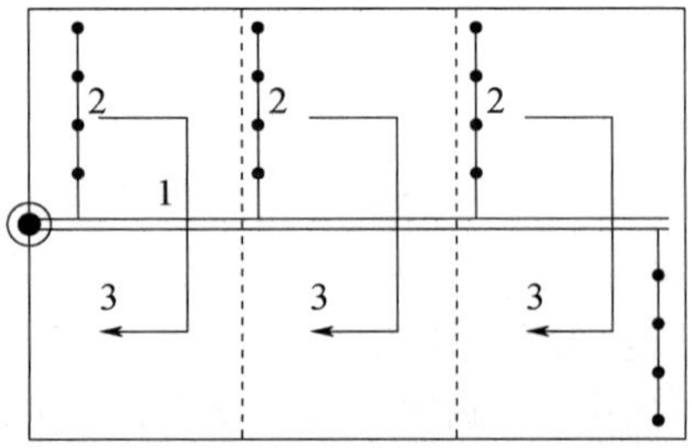

图 2-19　三根支管同时工作时的轮灌方式
1—干管；2—支管；3—移动方向

2.6.6　水力计算

（1）管材选择。一般情况下，对于地埋固定式管道，应优先选用质轻、价廉、强度较高的硬聚氯乙烯管或聚丙烯管。也可用铸铁管和镀锌钢管；对于地面移动管道，则应采用带有快速接头的薄壁铝管或薄壁镀锌钢管和专用的塑料管等。

（2）输配水管管径的计算。输水管管径确定一般有经济流速法和经验公式计算：

1）根据经济流速确定干管管径。

$$d=18.8\sqrt{\frac{Q}{V}} \tag{2-24}$$

式中　d——管道的内径，mm；

Q——管道的设计流量，m^3/h；

V——管道的经济流速，一般塑料管经济流速为 1.0～1.8m/s，混凝土管经济流速为 0.5～1.8m/s 。

2）根据经验公式确定干管管径。

$$当\ Q<120m^3/h\ 时，d=13\sqrt{Q} \tag{2-25}$$

$$当\ Q\geqslant 120m^3/h\ 时，d=11.5\sqrt{Q} \tag{2-26}$$

式中　Q——管道的设计流量，m^3/h；

d——管道的内径，mm。

（3）支管管径的确定。支管的管径计算，除与支管的设计流量有关外，还要受允许压力差的限制，同一条支管的任意两个喷头间的工作压力差应在设计喷头工作压力的

20%以内，用公式表示为：

$$h_w+\Delta Z\leqslant 0.2h_p \tag{2-27}$$

式中　h_w——同一条支管中任意两喷头间支管水头损失加上两竖管水头损失之差（一般情况下，可用支管段的沿程水头损失计算），m；

ΔZ——两喷头的进水口高程差（顺坡铺设支管时，ΔZ 为负值；逆坡铺设支管时，ΔZ 为正值），m；

h_p——设计喷头工作压力，m。

支管管径确定后，还需按现有管材规格确定实际管径。对半固定式、移动式灌溉系统的移动支管，考虑运行与管理的要求，应尽量使各支管取相同的管径，至少也需在一个轮灌片上统一，最大管径应控制在 100mm 左右，以利于移动。对固定式喷灌的地埋支管，管径可以变化，但规格也不宜过多，一般最多变径两次。

（4）管道水力计算。

1）管道水头损失。管道水力计算主要是计算管道沿程水头损失以及弯头、三通、闸阀、变径管等处的局部水头损失，沿程水头损失可按下式计算：

$$h_f=f\frac{LQ^m}{d^b} \tag{2-28}$$

式中　h_f——沿程水头损失，m；

f——沿程摩阻系数；

L——管道长度，m；

Q——流量，m^3/h；

d——管内径，mm；

m——流量指数，与摩阻损失有关；

b——管径指数，与摩阻损失有关。

各种管材的 f、m、b 界定见表 2-9。

在喷灌系统中，沿支管安装许多喷头，支管的流量自上而下逐渐减少，应逐段计算两喷头之间管道沿程损失。但为了简化计算，常以进口最大流量和管道全长由式（2-29）计算 h_f，然后乘以一个多口系数 F 修正，得到多口管道实际沿程损失，即：

$$h'_f=h_fF \tag{2-29}$$

表 2-9　f、m、b 数值表

管道种类		f	m	b
混凝土管、钢筋混凝土管	$n=0.013$	1.312×10^6	2	5.33
	$n=0.014$	1.516×10^6	2	5.33
	$n=0.015$	1.749×10^6	2	5.33
旧钢管、旧铸铁管		6.250×10^5	2.9	5.10
石棉水泥管		1.455×10^5	1.85	4.89
硬塑料管		0.948×10^5	1.77	4.77
铝管、铝合金管		0.861×10^5	1.74	4.74

注：n 为粗糙系数。

计算多口系数的近似公式为：

$$F=\frac{N\left(\frac{1}{m+1}+\frac{1}{2N}+\frac{\sqrt{m-1}}{6N^2}\right)-1+x}{N-1+x} \tag{2-30}$$

式中 N——喷头或孔口数目；

m——流量指数；

x——多口出流支管首孔位置系数，即自该段支管入口至第一个喷头（或孔口）的距离与喷头（或孔口）间距之比。

不同管材其多口系数不同，表 2-10 为常用管材的多口系数值。

表 2-10 多口系数 F 值

N	$m=1.74$		$m=1.77$		$m=1.85$		$m=2$	
	$x=1$	$x=0.5$	$x=1$	$x=0.5$	$x=1$	$x=0.5$	$x=1$	$x=0.5$
2～3	0.600	0.496	0.596	0.492	0.582	0.474	0.275	0.461
4～5	0.485	0.420	0.481	0.416	0.466	0.398	0.455	0.386
6～7	0.446	0.399	0.442	0.395	0.426	0.378	0.415	0.366
8～11	0.420	0.388	0.416	0.383	0.400	0.366	0.389	0.354
12～20	0.397	0.378	0.394	0.374	0.378	0.357	0.366	0.345

局部水头损失（h_j）一般可按下式计算：

$$h_j=\xi\frac{v^2}{2g} \tag{2-31}$$

式中 ξ——局部阻力系数，可查水力学手册；

v——管道流速，m/s。

管道局部水头损失也可按沿程水头损失的 10%～15%估算。若取管道局部水头损失为沿程损失的 15%，则公式 $h_w+\Delta Z\leqslant 0.2h_p$ 可表示为：

$$1.15f\frac{LQ^m}{d^b}F+\Delta Z\leqslant 0.2h_p \tag{2-32}$$

由上式可解得

$$d\geqslant\sqrt[b]{\frac{1.15fLQ^mF}{0.2h_p-\Delta Z}} \tag{2-33}$$

初步确定支管的最小管径，再根据管径规格，确定支管实际的管径。

（5）选择水泵和动力。为了选择水泵和动力，首先要确定系统的设计流量和扬程。

1）喷灌系统设计流量。喷灌系统设计流量为同时工作的喷头流量之和。

当各喷头流量相等时：

$$Q=\frac{n_pq}{\eta_G} \tag{2-34}$$

式中 Q——喷灌系统设计流量，m^3/h。

n_p——喷头数量；

q——单喷头流量，m^3/h；

η_G——管道系统水利用系数，一般取 0.95～0.98。

2）喷灌系统设计扬程。选择最不利轮灌组及其最不利喷头，并以该最不利喷头为典型喷头。自典型喷头推算系统的设计扬程。

$$H=h_p+h_s+\sum h_f+\sum h_j+Z_d-Z_0 \tag{2-35}$$

式中　H——喷灌系统设计扬程，m；

h_p——典型喷头工作压力，m；

h_s——典型喷头竖管高，m；

$\sum h_f$——水泵进水管到典型喷头进口处之间管道的沿程水头损失之和，m；

$\sum h_j$——水泵进水管到典型喷头进口处之间管道的局部水头损失之和，m；

Z_d——典型喷头处的地面高程，m；

Z_0——水源水位，m。

确定了喷灌系统的设计流量和设计扬程，即可选择水泵，再根据水泵的配套功率选配动力设备。

（6）水锤压力验算。有压管道中，由于流速急剧变化而引起管道中水流压力急剧升高或降低的现象称为水锤或水击。通常水泵有启动水锤、关闭阀门产生的水锤和停泵产生的水锤，其中后两种水锤危害较大。防止关闭阀门产生的水锤措施是缓慢关闭阀门；防止停泵产生水锤的措施是在水泵出水管取消逆止阀。下面主要介绍为防止水关阀需要控制的关阀时间。

均质管水锤波传播速度按公式（2-36）计算

$$a_w=\frac{1425}{\sqrt{1+\dfrac{KD}{Ee}}} \tag{2-36}$$

式中　a_w——水锤波传播速度，m/s；

K——水的体积弹性模数，GPa，常温时为 2.025GPa；

E——管材的纵向弹性模量，GPa，各种管材的纵向弹性模量见表 2-11；

D——管道直径，m；

e——管壁厚度，m。

表 2-11　各种管材的纵向弹性模量

管材	PVC 管	PE 管	铝管	钢筋混凝土管	钢管	球磨铸铁管	铸铁管
E（GPa）	2.8～3.0	1.4～2.0	69.58	20.58	206	151	108

水锤波在管路中往返一次所需要的时间成为一个相长，水锤的相长计算公式如下所示：

$$\mu=\frac{2L}{a_w} \tag{2-37}$$

式中　μ——水锤相长，s；

L——管道长度，m。

当阀门开闭时间等于或小于一个水锤相长时，所产生的水锤为直接水锤，否则为间接水锤。间接水锤产生的水锤压力要比直接水锤产生的水锤压力小得多，不会造成严重危害，因此一般应将关阀时间大于一个水锤相长。

瞬时完全关闭管道末端下游阀门时在阀门前产生的高压力水头为：

$$H_{max}=H_C+\frac{a_w v_0}{g}$$

式中　H_{max}——阀前最大水头，m；

H_C——阀门前净水水头或正常压力水头，m；

a_w——水锤波传播速度，m/s；

v_0——管内为恒定流时的流速，m/s

g——重力加速度，$g=9.81m/s^2$。

遇到下列情况时，管道应采取相应的水锤防护措施：

（1）水锤压力超过管道试验压力。

（2）管道水压接近汽化水压。

（3）最高反转转速超过额定转速的1.25倍。

2.6.7　管道系统结构设计

详细确定各级管道的连接方式，选定各种管件的规格，绘制自制部件及附属建筑物、阀门井、镇墩结构图等。

2.7　喷灌系统的施工与管理维护

2.7.1　喷灌系统的施工

不同形式的喷灌系统，其施工的内容也不同，对于移动式喷灌系统，施工内容除了在田间布置水源（包括井、渠、塘等），主要是土石方工程；固定式（含半固定式）喷灌系统则还要进行泵站的施工和管道系统的铺设。喷灌系统的施工一般应作为农田基本建设的一个组成部分，在尚未实现园田化的地区最好结合园田化工程进行，在土地平整后再挖渠道和铺设管道，以减少返工。固定式喷灌系统施工的技术要求较高，最好能组成专业队伍，以保证施工质量。

在土地已经平整的地区，喷灌系统施工可大致分为以下几个步骤：定线与放样、开挖基坑和管槽、浇筑水泵基座与安装水泵、安装管道与管件、冲洗、试压、回填和试喷。下面分述这些工序中应注意的事项。

1. 定线与放样

定线与放样就是将设计图纸上的设计方案，直接布置到地面上。为此，首先要在施工现场布设测量控制网（应保存到施工完毕），然后定出各种建筑物的主轴线、基坑开挖线与建筑物轮廓线等，标明建筑物主要部位和基坑开挖的高程。对于水泵放样应确定水泵的轴线位置和泵房的基脚位置与开挖深度等，对于管道系统则应确定干、支管的轴线位置，弯头、三通及喷点（即竖管）的位置和管槽的深度。对于移动式系统要定出渠道的中心线、坡脚和挖深及喷点（应设吸水池或标志）的准确位置。

2. 开挖基坑和管槽

在便于施工的前提下管槽应尽量挖得窄些，但必须保证边坡的稳定，只是在接头处开挖断面较大一些，这样土方量少，管道承受的土压力也较小。管槽的底面就是管道的铺设平面，所以要挖得平整，以减少不均匀沉陷。若局部超挖则应用相同的土壤填补夯实到接近天然的密实度。沟槽经过岩石、卵石等容易损坏管道的地方应将槽底至少再挖深15cm，并用砂土或细土回填至设计槽底标高。如基坑中有地下渗入则要建立排水系统将积水及时排除。

3. 浇筑水泵基座与安装水泵

水泵基座应浇筑在未经松动的原状土上。在浇筑过程中关键在于严格控制基脚螺钉的位置和深度。采用一个木框架，按水泵基脚螺钉位置打孔，按水泵的安装条件把基脚螺钉穿在孔内进行浇筑。或预留较大的孔，在安装水泵时再把螺栓施进预留孔中进行第二次灌浆浇筑。

水泵安装时要特别注意，对于直联机组，水泵轴线应与动力机轴线一致，安装完毕后应用测隙规检查同心度；对于非直联卧式机组，动力机和水泵轴心线必须平行，皮带轴应在同一平面，且中心距应符合设计要求；吸水管要尽量短而直，接头要严格密封。

4. 安装管道

安装顺序应先干管后支管，从低处向高处进行。干支管均应埋在地面以下一定深度或埋在当地冻土层以下，以防农业机械压坏管道。对于塑料管道，一般埋在地面以下0.6～0.8m即可避免被农业机械压坏。在安装管子时应有一定纵坡，使管内残留的水能向水泵或管道末端汇流，并在末端装上排空阀，以便在灌水结束后将管内积水全部排除。

对于金属管道，需要预先进行防锈处理。当管坡较大时，管子承口应朝上，由下向上进行安装。对于塑料管应装有伸缩节或成波状形平铺在槽内，以适应温度变形。各种管件的连接应该牢固不漏水。安装过程中要始终防止砂石及其他杂物进入管道。如安装中断就要用堵头将敞口封闭，随时注意不要将杂物遗留在管内。

竖管的安装应保证铅直、稳定，其上端接头应与喷头接头配套，而且密封可靠。

5. 冲洗

管道装好后先不装喷头，开泵冲洗管道，把竖管敞开任其自由溢流把管中砂石都冲出来，以免以后堵塞喷头。为使冲洗时有较大的流速，各条支管、各个竖管可以轮流冲洗，每次只冲洗一根支管的一个竖管。应按设计流量连续冲洗，目测直到出口处水的颜色与透明度和进口处一致为止。

6. 试压

管道安装完毕填土定位后，应进行管道水压试验。对于面积不小于30hm^{2}喷灌工程，应分段进行管道水压试验，试验长度不宜大于1000m。对于较小的工程也可以只做全系统的水压试验。

在水压试验前首先要检查整个管网的设备状况，看阀门启闭是否灵活，开度是否符合设计要求，排气与进气装置是否通畅等。其次要检查地埋管填土定位情况，主要应考虑受压后管道是否会发生位移，为此，直管段应覆土，而接头处则暂不覆土，以便于观察。

试压时，所有开口全部封闭，喷灌的竖管用堵头堵死，利用控制阀逐段进行试压。试验时首先让管道注满水24h（对于金属管和塑料管）到48h（对于钢筋混凝土管和钢丝网水泥管）后才可进行耐水压试验。高密度聚乙烯塑料管试验压力应不小于管道设计工作压力的1.7倍，低密度聚乙烯塑料管试验压力应不小于管道设计工作压力的2.5

倍，其他管材的管道设计压力的 1.5 倍。试验时升压应缓慢，达到试验压力后，保压 10min，如果在这 10min 内压力管道无泄漏、无破损，下降不超过 50kPa，即为合格，否则应进行渗水量试验。

进行渗水量试验时应先充水，排净空气，然后缓慢升压到试验压力后，立即关闭进水阀，记录下降 100kPa 压力所需要的时间 T_1（min）再将水压上升到试验压力；关闭进水阀并立即开启防水阀，向量水器中放水，记录压力下降 100kPa 所需要的时间 T_2（min），测量在 T_2 时段内的放水量 W（L），并按式（2-38）计算实际渗水量。

$$q_s=\frac{W}{T_1-T_2}\times\frac{1000}{L} \tag{2-38}$$

式中　q_s——1000m 长管道的实际渗水量，L/min；

L——试验管段长度，m。

将计算出的 q_s 与式（2-39）计算出的允许渗水量进行比较。

$$[q_s]=K_s\sqrt{d} \tag{2-39}$$

式中　$[q_s]$——1000m 长管道的允许渗水量，L/min；

K_s——渗水系数；钢管为 0.05，铸铁管为 0.10，钢筋混凝土管或钢丝网水泥管为 0.14，硬聚氯乙烯或聚丙烯管为 0.08，聚乙烯管为 0.12；

d——管道内径，mm。

$q_s<[q_s]$即为合格，如果 $q_s>[q_s]$则要进行修补，然后重测 q_s 直到 $q_s<[q_s]$为止。

上述试压和渗水量试验的整个过程都应当详细记录，最后编写水压试验报告。

7. 回填

在管道安装好后，要立即填土定位，但应将接头部分空出来，待试压证明整个系统施工质量合乎要求后，才可以全部回填。回填前应将沟槽内一切杂物清除干净，排干积水。回填必须在管道两侧同时进行，严禁单侧回填，如管道埋深较大应分层轻轻夯实。采用塑料管时，应掌握回填时间，最好在气温等于土壤温度时回填，以减少温度变形，管道周围所填的土中不能有直径大于 2.5cm 的石子或直径大于 5cm 的土块，半软塑料管在回填时应将管道内充满水。回填土也可以用注水的方法，使之密实。

建筑物基坑的回填，应等砌体砂浆或混凝土凝固，并达到设计强度后再进行；回填土应干湿适宜，分层夯实，与砌体紧密接触。

8. 试喷

待冲洗、试验和回填完毕后，装上喷头进行试喷，必要时还应检查在正常工作条件下各喷点处压力是否达到喷头的工作压力，用量雨筒测量系统均匀度，判断是否达到设计要求，检查水泵和喷头运转是否正常。

最后绘制工程竣工图，图上标明埋在地下的管道和管件的实际位置图，以便检修时参考。

2.7.2 喷灌系统的管理维护

2.7.2.1 喷灌系统的管理

1. 水源工程的管理

水源工程管理依水源类型不同而异。管理中必须保证这些工程建筑物完好，保证用水计划中用水量及供水时间的要求；同时水质要符合设计规定的标准。

对调蓄水池等水源工程，应经常维修与养护，每年在非灌溉季节，进行一次岁修。对蓄水池沉积的泥沙、污物，定期进行清除。对提水泵站工程，进水池水位必须保持在设计最低水位以上。进水池的杂草和拦污栅上的污物应及时排除。在系统运行前应对泵站、管路、闸阀、调节池等进行全面检查，修复已损坏的部件。当灌水季节结束，应排除所有管中存水，然后封堵阀门井。

2. 输水明渠及低压输水暗管的工程管理

每年在喷灌季节前后，应对输水明渠、输水暗管和工作池、进水池等进行一次岁修。全面检查，清淤除障，修复损坏部位。灌水时如发现渠道或管道有漏水现象，应及时修补，防渗堵漏。如控制闸门失灵，应及时检修或更换。喷灌季节结束后，应排除所有输水渠及暗管中余水，封堵进水口和检查井。

3. 地埋压力管道的管理

每年喷灌季节前，应对地埋压力管进行全面检查、维修、冲洗地埋管并放空存水。做到管道水流通畅；控制闸阀及安全保护设备启闭自如；阀门井中无杂物及积水；过沟、爬坡部分管道完整无损，竖管保持铅直；各种测量仪表盘面清晰，指针灵敏。

灌水期间，如发现地埋管漏水，控制阀门及安全保护设备失灵，应及时停水检修，若量测仪表指示失稳，应校正或更换。

每年灌输季节结束后，应打开所有控制阀和泄水阀，冲净泥沙排尽管中剩余积水，然后关闭所有阀门，排除阀门井中积水，清除杂物，盖好井盖。冬季要预防冻害，对阀门、排气阀、安全阀、调压阀进行拆卸、保养、涂油防锈工作。有短缺、损坏、失灵部件，应修理调换。对安全阀和调压弹簧弹性，必须进行检验，如发现弹簧疲劳，则应更换。

2.7.2.2　设备运行及维修保管

1. 水泵

水泵启动前应进行检查，并应符合下列要求：①水泵各紧固件无松动；②泵轴转动灵活，无杂声；③填料压盖或机械密封弹簧的松紧度适宜；④采用机油润滑的水泵，油质洁净，油位适中；⑤采用真空泵充水的水泵，真空管道上的闸阀处于开启位置；⑥水泵吸水管进口和长轴深井泵、潜水电泵进水节的淹没深和悬空高达到规定要求。离心泵应关阀启动，带转速达到额定值并稳定时，再缓慢开启阀闸。自离心泵第一次出水前，泵体内应注入循环水，水位应保持在叶轮轴心线以上。若启动 3min 在运行中，各种仪表读数应在规定范围内。填料处的滴水宜调整在 10～30 滴/min。轴承部位温度宜在 20～40℃，最高不超过 75℃。运行过程中如出现较大振动或异常现象，必须停机检查。灌溉季节过后，应将泵内积水放净。冬灌期间每次使用后，均应及时放水。长期存放时，泵壳及叶轮等过流部位应涂油防锈。潜水电泵应存放于室内。

2. 动力机

动力机启动前应进行检查判断是否符合下列要求：①电气接线正确，仪表显示正位；②转子转动灵活，无摩擦声和其他杂声；③电源电压正常，电动机应空载（或轻载）启动，待电流表示值开始回降方可投入运行；④电动机外壳应接地良好，配电盘配线和室内线路应保持良好绝缘，电缆线的芯线没有裸露。电动机正常工作电流不应超过额定电流；如遇电动机温度骤升或其他异常情况，应立即停机排除故障。长期存放的电动机应保持干燥、洁净。对经常运行的电动机，应按照接线盒盖完整、压线螺丝无松动和无烧伤、接地良好等要求，每月进行一次安全检查。灌溉季节过后，应对电动机进行一次检修。对绝缘电阻值小于 0.5MΩ 的电动机，应进行烘干，下一灌溉季节开始前应进行复测。

柴油机启动前应进行检查判断是否符合下列要求：①零部件完整，连接紧固；②机油油位适中，冷却水和柴油充足，水路、油路畅通；③用辅机启动的柴油机，辅机工作可靠。柴油机经多次操作不能启动或启动后工作不正常，必须排除故障后再行启动。运转过程中，仪表显示应稳定在规定范围内，无杂声，不冒黑烟。严禁取下柴油机空气滤清器启动和运行，严禁在超负荷情况下长时间运转。柴油机事故停车时，除应查明事故原因和排除故障外，尚应全面检查各零部件及其连接情况，待确认无损坏、连接紧固时，方可按柴油机启动步骤重新启动；正常停车时，应先去掉负荷，并逐渐降低转速。柴油机应按规定的周期进行技术保养。长期存放的柴油机应放净柴油、机油并保持干燥和洁净。

3. 地面移动管道

地面移动管道在每次使用前，应逐节进行检查。要求管道和管件完好，止水橡胶圈质地柔软，具有弹性。地面移动管道，应从其进水口开始逐级进行铺设。管接头的偏转角应不超过规定值。竖管应稳定立直。当投入运行时，应开启闸阀冲水排气。运行中，管件连接处不应漏水。地面移动管道的移位，应按轮灌次序进行，当前一组（或几组）支管运行时，就应安装好下组（或几组）支管。轮换时，交替支管的阀门，要同时启闭。每次移动前，应放掉管内积水，拆成单根管，搬移时严禁拖拉、滚动和抛掷。软管应盘卷后搬移，金属管道拆装搬移时，应防止触及输电线。

每次灌水完毕，应对地面移动管进行检查，修理或更换损坏部件。每年灌水季节结束，必须对地面移动管进行保养。对易锈蚀的金属部件应涂油或刷漆。止水橡胶圈应擦净、晾干并撒上滑石粉。安全保护设备和测量仪表应拆下保养。

地面移动管道应区分不同材质、规格，在平整的地上码堆存放，堆与堆之间留有通道。两端带有关键的硬质管道，应分层纵横交错或层间加设垫木前交错堆放；一端带管件的硬质管道应分层前后交错堆放；半软塑料管道层间可不加设垫木；软质塑料管应晾干，卷盘捆扎存放。管道的堆放高度，金属管道不得超过 1.5m；硬质和半软质塑料管道不宜超过 1m。各种塑料管道，不得露天存放，距离热源不得小于 1m。各种管件、量测仪表和止水橡胶圈的存放，应按不同规格、型号分类排列，置于架上，不得重压。

4. 喷头

喷头安装前必须进行检查。应当零件齐全，连接牢固，喷嘴规格无误，流道通畅，转动灵活，换向可靠，弹簧松紧适度等。

喷头应按轮灌作业要求定位。当喷头运转时，要进行巡回监视，如发现下列情况应及时处理：进口连接部和密封部位严重漏水；喷头不转或转速过快、过慢，换向失灵；喷嘴堵塞或脱落，支架歪斜或倾倒；全射流式喷头的负压切换失效等。喷头运转一定时间，应对各运转部位加注适量的润滑油。

每次喷灌作业完毕，应将喷头清洗干净，更换损坏部件。整个灌溉季节结束，应进行保养，对转动部位和弹簧件加注适量的润滑油。长期存放的喷头，每半年应进行一次拆检保养，重新油封，喷头应存放在通风、干燥，远离热源处，不得同时存放酸碱等物，并将喷头弹簧件放松，按不同规格、型号顺序排列，不得堆压。塑料喷头和有塑料件的金属喷头，应置于不受阳光直接照射处。

5. 轻、小型喷灌机

喷灌机运行前，除应对其他组成各部分进行检查外，还要对整机进行检查，如各部件是否齐全，联结是否牢固，启动是否自如，移动是否方便。

水泵与动力直连的机组，其轴线必须在一条直线上，联轴器之间应有一定间隙，其值不应小于泵轴与动力轴窜动量之和，小型水泵可选 2～4mm。传动皮带松紧应适度，皮带规格和新旧程度应一致，不得减少根数，并且不得在无安全罩的情况下运行。

喷灌机运行时，必须严密监视其喷灌质量，不允许漏喷和形成地表径流。喷灌机重要部件发生故障时，必须停机检修，严禁在运行中检修。

每次喷灌作业完毕，应对喷灌机各部件进行保养，并检查连接紧固情况。每年喷灌季节结束，应对喷灌机排列整齐，安置平稳，互相间留有通道，轮胎或机架应离地，传动皮带应卸下。

2.8　管道式喷灌系统规划设计示例

2.8.1　基本资料

喷灌区东西长为 532m，南北宽为 216～293m，总面积约为 14.2hm^2。经整治后地势较平坦，土质为砂壤土。灌溉季节风向以东风为主，设计风速为 3.0m/s。种植作物为蔬菜，需水临界期日平均蒸腾蒸发量为 6mm/d。喷灌区东侧有一条河流，水量和水质均能满足灌溉要求。

2.8.2　工程总体规划

考虑蔬菜经济价值较高，灌水较频繁，因此采用固定管道式喷灌系统。喷灌系统以菜园附近河流为水源，泵站布置在菜园东侧中间位置，由泵站自东向西布置干管，垂直于干管布置支管。为管理方便，沿菜园东侧河边以及沿干管均布置道路。其具体布置见图 2-16。

2.8.3　喷头选择

喷头选用 ZY-2 型喷头，其性能参数见表 2-12。

表 2-12　喷头性能参数表

接头形式及尺寸（in.）	喷嘴直径（mm）	工作压力（kPa）	喷头流量（m^3/h）	喷头射程（m）
1（内）管螺纹	7.5	300	3.67	19.9

喷头设计工作压力为 300kPa，喷嘴直径为 7.5mm，因此雾化指标为

$$W_h=\frac{100h_p}{d}=\frac{100\times300}{7.5}=4000$$

蔬菜的适宜雾化指标为4000～5000，所以喷灌雾化指标满足要求。

2.8.4 确定喷头组合间距

支管南北向布置，风向与支管垂直，设计风速为3.0m/s，根据表2-7确定喷头间距和支管间距分别为：

$$a=0.9\times19.9=17.91(\text{m})$$

$$b=1.2\times19.9=23.88(\text{m})$$

考虑PVC-U管材长度规格（每根长4m或6m），支管上喷头间距取18m，支管间距取24m。

支管喷灌方式采用单支管多喷头同时全圆喷洒，已知风速为3.0m/s，则风系数为

$$K_W=1.08v^{0.194}=1.08\times3^{0.194}=1.34$$

已知$a=18$m，$R=19.9$m，则喷头的有效喷灌面积为

$$A=\frac{\pi R^2\left[90\text{-arccos}\left(\frac{a}{2R}\right)\right]}{90}+\frac{a\sqrt{4R^2-a^2}}{2}$$

$$=\frac{3.14\times19.9^2\left[90\text{-arccos}\left(\frac{18}{2\times19.9}\right)\right]}{90}+\frac{18\sqrt{4\times19.9^2-18^2}}{2}$$

$$=690.6(m^2)$$

田间喷洒水利用系数取0.85，则喷灌强度为

$$\rho=K_W\frac{1000q\eta}{A}=1.34\times\frac{1000\times3.67\times0.85}{690.6}=6.1(\text{mm/h})$$

由表2-6所知，砂壤土的允许喷灌强度为15mm/h，设计喷灌强度小于最大允许喷灌强度，所以喷灌强度满足要求。

上述计算结果表明，喷头的雾化指标和喷灌强度均满足要求，故所选喷头是适宜的。

2.8.5 设计灌溉制度

（1）最大设计灌水定额。喷灌区内土质为砂壤土，田间持水率为20%（以占土重的百分比），干容重为1.55g/cm³，计划湿润层深度取0.2m，适宜土壤含水率上、下限分别为田间持水率的85%和65%，则灌水定额为

$$m_s=0.1\gamma h(\beta_1'-\beta_2')=0.1\times1.55\times0.2\times(20\times85-20\times65)=12.4(\text{mm})$$

（2）灌水周期。需水临界期日平均需水强度为6mm/d，则灌水周期为

$$T=\frac{m}{ET_d}=\frac{12.4}{6}=2.06(\text{d})$$

为管理方便，实际灌水周期取整数，所以灌水周期取2d。

2.8.6 确定工作制度

喷头在每个位置上的工作时间为

$$t=\frac{mab}{1000q\eta}=\frac{12.4\times18\times24}{1000\times3.67\times0.85}=1.72(\text{h})$$

根据实际情况，全喷灌区共包括 20 个轮灌组，每天工作 10 个轮灌组，每天工作总时间为 17.2h。综合考虑节省投资、收益均衡及管理方便等因素，确定轮灌工作制度见表 2-13。

2.8.7　管道设计

管道设计包括竖管、支管与干管设计。竖管采用普通镀锌钢管，管径采用 *DN*32。支管和干管均采用 PVC-U 管，公称压力 0.63MPa，管径需通过计算确定。

（1）确定支管管径。根据规范要求，支管上任意两个喷头工作压力之差不大于喷头设计工作压力的 20%。由于地形平坦，只需考虑支管上首末喷头之间的工作压力差应不超过喷头设计工作压力的 20%即可。

表 2-13　轮灌制度表

时间	轮灌组	轮灌组中的喷头	时间	轮灌组	轮灌组中的喷头
第一天	第一组	1 支，13 支	第二天	第一组	11 支，23 支
	第二组	2 支，14 支		第二组	12 支，24 支
	第三组	3 支，15 支		第三组	33 支，25 支
	第四组	4 支，16 支		第四组	34 支，26 支
	第五组	5 支，17 支		第五组	35 支，27 支
	第六组	6 支，18 支		第六组	36 支，28 支
	第七组	7 支，19 支		第七组	37 支，38 支，29 支
	第八组	8 支，20 支		第八组	39 支，40 支，30 支
	第九组	9 支，21 支		第九组	41 支，42 支，31 支
	第十组	10 支，22 支		第十组	43 支，44 支，32 支

注：各支管编号情况见管网布置图；两条支管均为半圆喷洒时，工作时间减半。

由于田块不规则，支管有两种不同长度，喷头数分别为 8 个和 4 个，具有 8 个喷头支管长度较长，且数量较多，为节省投资，拟采用变径支管。考虑施工方便，只变径一次。以支管首、末喷头见的管段为分析对象，该管段总长为 126m。为了采用不同管径，再将其分为两段，后段长 54m 采用较小管径，前段 72m 采用较大管径，根据公式 $1.15f\frac{LQ^m}{d^b}F+\Delta Z\leqslant 0.2h_p$ 进行试算。

$1.15f\frac{L_{后}Q_{后}^m}{d_{后}^b}F_{后}+\left(1.15f\frac{L_{总}Q_{总}^m}{d_{前}^b}F_{总}-1.15f\frac{L_{后}Q_{后}^m}{d_{前}^b}F_{后}\right)+\Delta Z\leqslant 0.2h_p$。式中 $f=0.948\times 10^5$，$m=1.77$，$b=4.77$，由于地面平坦，在首、末两喷头间管段总长为 126m，$\Delta Z=0$。具体变径方案由试算确定。

经试算，后段 54m 采用 *DN*50（内径 46mm），前段 72m 采用 *DN*75（内径 70.4mm），此时该支管首、末喷头间水头损失为 5.15m。支管首、末喷头间允许工作压力差为 0.2×30.6=6.01（m），因此采用在这种变径方案后支管首、末喷头间支管工作压力偏差能满足规范要求。

对于具有 4 个喷头的较短支管，不必采用变径设计，全部采用 *DN*50，总水头损失为 2.62m，该水头损失小于允许工作压力差。

（2）确定干管设计。干管管径由经济流速确定，硬塑料管的经济流速取 1.3m/s。根据轮灌方案可知，AB 段设计流量为 29.36m³/h，BC 段设计流量为 58.72 m³/h，相应的经济管径为：

$$d_{AB}=18.8\sqrt{\frac{Q}{V}}=18.8\sqrt{\frac{29.36}{1.3}}=89.3(\text{mm})$$

$$d_{BC}=18.8\sqrt{\frac{Q}{V}}=18.8\sqrt{\frac{58.72}{1.3}}=126.4(\text{mm})$$

结合管径规格，AB 段实际选用 $DN110$，压力 0.63MPa，壁厚 2.7mm，内径 104.6mm；BC 段选用 $DN140$，压力 0.63MPa，壁厚 3.5mm，内径 133mm。

2.8.8 计算系统需要扬程

（1）计算干管进口工作压力。

轮灌顺序表中第一天第一轮灌组（即 1 支、13 支同时工作）工作时较为不利，因此依据该轮灌组工作时系统状况计算系统设计扬程。

喷头的工作设计压力为 300kPa（约 30m 水头），竖管用 $DN32$ 钢管，内径为 28mm，埋深 0.6m，地面以上高度 1.6m，扣除喷头进口 0.2m，得竖管计算长度为 2.0m。

竖管计算长度为 2.0m，竖管水头损失为

$$h_s=\frac{f_sL_sQ^m}{d_s^b}=\frac{6.25\times10^5\times1.8\times3.67^{1.9}}{28^{5.1}}=0.62(\text{m})$$

支管为 PVC-U 管，则支管的沿程水头损失为

$$h_f=\frac{0.948\times10^5\times54\times11.01^{1.77}\times0.334}{46^{4.77}}+\frac{0.948\times10^5\times72\times29.36^{1.77}\times0.316}{70.4^{4.77}}$$
$$=2.69(\text{mm})$$

局部水头损失估取沿程损失的 15%，则支管总水头损失为 2.69×1.15=3.09(m)。

干管局部水头损失取沿程损失的 15%，AB 段水头损失为

$$h_{AB}=1.15\times\left(\frac{0.948\times10^5\times288\times29.36^{1.77}}{104.6^{4.77}}\right)=2.90(\text{m})$$

$$h_{BC}=1.15\times\left(\frac{0.948\times10^5\times234\times58.72^{1.77}}{133^{4.77}}\right)=2.55(\text{m})$$

参考喷头工作压力 30m，喷头进口工作压力点处（喷头进口以下 0.2m 处）至干管进口的高差为 1.8，$\Delta Z=0$，干管进口工作压力为 30+0.62+3.09+2.90+2.55=39.16(m)。

（2）计算系统流量与扬程。

1）系统设计流量。喷灌系统中同时工作的喷头数为 16 个，因此喷头总流量为 3.67×16=58.72(m³/h)，管道系统水利用系数取 0.97，则水泵设计流量为 58.72/0.97=60.54(m³/h)。

2）系统设计扬程。水泵进、出水管各 5m，进水管采用 $DN100$ 镀锌钢管，出水管采用 $DN80$ 镀锌钢管。经计算进、出水管沿程水头损失分别为 0.26m 和 1.45m，总沿程水头损失为 1.71m。

进、出水管包括滤网、闸阀、减缩接头、弯头、水表等设施，估算进、出水管总局部水头损失为 1.60m。

进、出水管总水头损失为 1.71+1.60=3.31(m)，河流最小水位距地面为 2.5m，则系统需要的总扬程为 39.16+3.31+2.5=44.97(m)。

2.8.9　机组选型

(1) 水泵选型。根据喷灌系统流量与扬程选择水泵，水泵型号及其技术参数见表 2-14。

表 2-14　IS80-50-200 水泵性能参数

型号	流量 (m^3/h)	扬程 (m)	转速 (r/min)	效率 (%)	电动机功率 (kW)	允许吸上真空高度 (m)
IS80-50-200	31	55	2900	69	15	6.6
	50	50				
	64	45				

(2) 选择动力机。根据水泵配套功率选配电动机，电动机为 Y160M-2/15 型。

2.8.10　其他配套设备与设施

每条支管进口处各配置闸阀一个，第 1～36 支采用 *DN*75 闸阀，第 37～44 支采用 *DN*50 闸阀，各闸阀应建闸阀井。干管末端布置一个空气阀。水泵进水管布置一个 *DN*100 闸阀，出水管布置一个 *DN*80 闸阀、1 个型号 LXS-80 旋翼式水表和一个压力表。

2.8.11　设备用量

其他材料及设备用量见表 2-15 及管道式喷灌系统规划布置图，见图 2-20。

表 2-15　管材及主要附属设备用量表

序号	名称	规格	单位	数量	备注
1	PVC-U 管材	*DN*50×2	m	2432	支管
2		*DN*75×2.3	m	2712	支管
3		*DN*110×2.7	m	288	干管
4		*DN*140×3.5	m	234	干管
5	镀锌钢管	*DN*32×3.25	m	704	竖管
6		*DN*80×4	个	5	水泵出水管
7		*DN*100×4	个	5	水泵进水管
8	PVC-U 接头	*DN*75×50	个	36	支管变径
9		*DN*90×75	个	20	支管
10		*DN*140×110	个	1	干管变径
11		*DN*50 法兰	个	16	接闸阀
12		*DN*75 法兰	个	72	接闸阀
13	PVC-U 三通	*DN*110×50	个	8	引出支管
14		*DN*110×75	个	16	引出支管
15		*DN*140×90	个	20	引出支管

续表

序号	名称	规格	单位	数量	备注
16	堵头	*DN*50	个	44	用于支管
17		*DN*110	个	1	用于干管
18	竖管鞍座	*DN*50/32	个	120	
19		*DN*75/32	个	216	
20	闸阀	*DN*50	个	8	支管
21		*DN*65	个	36	支管
22		*DN*80	个	1	水泵出水管
23		*DN*100	个	1	水泵进水管
24	空气阀	KQ42X-10（13）	个	1	干管末端
25	喷头	ZY-2	个	320	
26	压力表	0～1.6MPa	个	1	
27	水表	LXS-80	个	1	
28	水泵	IS-50-200	台	1	
29	电动机	Y160M-2/15	台	1	
30	配电设备		套	1	

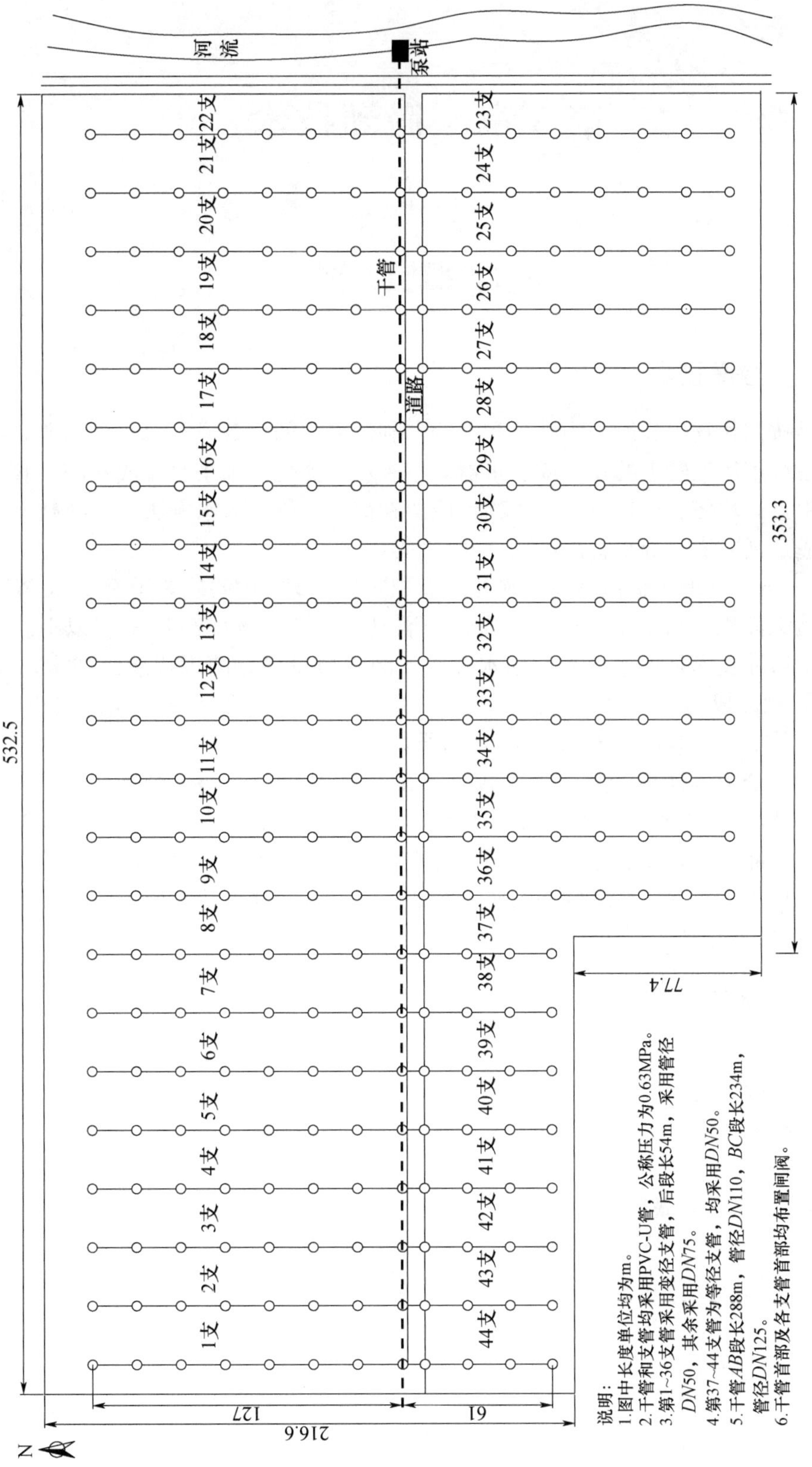

图2-20　管道式喷灌系统规划布置图

第3章 微灌技术

3.1 概 述

3.1.1 微灌技术

微灌是按照作物生长所需的水分和养分，利用专门的设备或自然水头加压，再通过低压管道系统末级毛管上的孔口或灌水器，将有压水流变成细小水流或水滴，直接送到作物根区附近，均匀、适量地施于作物根层所在部分土壤的灌水方法。微灌技术包括滴灌、微喷灌、涌泉灌（或小管出流）、微喷带等。

《“十三五”新增1亿亩高效节水灌溉面积实施方案》中明确表示至2020年，全国高效节水灌溉面积达到3.6×10^9亩左右，占灌溉面积的比例提高到32%以上。而节水灌溉技术中微灌技术是现今世界上用水最省、灌水质量最好的现代灌溉技术。20世纪70年代初，微灌成为一种完整的灌溉技术，得到了普遍的重视和应用。截止2014年底，我国高效节水灌溉面积为1606.7万公顷，其中，低压管道输水灌溉826.7万公顷，喷灌313.3万公顷，微灌466.7万公顷，微灌面积从2001年的21.53万公顷增加到2014年的468.13万公顷。微灌主要用于果树、保护地蔬菜、花卉和其他经济作物的灌溉。我国的微灌设备是在引进、吸收国外先进技术的基础上，结合本国的国情研究、发展起来的。近年来，国产微灌设备的质量有了明显提高。随着节水型农业的发展，我国的微灌技术将得到更快的发展。

3.1.2 微灌技术特点

微灌技术特点是灌水流量小，一次灌水延续时间长、周期短，是以微小的流量湿润作物根区附近的土壤，以满足作物的需水要求，不同于全面湿润的地面灌溉和喷灌，属于局部灌水技术。微灌技术具有以下优缺点。

（1）优点。

1）节水。这是微灌最显著的优点，按照作物需水要求，用微灌进行灌水，仅湿润作物根区附近的土壤。蒸发损失小，而且由于灌水流量小，不易发生地表径流和深层渗漏，可以有效地降低灌溉水的蒸发损失和渗漏损失，同时微灌能比较精准地控制灌水量，可适时适量地按作物生长需要供水，灌溉水的利用率高。因此，微灌一般比地面灌溉节水30%～50%，比喷灌节水15%～25%。

2）省工。①微灌灌溉水量小，运行费用相应降低，且微灌不需平整土地，装有自动运行设备，劳动力费用也随之降低。②微灌田块的大部分土壤表面保持干燥，减少了杂草生长，相应清除杂草的劳力和除草剂的费用减少。同时，因在作物行间的土地仍然是干燥的，方便田间作业。③微灌时，肥料、杀虫剂等能注入灌溉水中，随灌溉施入田间，不需另外耗费劳力进行喷施，从而大大节省了劳动力。

3）工作压力低，节约能源。滴头的工作水头为5～10m，微喷头的工作水头为10～15m。微灌田间灌溉水有效利用系数高，对需消耗能量的提水灌区，节水也就意味着节能。

4）灌水均匀。微灌系统能够较精准地控制各个灌水器的出水流量，灌水均匀度高，一般可达80%～90%。

5）增产。微灌能适时适量地向作物根区供水供肥，且不会破坏土壤结构，土壤中的养分也不易被淋溶流失，为作物生长提供了良好的水肥条件，有利于实现高产稳产，提高产品质量，实践证明，微灌较其他灌水方法一般可增产30%左右。

6）对土壤和地形的适应性强。微灌的灌水流量可根据土壤入渗能力进行调节，即选用不同型号的灌水器，使作物根区能保持适宜的土壤水而不产生地表径流和深层渗漏，造成水资源浪费。由于微灌是用压力管道输水，可以适用于不同的地形条件，即使是坡度很大甚至多石土壤无法用其他灌溉技术，也可利用微灌进行灌溉，产生一定的效益。

7）可用（微）咸水灌溉。由于微灌灌水周期短，灌水频繁，土壤维持在稳定的湿度，可使土壤水中的盐分稀释，因而在一定条件下可用含盐量较高的水进行微灌。

（2）缺点。

1）堵塞问题。堵塞问题是微灌系统存在的主要问题，也是目前必须解决的关键技术。堵塞可能减少灌水器的出水流量，使配水均匀度降低而对作物造成伤害，严重时会使整个系统不能正常工作。

实际使用中，由于微灌灌水器出口（或出水流道）很小，很容易被水中的矿物杂质颗粒堵塞，因此，微灌对水质要求较高，一般均须对水进行化学处理和过滤。为解决灌水器堵塞的问题，世界各国都做出过巨大的努力，已经制造出过滤效果好的过滤器和抗堵性能良好的灌水器。

2）盐分积累。微灌可能造成盐分在湿润体边缘积聚，并且少量的降水可能将这些盐分冲到作物根区而引起盐害。因此，当积盐达到一定程度后，在雨水不足时，应继续灌水，以使盐分被淋洗到根区以下，避免作物产生盐害。在没有充分冲洗条件的地方或是秋季无充足降雨的地方，不要在高含盐量的土壤上进行微灌或利用咸水微灌。

3）限制根系的发展等其他危害。由于微灌仅湿润作物根区附近的一部分土壤，作物根系的向水性会使作物根系集中向湿润区生长，限制了根系的发展，因此，在规划设计微灌系统时，应正确布置灌水器，保证微灌作物生长的均衡性。另外，由于作物只能从相当小的湿润土体中吸取水分、养分，一旦灌水期间发生意外，作物可能很快受到伤害。因此，必须注意微灌系统的维修养护，保证其正常工作。

4）成本高。由于微灌系统需要大量的管道，用于净化水的过滤设施和水处理设施较多，所以投资造价较高，各地应根据具体情况因地制宜地进行规划设计，并进行经济可行性分析，以获得预期的经济效益。

5）微灌输水系统的水头损失较大，尤其是滴灌系统。

3.2 微灌系统的组成及分类

3.2.1 微灌系统的组成

微灌系统通常由水源工程、首部枢纽、输配水管网和灌水器 4 部分组成，其形式如图 3-1 和图 3-2 所示。

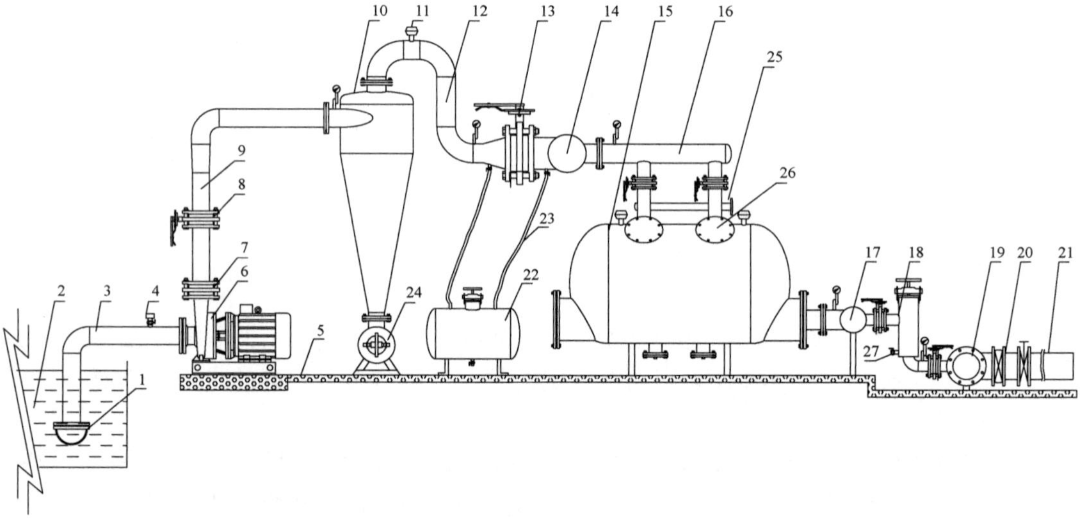

图 3-1 地表水微灌系统组成示意图

1—底阀；2—沉淀池；3—水泵进水管；4—水泵注水口；5—基础；6—水泵-电机；7—软联接；8—水泵出口蝶阀；9—水泵出口联接管；10—旋流水砂分离器；11—排气阀；12—联接弯管；13—施肥专用阀；14—砂过滤器主进水管；15—卧式砂过滤器；16—砂过滤器进水分管；17—砂过滤器出水主管；18—筛网过滤器；19—筛网过滤器出水主管；20—水表；21—地下管连接钢管；22—施肥灌（卧式）；23—施肥软管；24—集砂罐；25—砂过滤器排污管；26—观察、维修孔；27—筛网过滤器排污口

（1）水源工程。河流、湖泊、塘堰、沟渠、井泉等，只要水质符合微灌要求，均可作为微灌灌溉水源，否则将使水质净化设备过于复杂，甚至引起微灌系统的堵塞。为了充分利用各种水源进行灌溉，往往需要修建引水、蓄水和提水工程，以及相应的输配电工程。这些统称为水源工程。

（2）首部枢纽。微灌工程的首部通常由水泵及动力机、控制阀门、水质净化装置、施肥装置、测量和保护设备等组成。首部枢纽担负着整个系统的驱动、检测和调控任务，是全系统的控制调度中心。

（3）输配水管网。输配水管网的作用是将首部枢纽处理过的水按照要求输送分配到每个灌水单元和灌水器，微灌系统的输配水管网一般分干、支、毛三级管道。干管一般埋于地下，支管可铺设于地表或埋于地下，毛管是微灌系统的最末一级管道，其上安装或连接灌水器。

（4）灌水器。微灌的灌水器安装在毛管上或通过连接小管与毛管连接，有滴头、微

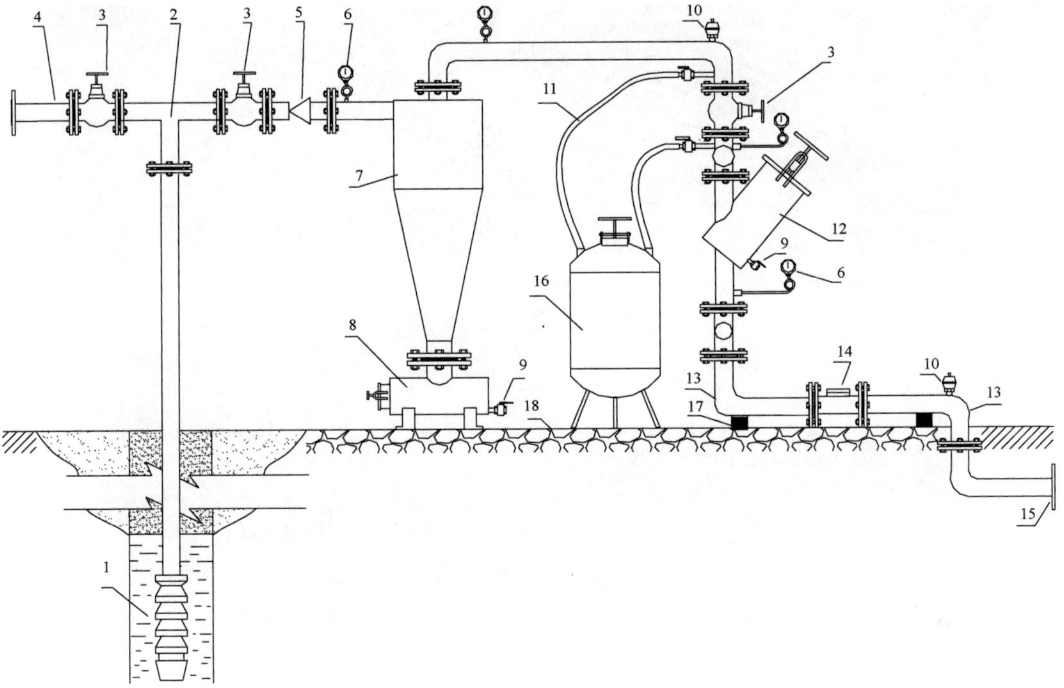

图 3-2　地下水微灌系统组成示意图

1—潜水电泵；2—三通；3—闸阀；4—排水管；5—截止阀；6—压力表；7—水砂分离器；
8—集砂罐；9—排污口；10—排气阀；11—施肥软管；12—筛网过滤器；13—弯管；
14—水表；15—出水口；16—施肥罐（立式）；17—支撑墩；18—基础

喷头、涌水器和滴灌带等多种形式。或置于地表，或埋入地下。灌水器的结构不同，水流的出流形式也不同，有滴水式、漫射式、喷水式和涌泉式等。

3.2.2　微灌系统的分类

1. 按灌水水流出流方式分类

按灌水水流出流方式不同，可分为滴灌、微喷灌、微喷带、渗灌、涌泉灌（小管出流）等（图 3-3）。

（1）滴灌。滴灌是利用滴头、滴灌带（滴头与毛管制成一体）等灌水器，使水以水滴或细流形式湿润土壤的一种灌水方法。通常毛管和灌水器放在土壤表面，有时为方便田间作业，防止毛管损坏或丢失，也可将其埋在地下 30～40cm，形成地下滴灌。

（2）微喷灌。微喷灌是利用直接安装在毛管上或与毛管连接的灌水器，即微喷头，将有压水以细小的水雾喷洒状喷洒在作物叶面或根区附近土壤表面的一种灌水形式。微喷灌还具有提高空气湿度，调节田间小气候的作用。

（3）微喷带。微喷带又称多孔管、喷水带、喷灌带、微喷灌管，是在可压扁的塑料软管上采用机械或激光直接加工出水小孔，进行微喷灌的节水灌溉技术。微喷带主要用在蔬菜、花卉、苗圃、草坪、果树、小麦等作物，也可用于大棚降温、场所防尘等。

（4）渗灌。渗灌又称土表下灌溉或土表下滴灌，是指灌溉水以滴渗方式湿润作物根系层，实现对作物灌溉。渗灌是通过埋在地下作物根系活动层（20～50cm）的滴灌带

(a) 地表滴灌示意图　　(b) 小管出流示意图　　(c) 微喷带示意图

(d) 渗灌示意图　　(e) 微喷灌示意图

图 3-3　常用微灌技术效果示意图（图片来源于网络）

上的滴头或渗头将水灌入土中的灌水方式。灌溉水由内向外呈发汗状渗出，随即通过管壁周围土壤颗粒，颗粒间孔隙的吸水作用向土体扩散，给作物根系供水，一次连续性实现对作物灌溉的全过程。渗灌水进入土壤后，仅湿润作物根系层，地面没有水分。它具有蒸发损失少、节水、省电、省肥、省工和增产效益显著等优点，且不会妨碍耕作。果树、棉花、粮食作物等均可采用。其缺点：一是堵塞不易发现，也不便于维护；二是当管道间距较大时灌水不够均匀，在土壤渗透性很大或地面坡度较陡的地方不宜使用。亩投资为 400～1000 元。其效益为：节水 50%～60%，省电 40%～50%，省工 95%，增产 30%左右。

（5）涌泉灌。涌泉灌又称涌灌、小管出流灌溉，是利用直径 4mm 的小塑料软管作为灌水器（或涌水器）将水灌入土壤的灌水技术。由于灌水流量较大（但一般不大于 220L/h），有时需在地表筑沟埂来控制灌水。此灌水方式的工作压力很低，不易堵塞，但田间工程量较大，适合地形较平坦地区果树等灌溉。

（6）雾灌。雾灌又称弥雾灌溉，与微喷灌很相似，只是工作压力较高（可达到 200～400kPa），喷出的水滴极细，灌水时形成水雾以调节田间空气湿度，如全日照喷雾育苗就要采用雾灌。

2. 按管道可移动程度分类

根据输配水管道是否可移动，可将微灌系统分为固定式微灌系统、半固定式微灌系统和移动式微灌系统。

（1）固定式微灌系统。固定式微灌系统的各个组成部分在整个灌溉季节固定不动，干、支管埋入地下，毛管有的埋在地下，有的放在地表或悬挂在地面的支架上。固定式微灌系统因主要管道埋在地下不仅大大减少了工程占地，便于田间管理和机械化操作，而且管道使用寿命大大延长，运行费用也低。但是由于微灌设备常年固定不动，使得设备利用率低，需要的管材量大，单位面积投资高，所以固定式微灌系统一般常用于灌水次数频繁、经济价值较高的经济作物。另外，在一些地面坡度陡、地形复杂的丘陵山区，其他灌水方式不适用时，也可安装固定式微灌系统。

(2) 半固定式微灌系统。半固定式微灌系统是使系统的干、支管在灌溉季节固定不动，毛管连同其上的灌水器可按设计要求移动，一条毛管可在多个位置工作。半固定式微灌系统较固定式微灌系统设备的利用率提高，较移动式微灌系统劳动强度小，也常用于大田作物，有时也用于经济作物。

(3) 移动式微灌系统。移动式微灌系统是系统的各个组成部分在灌水季节都可按要求进行移动。安装在灌区内不同位置进行灌溉。移动式微灌系统由于节省了大量管材和设备，提高了设备的利用率，降低了单位面积工程投资，但是操作管理比较麻烦，劳动强度大，常用于大田作物，适合在干旱缺水、经济条件较差的地区使用。

3. 按压力源分类

按系统获得压力方式的不同可将微灌系统分为自压式微灌系统、泵（机）压式微灌系统和间歇式微灌系统。

(1) 自压式微灌系统。一般是水源的水面高程高于灌区的地面高程，用压力管道引水到灌区就具有一定的压力，由高程差产生的管道压力已能满足灌区内输水水头损失与灌水器工作压力的要求，可不另外加压而形成自压灌溉管道系统。

(2) 泵（机）压式微灌系统。当水源的水面高程低于灌区的地面高程，或虽然略高一些但不足以形成灌区所需要的压力时，需要利用水泵加压，以形成足够的压力。

(3) 间歇式微灌系统（脉冲式微灌系统）。

灌水器流量比普通的大 4～10 倍，每隔一定时间出流一次，孔口大，可减少堵塞，避免地表径流和深层渗漏。其灌水器工艺要求较高。

不同微灌系统形式各有其特点，应针对具体情况，根据灌区特点和作物种类进行选型。

3.3 微灌技术设备分类及参数

3.3.1 微灌专用设备

微灌设备一般由首部加压机泵、过滤器、施肥装置，控制、量测、保护装置、管道、管件以及灌水器等组成。微灌用管道和管件与喷灌用管道和管件基本相同，防堵塞的要求较高，工作压力较低，所以多采用黑色塑料材质的管道和管件。干管多用（硬）聚氯乙烯（PVC、PVC-U）管，地表支管及末级毛管多用聚乙烯（PE）管。

1. 微灌灌水器

灌水器又称配水器，其作用是消杀或分散有压管道输送来的集中水流中的能量，均匀而稳定地向作物根区土壤配水，以满足作物生长的需要。灌水器的质量好坏直接影响微灌系统是否工作可靠及灌水质量。对其要求如下：

(1) 出水量小。灌水器出水量的大小取决于工作水头高低、过水流道断面大小和出流受阻的情况。微灌用的灌水器的工作水头一般为 5～15m，过水流道直径或孔径一般在 0.3～2.0mm，出水流量在 2～200L/h。

（2）出水均匀、稳定。一般情况下灌水器的出流量随工作水头大小而变化。因此，要求灌水器本身具有一定的调节能力，使得在水头变化时流量的变化较小。

（3）抗堵塞性能好。灌溉水中总会含有一定的污物和杂质，由于灌水器流道和孔口较小，在设计和制造灌水器时要尽量采取措施，提高它的抗堵塞性能。

（4）制造精度高。灌水器的流量大小除受工作水头影响外，还受设备制造精度的影响。如果制造偏差过大，每个灌水器的过水断面大小差别就会很大，无论采取哪种补救措施，都很难提高灌水器的出水均匀度。因此，为了保证微灌灌水质量，要求灌水器的制造偏差系数 C_v 值一般应控制在 0.03～0.07。

（5）结构简单，便于制造安装。

（6）坚固耐用，价格低廉。灌水器在整个微灌系统中用量较大，其费用往往占整个系统总投资的 25%～30%。另外，在移动式微灌系统中，灌水器要连同毛管一起移动，为了延长使用寿命，要求在降低价格的同时还要保证产品的经久耐用。实际上，绝大多数灌水器不能同时满足上述所有要求。因此，在选用灌水器时，应根据具体使用条件，只满足某些主要要求即可。例如，使用水质不好的地面水源时，要求灌水器的抗堵塞性能较高，而在使用相对较干净的井水时，对灌水器的抗堵塞性能的要求就可以低一些。

2. 微灌灌水器的分类

微灌用灌水器种类很多，按结构和出流形式可分为滴头、滴灌带（滴灌管）、微喷头、涌水器、渗水管（带）等 5 类。

（1）滴头。滴头是将压力水流变成滴状或细流状、流量不大于 12L/h 的灌水器。生产中常见的滴头有管上压力补偿式滴头。管上压力补偿式滴头是安装在毛管上并具有压力补偿功能的灌水器。其具有安装灵活，能自动调节出水量和自清洗，出水均匀，但制造复杂，价格较高等特点（图 3-4）。

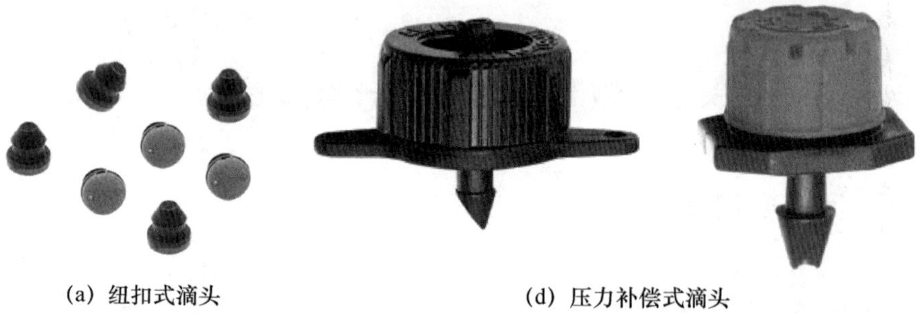

(a) 纽扣式滴头　　(d) 压力补偿式滴头

图 3-4　滴头

（2）滴灌带（滴灌管）。滴头与毛管制造成一整体，兼具配水和滴水功能，按结构可分为内镶式滴灌带（滴灌管）及薄壁滴灌带（图 3-5）。在毛管制造过程中，将预先制造好的滴头镶嵌在毛管内的滴灌管称为内镶式滴灌管，内镶滴头有片式和管式。滴灌管有压力补偿式和非压力补偿式两种。薄壁滴灌带有边缝式滴灌带、中缝式滴灌带、内镶贴片式滴灌带等。滴灌带和滴灌管的主要区别是管壁厚度不同，壁厚成管状的为滴灌管，壁薄成带状的为滴灌带，生产中常用滴灌带为单翼迷宫式滴灌带，常用单翼迷宫式滴灌带技术参数见表 3-1。

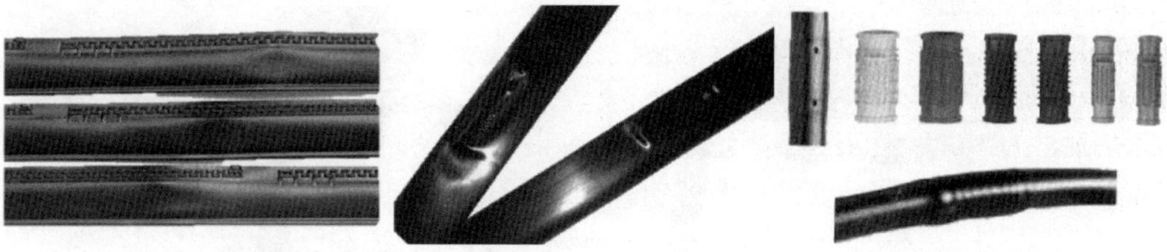

(a) 边缝式滴灌带　　(b) 内镶贴片式滴灌带　　(c) 内镶柱式滴灌管

图 3-5　不同形式滴灌管和滴灌带

表 3-1　单翼迷宫式滴灌带技术参数表

规格	内径 (mm)	壁厚 (mm)	滴孔间距 (mm)	公称流量 (L/h)	滴头工作压力 (MPa)	滴头流量 q 计算公式 [(L/h)，H/m]
200—2.5	16	0.18	200	2.5	0.05～0.1	$q=0.638H^{0.582}$
300—1.8			300	1.8		$q=0.411H^{0.615}$
300—2.1				2.1		$q=0.502H^{0.607}$
300—2.4				2.4		$q=0.592H^{0.594}$
300—2.6				2.6		$q=0.653H^{0.600}$
300—2.8				2.8		$q=0.717H^{0.589}$
300—3.2				3.2		$q=0.780H^{0.596}$
400—1.8			400	1.8		$q=0.415H^{0.634}$
400—2.5				2.5		$q=0.641H^{0.607}$

（3）微喷头。微喷头即微型喷头，作用与喷灌的喷头基本相同。只是微喷头一般工作压力较低，湿润范围较小，对单喷头射程范围内的水量分布要求不如喷灌高。其外形尺寸在 0.5～10cm，喷嘴直径小于 2.5mm，单喷头流量不大于 300L/h，工作压力小于 300kPa，射程一般小于 7m。多数用塑料压注而成，有的也有部分金属部件。其种类繁多，据统计达数千种。按喷射水流湿润范围的形状有全圆和扇形之分，按结构形式有固定式和移动式之分。固定式微喷头与固定式喷头相近，有射流旋转式、折射式、离心式和缝隙式等，其构造都比较简单。射流旋转式微喷头则是由不同形状的旋臂来驱动的。

1）射流旋转式微喷头。一般由旋转折射臂、支架、喷嘴构成（图 3-6）。其特点是有效湿润半径较大，喷水强度较低，水滴细小。其缺点是旋转部件易磨损，使用寿命较短。

2）折射式（雾化）微喷头。其主要部件有喷嘴、折射锥和支架（图 3-7）。折射式微喷头的优点是结构简单，没有运动部件，工作可靠，价格便宜。其缺点是由于水滴太微细，在空气干燥、温度高、风力大的地区，蒸发漂移损失大。

3）离心式微喷头。其特点是工作压力低，雾化程度高，一般形成全圆的湿润面积，由于在离心室内能消散大量能量，所以在同样流量的条件下，孔口较大，从而大大减小了堵塞的可能性。

4）缝隙式微喷头。一般由两部分组成，下部为底座，上部是带有缝隙的盖。

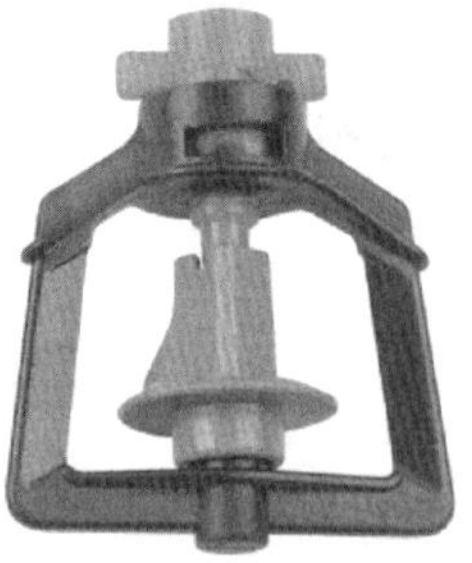

图 3-6　射流旋转式微喷头

图 3-7　折射式微喷头

（4）涌水器。涌泉灌水器简称涌水器，采用内径为 3mm、4mm、6mm 的 PE 管及管件组成，呈射流状出流，为使水流集中于作物主要根区部位，需要相应的田间配套工程，其形式有绕树环沟、存水树盘、顺流格沟和秸秆覆盖等形式。

（5）渗水管（带）。作为地表下渗灌的灌水器，其作用是使水直接渗入作物根区土壤，有多孔瓦管（罐）、海绵渗头等。目前世界上渗水管大致分为以下几种类型：

1）意大利生产的直径 $\phi10\sim\phi20$mm 的塑料边缝式薄膜管，沿管道开有毛细通道，每根管长为 100m。使用时，管道两端与供水管相连，埋设于地下，管内流速很低，流态为层流，供水时因管壁受内水压力使毛细通道张开向外渗水，停水时张力消失，毛细通道闭合。毛细通道一般为 0.1～0.25mm 宽，高为 0.7～2.5mm，长为 150～600mm。

2）法国生产的由塑料加发泡剂和成型剂混合挤压而成的塑料渗水管，管壁上有无数多发泡状微孔。供水时，水沿发泡孔状管壁渗出进入土壤，渗水量大小及渗水均匀度主要取决于发泡孔孔径、材料均匀性、管内水流运行压力等因素。

3）以废旧橡胶、塑料树脂和添加剂，经过科学方法和特殊工艺制成的橡胶渗水管，管壁上布满细小弯曲的毛状透水孔，使用时，管内压力水沿毛细孔渗出，在管壁周围形成水滴湿润土壤。

4）以 PE、PVC 或 PVC-U 制成低压给水管道，在管道上用成孔机钻孔，孔中安装渗水头。给水管道可以铺设放在地面上，也可以埋入土层，渗水头有海绵渗水头或针扦式渗水头。

（6）滴箭。滴箭是滴灌中常用的一种灌水器，具有灌溉精准、出水均匀等优点，是盆花、盆栽植物、苗木及立体绿化等作物灌溉最合适的灌水器（图 3-8）。有弯箭和直箭，可单箭、双箭、四箭、八箭等随意组合，施工方便。箭头部分长约 10cm，用于插入土壤或栽培基质中固定导流；柄部长约 5cm，设有精细迷宫流道，插入内径 3mm 左右的软管中。工作压力一般在 0.08～0.15MPa。

3. 灌水器的性能

（1）流量与压力的关系。各种类型的灌水器无论是滴头还是微喷头都是通过水流克服摩擦阻力做功而消耗能量来调节流量，其流量大小取决于工作压力和流道的几何尺寸。灌水器的流量计算公式为

$$q=kh^x \tag{3-1}$$

式中　q——灌水器的流量，L/h；

k——表征各灌水器特性的流量系数（取决于流道的结构）；

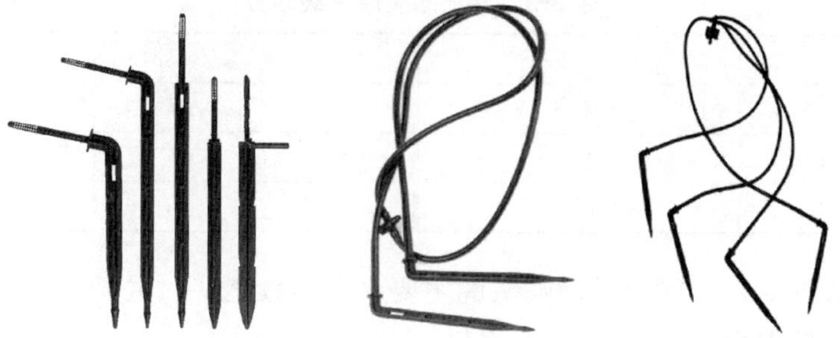

(a) 滴箭　　(b) 一出二滴箭　　(c) 一出四滴箭

图 3-8　滴箭

h——工作水头，m；

x——流态指数。

式（3-1）反映了微灌灌水器的流量 q 与压力水头 h 之间的关系。此关系是灌水器的一个最重要的特征值。

（2）灌水器的抗堵塞性能。因为微灌系统的灌水流量小，微灌灌水器流道尺寸一般在 0.3～2.0mm，这样小的流道易于堵塞。影响灌水器抗堵塞性能的两个重要因素是灌水器流道尺寸和流道中水的流速。根据最小流道尺寸可将灌水器堵塞敏感程度进行分类。当流道最小尺寸小于 0.7mm 时，为非常敏感；当流道最小尺寸为 0.7～1.5mm 时，为敏感；大于 1.5mm 时，为不敏感。对于流道中水的流速，一般认为流速在 4～6m/s，可满足抗堵塞性能要求。为了减少堵塞，一般要求对各种灌溉水进行仔细过滤。同时可将灌水器设计成具有一定的自冲洗功能。当系统打开或关闭时，在压力逐渐上升或下降过程中，压力低于某一特定值时，灌水器内的补偿元件就会脱离流道，使流道变得很宽，杂质被冲出。

（3）灌水器的制造偏差。微灌灌水器流道尺寸很小，其流量与流道直径的 2.5～4.0 次幂呈正比，流道尺寸、形状等参数的微小变化，将会引起较大的流量偏差。在灌水器制造中，由于制造工艺和材料收缩变形等影响，不可避免地会产生制造偏差。实践中，一般用制造偏差系数来衡量产品的制造精度，表示方法如下：

$$C_v=\frac{S}{\overline{q}} \tag{3-2}$$

$$S=\sqrt{\frac{1}{n-1}\sum_{i=1}^{n}(q_i-\overline{q})^2}$$

$$\overline{q}=\frac{\sum_{i=1}^{n}q_i}{n}$$

式中　C_v——灌水器的制造偏差系数；

S——流量标准偏差；

q_i——所测每个滴头的流量，L/h；

$\overline{q}$——滴头平均流量，L/h；

n——所测灌水器的个数。

通常，灌水器的质量等级是按其制造偏差来划分的，见表 3-2。

表 3-2　灌水器质量等级划分

C_v	等级	C_v	等级
$C_v \leqslant 0.05$	优秀	$0.05 < C_v \leqslant 0.07$	平均
$0.07 < C_v \leqslant 0.10$	边际	$0.10 < C_v \leqslant 0.15$	差
$C_v > 0.15$	不合格		

（4）微喷头的射程。射程是微喷头的主要水力参数之一，主要决定于工作压力和流量。一般微喷头的射程在 0.1～7.0m。

（5）灌水器的结构特征。结构特征也是微灌灌水器的主要技术指标，主要指流道或孔口的尺寸大小，对于滴灌带（管）还包括管带的直径和壁厚。

3.3.2　微灌灌水技术要求

1. 滴灌

滴灌是一种局部灌溉，所以不要求在整个灌水的面积上水量分布均匀，而要求每一棵作物灌到的水量是均匀的。

（1）滴灌的灌水均匀度。

$$E_u=\left(1-\frac{1.27C_v}{\sqrt{n}}\right)\frac{q_{\min}}{q_d} \tag{3-3}$$

式中　E_u——灌水均匀度，%；

C_v——滴头制造偏差；

n——每株作物最少的滴头数目；

$q_{\min}$——根据正常流量压力关系曲线计算的与最小压力相对应的流量，L/h；

q_d——滴头设计流量，L/h。

一般要求 $E_u \geqslant 94\%$，在任何情况下也不得低于 90%。

（2）灌溉水的利用系数。表示灌溉水的有效利用的程度，定义为净灌溉用水量 $m_{净}$ 与毛灌溉用水量 $m_{毛}$ 之比，可用式（3-4）计算：

$$\eta=K_sE_u \tag{3-4}$$

式中，K_s 为蒸腾灌水比，是在灌水最少处蒸腾水量与总灌水量之比，其数值取决于管理水平，非常好的管理 K_s 在干旱地区可达 0.95，在湿润地区可达 1.0，一般设计值取 0.90。据《微灌工程技术规范》（GB/T 50485—2009）规定：滴灌灌溉水利用系数 $\eta \geqslant 0.9$，微喷灌、涌泉灌灌溉水利用系数 $\eta \geqslant 0.85$。

对于滴灌有时考虑要附加 10% 的灌溉用水量，以补偿盐分淋洗的需要，毛灌溉用水量就可以用式（3-5）计算：

$$m_{毛}=\frac{1.10m}{\eta} \tag{3-5}$$

2. 微喷灌

微喷灌的主要灌水质量指标包括单喷头的喷灌强度、灌水均匀度和灌水效率等。

（1）喷灌强度。喷灌强度是微灌系统的一个主要设计参数，是指单位时间内喷洒在单位面积土地上的水量。在一般情况下，喷灌强度应与土壤透水性相适应。喷灌强度要求与喷灌相似，微喷灌属局部灌溉，不考虑湿润面积的重叠。

为了在喷洒作业过程中不致产生径流，不破坏土壤表层结构而造成板结等状况，要求微喷头的喷灌强度不能超过土壤的入渗率，即渗吸速度。喷灌强度受散水器结构、微喷头的喷洒仰角等影响。

（2）灌水均匀度。灌水均匀度是指在灌水面积上水量分布的均匀程度，是评价微喷头的一项重要指标。单喷头灌水均匀度可由喷洒均匀系数和喷洒水量分布图来表示。

（3）灌水效率和灌水均匀系数与滴灌相似。

3. 渗灌

渗灌系统技术参数包括管道埋深、灌水定额、管道埋设间距、管道长度等。

（1）渗灌管埋设深度。渗灌管埋设深度取决于土壤性质、耕作条件、作物种类等。管道埋设的深度要考虑灌溉水能借助土壤毛细管作用充分湿润作物根系层，同时使灌溉水到达计划湿润层，产生深层渗漏的可能性最小。一般蔬菜根系浅，管道埋设深度应小；果树等经济林根系深，管道埋置深度要大。另外，管道的埋深与土质质地密不可分。一般黏质土埋深要大些，砂性土质埋深要小，因地区差异、作物种类差异，渗水管埋设深度还必须满足耕作深度要求。同时考虑管道本身的抗压强度，不致因拖拉机或其他耕作工具行走而产生破坏。对于北方寒冷地区，还应考虑冻土层深度。一般渗灌管应放在冻土层以下，防止管道中水流产生冰冻现象。目前我国渗灌管埋设深度为40～60cm。在免耕地中可浅埋，大多埋在深10cm左右。

（2）灌水定额。渗灌灌水定额应以相邻两条渗灌管之间的土层得到足够湿润，要以不发生深层渗漏为准，根据清华大学对渗灌的非饱和土壤水流的模型研究发现渗灌条件下的非饱和土壤水运动具有以下几点规律：

1）无论是水平的或是垂直的二维流动，其累计入渗量 $W(t)$ 与相应时间关系在双对数坐标中都是线性关系，且两种流动下的 $W(t)$ 十分接近，故可以归纳出统一的经验公式。

$$W(t)=ct^{a} \tag{3-6}$$

式中 $W(t)$ ——累计入渗量，mL；

t——时间，min；

c、a——均为常数，由实验确定。

2）在垂直二维流动中，湿润锋沿供水管一侧水平方向运移的最大距离与同一时刻水平二维流动湿润锋径向的运移距离也是十分相近的，故对两种流动的湿润锋运移距离 $X_m(t)$ 可归纳出如下的计算公式。

$$X_m(t)=A\sqrt{t}+B \tag{3-7}$$

式中 $X_m(t)$ ——湿润锋运移距离，cm；

t——时间，min；

A、B——均为常数，由实验确定。

3）在垂直二维流动中，湿润锋沿渗水管垂向运移距离 $Z(t)$ 与相应时间 t 存在一定的函数关系，也可以归纳出如下的经验公式。

$$Z(t)=\phi(t)+\lambda t+\omega \tag{3-8}$$

式中 $Z(t)$ ——湿润锋沿渗水管垂向运移距离，cm；

t——时间，min；

ϕ、λ、ω——为经验系数，由实验确定，当湿润锋向上运移，$\lambda<0$；当湿润锋向下运移，$\lambda>0$。

土壤质地、初始含水率、渗水管直径及供水压力均对渗灌有一定程度的影响。要做出不同地区、不同作物合理灌水定额，只能根据当地的实际情况，通过实际测量，制订该地区某种作物的灌水定额，在无实测资料的地区，一次灌水量一般控制在 $750m^3/hm^2$ 左右。

（3）渗水管间距的确定。渗水管间距的大小主要决定于土壤性质、供水压力大小和作物种植条件。两管间距过大，中间部分作物水分得不到满足，影响整体产量，过小则会增加工程造价，不够经济。因此，确定管道间距时应充分考虑当地土壤性质，供水管道水压力，种植作物品种。土壤颗粒越细，则土壤的吸水能力越强，渗灌时灌溉水的湿润范围也越大，渗水管管道间距可适当布置大些。在设计管道间距时，应考虑相邻两条管道的浸润曲线重合一部分，以保证土壤湿润均匀，一般砂质土壤管道间距较小，而黏重土壤中的管道间距较大；管道中水压力越大，管距可以较大，而无压渗灌的管距较小。目前，渗灌管的间距在 1.0～3.0m。对于较大面积的可按实测资料设计。在没有实测资料的地方，可参考表 3-3 选用管道间距。

表 3-3　不同土壤渗灌管埋设间距

土壤质地	砂土	砂壤土	黏土
管道间距（cm）	70～100	90～180	120～300

同时，也可以根据农田灌溉研究所得出的经验公式确定管道间距。

$$\beta=2mHD \tag{3-9}$$

式中　β——渗管间距，cm；

H——灌水终止时，管顶以上土壤水分扩散距离，cm，最大不超过渗水管埋设深度；

m——水平与垂直面上扩散距离之比，一般取 1.4～1.7，土壤质地轻时取较小值，质地重时取较大值；

D——渗水管管道直径，cm。

渗灌管间距布设除与土壤性质有关以外，还与作物品种、种植方式等多种因素有关，一般大田作物间距取小值（多取 1.5m 以内），果树取大值（多取 3m 左右）。树行布设方式不同时，渗灌管铺设可不受此限制。管道间距的确定除与表中所列土壤性质有关外，还与管道中水流压力、管道铺设长度、土壤中细粒含量等因素有关。管道中水压力较大时，间距可适当放大，否则，间距可适当减小；土壤中细粒含量较大时，土壤的吸水能力加强，管道间距应取较大值；土壤中细粒含量较小时，管道间距取较小值。

（4）管道供水压力及管道长度确定（管道的坡度和长度）。供水压力和渗灌管长度直接影响灌水均匀性。适应管道压力应根据所选渗灌管的技术参数确定，同时应考虑作物所在地地形坡度 i（$i=1/1000\sim5/1000$）。管道长度的确定应使管道首尾两端土壤能湿润均匀。一般情况下，管道坡度陡，供水压力大时，管道可长些，否则管道应短些。目前国内外渗灌管埋设长度一般不长于 100m，特殊情况可延长到 200m。

3.4　微灌系统辅助设施

3.4.1　管道连接件

管道是微灌系统的主要组成部分。各种管道与连接件按设计要求组合安装成一个微灌输配水管网，按作物需水要求向田间和作物输水与配水。管道与连接件在微灌工程中用量大、规格多、所占投资比重大，其型号规格和质量的好坏，不仅直接关系微灌工程费用大小，也关系微灌能否正常运行和管道使用寿命的长短。

1. 对微灌用管与连接件的基本要求

（1）能承受一定的内水压力。微灌管网为压力管网，各级管道必须能承受设计工作压力，才能保证安全输水与配水。因此，在选择管道时一定要了解各种管材与连接件的承压能力。而管道的承压能力与管材及连接件的材质、规格、型号及连接方式等有直接关系。

（2）耐腐蚀抗老化性能强。微灌系统中灌水器孔口很小，因此，微灌管网要求所用的管道与连接件应具有较强的耐腐蚀性能和抗老化性能。

（3）规格尺寸与公差必须符合技术标准。管径偏差与壁厚偏差应在技术标准允许范围内，管道内壁要光滑、平整、清洁，外观光滑，无凹陷、裂纹和气泡，连接件无飞边和毛刺。

（4）价格低廉。微灌管道及连接件在微灌系统投资中所占比重大，应力求选择满足微灌工程要求且价格便宜的管道及连接件。

（5）安装施工容易。各种连接件之间及连接件与管道之间的连接要简单、方便、牢固、且不漏水。

2. 微灌管道的种类

目前，我国常用的微灌系统管道多采用塑料管。塑料管具有抗腐蚀、柔韧性较好、能适应较小的局部沉陷、内壁光滑、输水摩阻小、比重小、质量轻和运输安装方便等优点，是理想的微灌用管。塑料管的主要缺点是受阳光照射时易老化，但埋入地下时，塑料管的老化问题将会得到较大程度的缓解，使用寿命可达20年以上。对于大型微灌工程的骨干输水管道（如上、下山干管，输水总干管等），当塑料管不能满足设计要求时，也可采用其他材质的管道，但要防止因锈蚀而堵塞灌水器。

常用的塑料管材有聚乙烯（PE）管，聚氯乙烯（PVC）管。

（1）聚乙烯管（PE管）。聚乙烯管分为高压低密度聚乙烯管和低压高密度聚乙烯管两种。低压高密度聚乙烯管为硬管，管壁较薄。高压低密度聚乙烯管为半软管，管壁较厚，对地形的适应性比低压高密度聚乙烯要强。

高压低密度聚乙烯管是由高压低密度聚乙烯树脂加稳定剂、润滑剂和一定比例的炭黑等制成的，具有很高的抗冲击能力，质量轻、韧性好、耐低温性能强、抗老化性能比聚氯乙烯管好，但不耐磨，耐高温性能差，抗张强度低。高压低密度聚乙烯管颜色一般为黑色。

（2）聚氯乙烯管（PVC管）。聚氯乙烯管是以聚氯乙烯树脂为主要原料，与稳定剂、润滑剂等配合后经挤压成型的。它具有良好的抗冲击和承压能力，刚性好。但耐高温性能差，在50℃以上时即会发生软化变形。聚氯乙烯管属硬质管，韧性强，对地形的适应性不如半软性高压聚乙烯管。微灌中常用的聚氯乙烯管一般为灰色。

3. 微灌管道连接件的种类

连接件是连接管道的部件，也称管件。管道种类及连接方式不同，连接件也不同。鉴于微灌工程中大多用聚乙烯管。由于市场上聚乙烯管规格尺寸相异，用户在选用时，一定要了解所连接管道的规格尺寸，选用与其相匹配的管件。一般有内接式和外接式两大类。常见的管件有如下几种（图3-9）：

(a) PE承插直通　(b) PVC阳纹直通　(c) PVC阴纹直通　(d) PE四通

(e) PVC正三通　(f) 阳纹PE弯头　(g) PE阳纹直通　(h) PE承插三通

(i) PVC弯头　(j) PE三通　(k) 旁通　(l) PE弯头

(m) 拉环式滴灌带直接　(n) 滴灌带直接　(o) PVC变径接头　(p) PE堵头

(q) PVC球阀　(r) 单片法兰　(s) 承口法兰　(t) 增接口

图 3-9　微灌系统部分管件

(1) 接头。接头的作用是连接管道。根据两个被连接管道的管径大小，分为同(等)径和异(变)径连接接头。根据连接方式不同，聚乙烯接头分为螺纹式接头、内插式接头和外接式接头 3 种。

(2) 三通。三通是用于管道分叉时的连接件。与接头一样，三通有同径和异径两种。根据被连接管道的交角情况又可分为直角三通和斜角三通。每种型号又有内插式和螺纹式两种。

(3) 弯头。在管道转弯和地形坡度变化较大的地方就需要使用弯头连接。其结构也有内插式和螺纹式两种。一般按转弯中心角的大小采用 90°或 45°。

(4) 堵头。堵头是用来封闭管道末端的管件，有内插式、螺纹式。对于毛管在缺少堵头时也可以直接把毛管末端折转后扎牢。

(5) 旁通。用于支管与毛管间的连接。

(6) 插杆。用于支撑微喷头，使微喷头置于规定高度，有不同的形式和高度。

(7) 密封紧固件。用于内接式管件与管连接时的紧固。

(8) 其他管件。微灌系统中常用的管件还包括 PVC 承插直通、PE 承插直通、PVC 法兰、球阀、增接口、胶圈、各类管箍等。

3.4.2　微灌技术的配套设施

1. 首部枢纽(可与灌溉管道系统综合考虑)

(1) 泵站。泵站由动力设备(柴油机或电动机)和离心泵、深井泵或潜水泵组成。在选择机泵时，如果滴灌水源是河水或小于 10m 深的浅层地下水，可采用离心泵；当灌溉水源水深大于 10m 时，一般采用深井泵或潜水泵。在有足够自然水头的地方可以不安装水泵。动力设备需放置在远离水的地方，以免受淹损坏。

(2) 肥料和化学药品注入设备。肥料和化学药品注入设备被用来将肥料和化学药品直接注入微灌系统，注入的方法有：①吸入法：肥料和化学药品溶液通过水泵吸力吸入微灌系统，但注入流量不易准确控制；②泵入法：通过水泵将化学溶液注入微灌系统；③压差法：利用内外压力差将化学溶液注入灌溉水中。

目前常用的施肥装置有以下几种。

1) 压差式施肥罐。压差式施肥罐是利用在输水管上两点形成的压力差，将化学药剂(或肥液)注入微灌系统(图 3-10)。

压差式施肥罐加工制造简单，造价较低，不需外加动力设备，但是无法控制溶液浓度，罐体容积有限。

2）开敞式肥料罐自压施肥装置。在自压微灌系统中，常使用开敞式肥料罐或修建一个肥料池。将肥料罐放置于水源的正常水位下部适当的位置上，把肥料罐供水管及阀门与水源相连接，将输液管及阀门与微灌主管道连接，打开肥料罐供水阀，水进入肥料罐可将化肥溶解成肥液。关闭供水管阀门，打开肥料罐输液阀，罐中的肥液就自动地随水流输送到微灌系统中。

3）文丘里注入器。文丘里注入器的优点是简单，造价低廉，使用方便，主要适用于小型微灌系统（如温室微灌）向管道注入肥料或农药。文丘里注入器的缺点是如果直接装在骨干管道上注入肥料，则水头损失较大（图 3-11）。

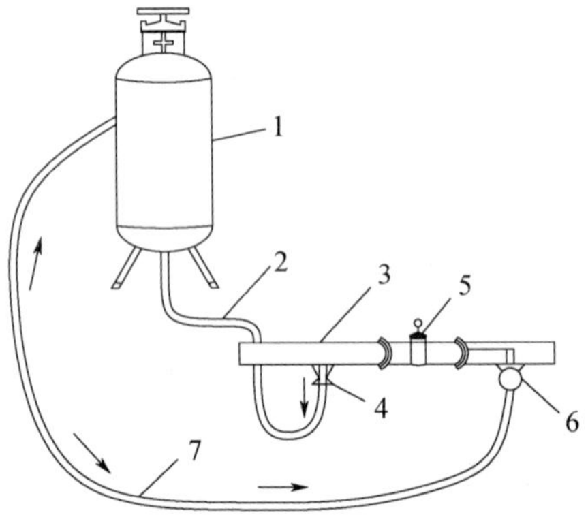

图 3-10 压差式施肥罐

1—储液罐；2—进水管；3—输水管；4—阀门；5—调压阀门；6—供肥液管阀门；7—供肥液管

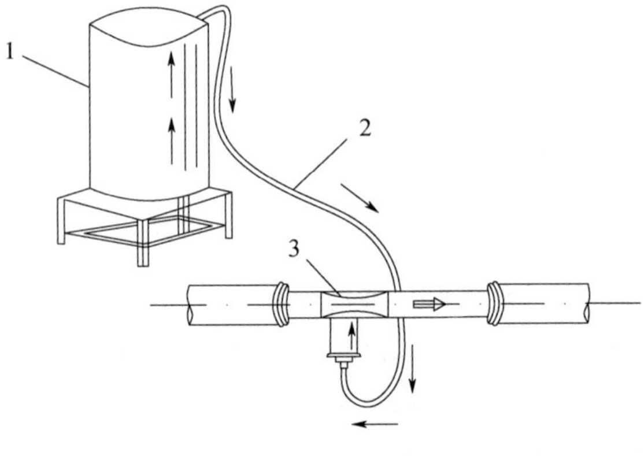

图 3-11 文丘里注入器

1—开敞式化肥罐；2—输液管；3—文丘里管

4）注射泵。根据驱动水泵的动力来源又可分为水驱动和机械驱动两种形式。使用该装置的优点是肥液浓度稳定不变，施肥质量好，效率高（图 3-12）。

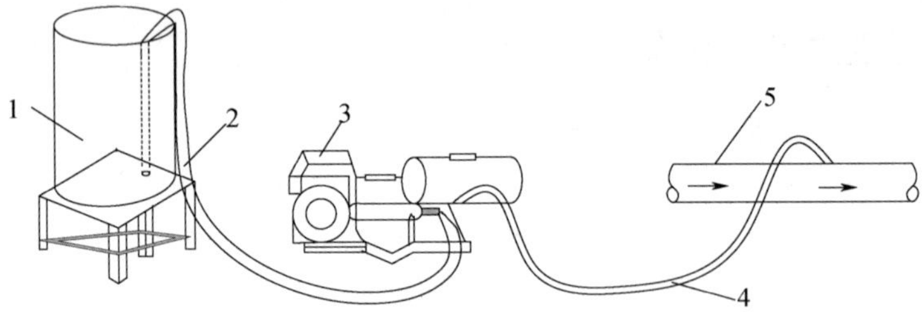

图 3-12 机械驱动活塞施肥泵

1—化肥桶；2—输液管；3—活塞泵；4—输肥管；5—输水管

为了确保微灌系统施肥时运行正常并防止水源污染，必须注意以下几点：①化肥或农药的注入一定要放在水源与过滤器之间，肥液先经过过滤器之后再进入灌溉管道，使未溶解化肥和其他杂质被清除，以免堵塞管道及灌水器。②施肥和施农药后必须利用清水把残留在系统内的肥液或农药全部冲洗干净，防止设备被腐蚀。③在化肥或农药输液管出口处与水源之间一定要安装逆止阀，防止肥液或农药流进水源，更严禁直接把化肥和农药加进水源而造成污染。④一个轮灌组施肥（药）结束后，先关进水阀，再关出水阀，最后将罐底阀门打开，放尽存水，以备下一轮灌组施肥。⑤一般应在每个轮灌组运行 1/3 时间后滴施肥（药），并且在各轮灌组运行结束前 0.5h 停止滴施肥（药）。⑥每次施肥完毕，要对装设其后的过滤器进行冲洗。⑦要注意罐内的肥料是否充分溶解，否则易堵塞罐体又影响施肥（药）效果。施肥罐中注入的固体颗粒不得超过其容积的 2/3。

（3）水质净化设施。水质净化设置是为了清除水源中可能造成灌水器堵塞的污染物。微灌系统中灌水器出口孔径一般都很小，极易被水源中的污物和杂质堵塞，而水源中都或多或少地含有各种污物和杂质，因此，对微灌系统来说进行水质净化处理是必不可少的。所需净化装置的形式根据污染物而定，同时还要考虑系统选用灌水器种类规格，抗堵塞性能等。

灌溉水中污染物可以分为两大类：物理污染物和化学污染物。物理污染物是悬浮质固体颗粒，包括有机的和无机的成分。有机污染物主要有水藻类、菌类、硅藻类、动物幼体、小鱼、蜗牛和种子及植物残片等。无机污染物主要以土壤颗粒的基本分级而划分。化学污染物主要指溶于水中的某些化学物质，如碳酸钙和碳酸氢钙等，在一定条件下，这些物质会变成不可溶的固体沉淀物，造成灌水器堵塞。根据《微灌工程技术规范》（GB/T 50485—2009）的规定："进入微灌管网的水不应有大粒径泥沙、杂草、鱼卵、藻类等物质"。微灌灌水器水质评价指标见表 3-4。

表 3-4　灌水器水质评价指标

水质分析指标	单位	堵塞的可能性		
		低	中	高
悬浮固体物	mg/L	<50	50～100	>100
硬度	mg/L	<150	150～300	>300
不溶固体	mg/L	<500	500～2000	>2000
pH 值	—	5.5～7.0	7.0～8.0	>8.0
Fe 含量	mg/L	<0.1	0.1～1.5	>1.5
Mn 含量	mg/L	<0.1	0.1～1.5	>1.5
H_2S 含量	mg/L	<0.1	0.1～1.0	—
油	—	不能含有油		

消除水中化学污物的方法是在灌溉水中注入某些化学药剂以中和有碍溶解的反应，或加入消毒药品将微生物和藻类杀死，称为化学处理法，常用的化学处理法有氯化处理和加酸处理。氯化处理是将氯加入水中，当氯溶于水时起着很强的氧化剂作用，可以杀死水中藻类真菌和细菌等微生物，是解决由于微生物生长而引起的灌水器孔口堵塞问题的有效而经济的办法。加酸处理可以防止可溶物的沉淀和微生物的生长。

对水中物理污物的处理主要是通过沉淀和过滤。污物颗粒大小的允许限度，根据灌水器结构规格而定。根据实践经验，一般要除去粒径大于灌水器孔径 1/7～1/10 的颗粒。微灌系统中常用的水质净化设施有以下几种：

1）沉淀池。沉淀池的沉淀作用能够除掉大量的砂和淤泥。通常应尽可能避免使用露天形式，以防藻类的生长和外界污物的掉入。为了使沉淀池发挥较好的效果，其规模应适当，既可以减少池内旋流，又可使水由池的进水口流到出水口的时间不少于 15min，因为无机颗粒的沉淀至少需要 15min。微灌系统用沉淀池分为平流沉淀池和重力沉淀池。沉淀池一般只能作为初级处理（图 3-13）。

图 3-13 微灌系统沉淀池

2）过滤器。常见的过滤器包括以下几种。

① 旋流式水砂分离器。旋流式水砂分离器又称离心式过滤器或涡流式水砂分离器。离心式过滤器一般由进水口、出水口、旋涡室、分离室、储污罐和排污阀等部分组成，其工作原理是，当压力水流由进水口以切线方向进入旋涡室后做旋转运动，使水流高速进入分离室，在分离室内水流在离心力和重力的双重作用下，水中比重较大的泥沙颗粒被抛向分离室壁并逐渐向下沉淀汇集到储污罐中；旋涡中心的水流速度比较低而位能比较高，旋涡中心较清洁的水上升并通过分离器顶部的出水口进入灌溉管道。离心式过滤器靠离心力将密度大于水的颗粒从水中清除，但无法清除有机物与水密度相近和比水轻的颗粒，特别是在开泵和关泵时过滤效果下降，会有较多的砂粒进入系统。因此，在其之后必须安装筛网过滤器，以清除通过旋流水砂分离器的污物。而将水砂分离器作为初级过滤器，用筛网过滤器进行二次处理，这样也可减轻筛网过滤器的负担，增长冲洗周期（图 3-14）。

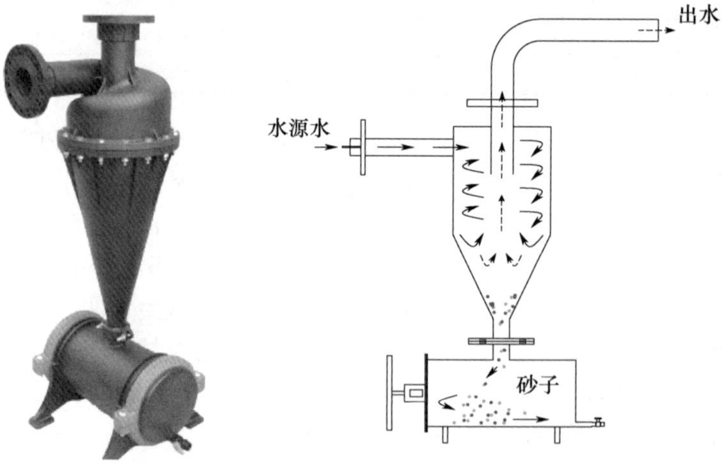

图 3-14 旋流式水砂分离器（离心式过滤器）

② 砂石过滤器。砂石过滤器由细砾石和经筛选的沙砾分层铺设于过滤罐体中而构成，用以过滤大量的极细沙和有机物质（图 3-15）。当水从过滤罐体中流过，砂石过滤器可将大量的极细砂和有机物过滤掉。常见的有单罐反冲洗砂石过滤器和双罐（或多

罐）反冲洗砂石过滤器。砂石过滤器的主要优点是可用较少的反冲洗次数和较小的压降来清除较大数量的污物。不同型号过滤砂的过滤效果见表 3-5。

(a) 砂石过滤器

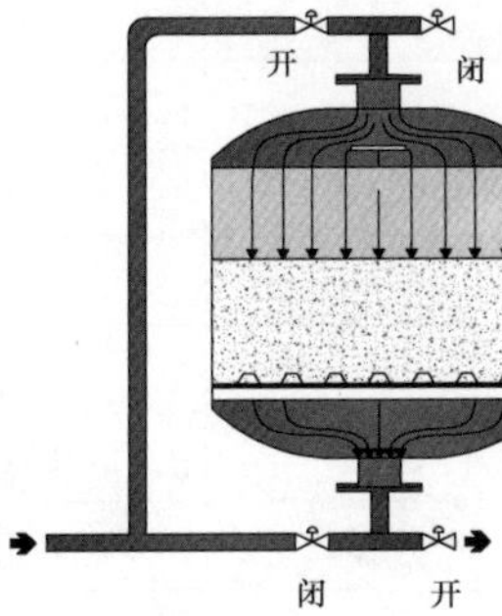

(b) 砂石过滤器过滤状态

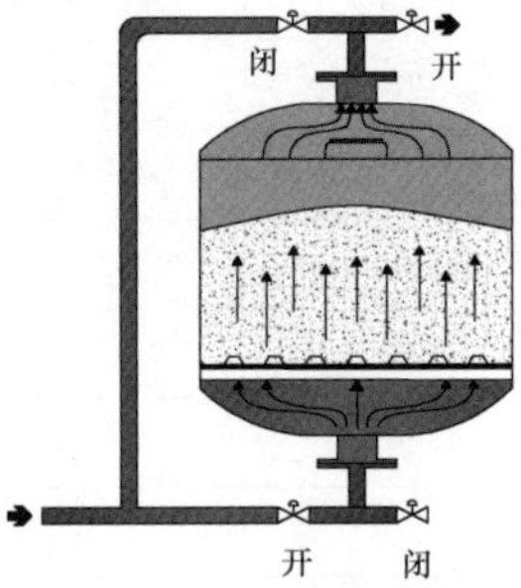

(c) 砂石过滤器反冲洗状态

图 3-15　砂石过滤器

表 3-5　不同型号过滤砂的过滤效果

过滤砂型号	有效粒径（mm）	不均匀系数	砂质种类	相应过滤效果（目/cm²）	消除能力（μm）
No. 8	1.50	1.47	花岗岩砂	16～22	>125
No. 11	0.78	1.54	花岗岩砂	22～31	>74
No. 16	0.68	1.51	石英砂	22～31	>74
No. 20	0.48	1.42	石英砂	31～39	>50

注：1. 有效粒径指 10%的砂样通过筛孔的粒径值，即 $\phi 10$；
2. 不均匀系数指 60%的砂样通过筛孔时的粒径与有效粒径之比，即 $\phi 60/\phi 10$。

砂石过滤器的过滤能力取决于设计流量比和砂床的表面积，设计流量比定义为单位砂床积通过的流量，砂石过滤器的流量比一般在 0.01～0.02m³/（s・m²），对于一般灌溉水质的水源可选用流量比为 0.017m³/（s・m²）的砂石过滤器。

砂石过滤器有立式和卧式两个系列，生产中大部分是立式的，通常至少要使用两个砂石过滤器，在有两个砂石过滤器组成的系统中，一个过滤罐进入 1/2 的水流；在有 3 个砂石过滤罐组成的系统中，一个过滤罐进入 1/3 的水流，一次只能有一个过滤罐进行反冲洗，它使用的水是其他砂石过滤罐过滤出来的清水，典型的过滤罐直径为 30～120cm，当水流流量很大时，要并排安装许多直径为 122cm 的砂石过滤罐。在运行过程中，当过滤器上下游压力表的差值超过预设压力值的 0.02MPa 时，就要即刻进行反冲洗。

③ 筛网过滤器。筛网过滤器是一种简单而有效的过滤设备，由筛网和过滤筒身组成，按安装方式分为立式与卧式；按清洗方式分为人工清洗和自动清洗；按封闭与否分为封闭式和开敞式（自流式）。筛网由不锈钢、尼龙或聚酯纤维制成，其孔径大小即网目数的多少要根据所用灌水器的类型及流道断面大小而定，一般要求所选用的过滤器的筛网孔径大小应为所使用的灌水器孔径大小的 1/7～1/10（图 3-16）。滤网的目数与孔径尺寸之间的关系见表 3-6。

图 3-16　筛网过滤器

表 3-6　滤网规格与孔径大小对应关系表

滤网规格		孔径尺寸		土粒类别	粒径（mm）
目（in）	目（cm²）	mm	μm		
20	8	0.711	711	粗砂	0.50～0.75
40	16	0.420	420	中砂	0.25～0.40
80	32	0.180	180	细砂	0.15～0.20
100	40	0.152	152	细砂	0.15～0.20
120	48	0.125	125	细砂	0.10～0.15
150	60	0.105	105	极细砂	0.10～0.15
200	80	0.074	74	极细砂	<0.10
250	100	0.053	53	极细砂	<0.10
300	120	0.044	44	粉砂	<0.10

筛网过滤器主要用于过滤灌溉水中的粉粒、砂和水垢等污物，灌溉水源比较清时使用它非常有效。但是当藻类或有机污物较多时，水中的污物易于将筛网堵塞。当过滤器进出口间压力差超过原压差 0.02MPa 时，就应对网芯进行清洗。清洗时先将网芯抽出清洗，两端保护密封圈用清水冲洗，也可用软毛刷刷净，但不可用硬物，污物由排污口排出，过滤器的网芯为不锈钢网，很薄，所以在保养、保存、运输时要格外小心，不得碰破，一旦破损就应立即更换过滤网，严禁筛网破损使用。

④ 叠片式过滤器。叠片式过滤器使用数量众多的带沟槽薄塑料圆片作为过滤介质，当水流通过叠片时，泥砂被拦截在叠片沟槽中，清水通过叠片的沟槽进入下级管道中（图 3-17）。叠片式过滤器具有小巧、可随意组装、冲洗方便、安全可靠的特点。叠片式过滤器有自动和手动两种冲洗方式，初级过滤和终级过滤均可使用。叠片式过滤器叠片技术规格见表 3-7。

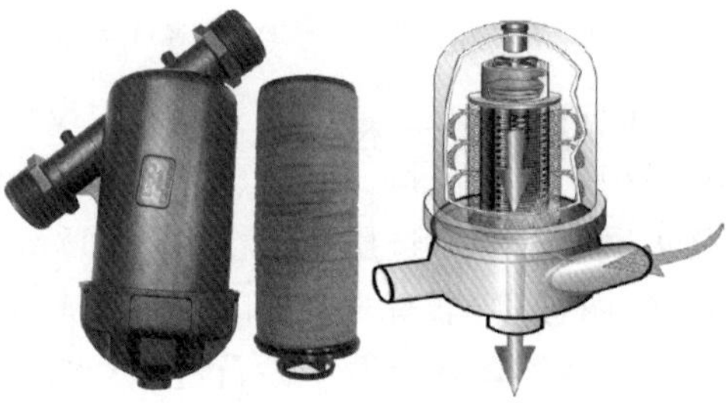

图 3-17　叠片式过滤器

表 3-7　叠片式过滤器叠片技术规格

叠片颜色	滤芯目数	过滤砂径	
		mm	μm
白色	18	0.8	800
蓝色	40	0.4	400
黄色	80	0.2	200
红色	120	0.13	130
黑色	140	0.12	115
绿色	200	0.08	75
灰色	600	0.025	25

全自动叠片过滤器自带电子控制装置，可使用时间间隔和压力差控制反冲洗的所有步骤。一旦设定完毕，即可长期使用。自动反冲洗过滤器在不中断工作的情况下在数秒内完成整个自动反冲洗过程。由设定的时间或压差信号自动启动反洗，反洗阀门改变过滤单元中水流方向，过滤芯上弹簧被水压顶开，所有盘片及盘片之间的小孔隙被松开。位于过滤芯中央的喷嘴沿切线方向喷水，使盘片旋转，在水流的冲刷与盘片高速旋转的离心力作用下，截留在盘片上的物体被冲洗出去，因此用很少的自用水量即可达到很好的清洗效果。然后反洗阀门恢复过滤位置，过滤芯上弹簧再次将盘片压紧，恢复到过滤状态。反冲洗用水均为系统过滤过的水。

以上几种过滤器是目前常用的过滤器类型，在实际中，常需根据灌溉水中的污染物情况选择适宜的过滤器类型。根据《微灌工程技术规范》（GB/T 50485—2009）的规定微灌系统过滤器选型见表 3-8。

表 3-8　微灌系统过滤器选型

水质状况			过滤器类型及组合方式
无机物	含量	<10mg/L	宜采用筛网过滤器（叠片过滤器）或砂过滤器+筛网过滤器（叠片过滤器）
	粒径	<80μm	
	含量	10mg/L～100mg/L	宜采用旋流水砂分离器+筛网过滤器（叠片过滤器）或旋流水砂分离器+砂过滤器+筛网过滤器（叠片过滤器）
	粒径	80μm～50μm	
	含量	>100mg/L	宜采用沉淀池+筛网过滤器（叠片过滤器）或沉淀池+砂过滤器+筛网过滤器（叠片过滤器）
	粒径	>50μm	
有机物	<10mg/L		宜采用砂过滤器+筛网过滤器（叠片过滤器）
	>10mg/L		宜采用拦污栅+砂过滤器+筛网过滤器（叠片过滤器）

（4）流量、压力调节控制、量测设备及安全装置。微灌系统中安装必要的控制和量测设备以及安全装置，确保系统正常运行。控制量测设备及安全装置除了安装在首部以外，在系统管道中任一需要的位置都要安装。常用的控制和量测设备及安全装置如下：

1）阀门。阀门是直接用来控制和调节微灌系统压力流量的操纵部件，布置在需要控制的部位上（图 3-18）。常见的有闸阀、蝶阀、球阀和电磁阀。①闸阀。按密封面配置可分为楔式闸板式闸阀和平行闸板式闸阀，楔形闸板式闸阀又可以分为单闸板式、双闸板式和弹性闸板式；平行闸板式闸阀可分为单闸板式和双闸板式。按闸杆的螺纹位置又可分为明杆闸阀和暗杆闸阀两种。暗杆闸阀的传动螺纹位于阀体内部，高度尺寸小，在启闭过程中，闸杆只做旋转运动，闸板在闸体内升降。楔式闸阀单闸板结构简单，尺寸小，使用比较可靠，灌溉系统一般选用的是法兰暗杆楔式闸阀。②蝶阀。蝶阀是用圆盘式启闭件往复回转 90°左右来开启、关闭或调解介质流量的一种阀门。蝶阀不仅结构简单、体积小、质量轻、材料耗用省、安装尺寸小、驱动力矩小、操作简单、迅速，并且还可以同时具有良好的流量调节功能和关闭密封特性。从连接方式分类，可以分为法兰式、对夹式、焊接式及凸耳式连接。从驱动方式分类，可分为手动、蜗轮传动、电动、气动、液动、电液联动等执行机构，可实现远距离控制和自动化操作。灌溉系统一般选用的是涡轮法兰蝶阀。③球阀。灌溉系统中应用广泛，一般采用 UPVC 球阀，主要安装在过滤器的冲洗口与排污口、施肥罐的进、出口、管道的末端排污（水）口、支管进口等处。球阀结构简单，体积小，质量轻，对水流阻力小，但是启闭速度不易控制，因而管内可能产生较大的水锤压力，因此球阀不宜用在主干管上。④电磁阀。电磁阀是自动化控制系统中的必备设备，一般为隔膜阀。驱使电磁阀开关的真正动力为水压，因此，当灌溉系统中流量及水压不足时，电磁阀是无法正常工作的。

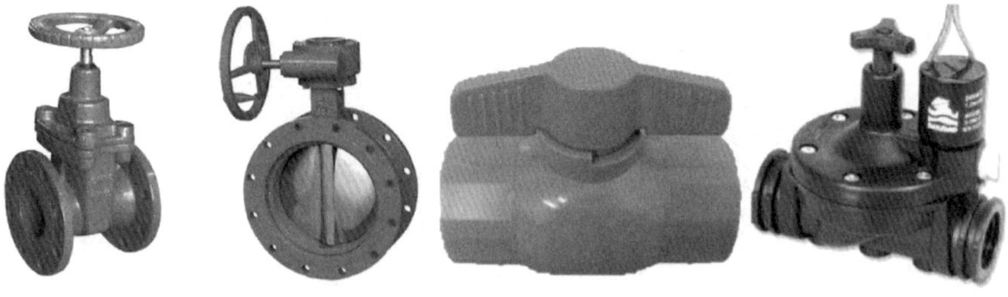

(a) 闸阀　(b) 蝶阀　(c) 球阀　(d) 电磁阀

图 3-18　微灌常用阀门

当地埋管管径大于或等于 160mm 时，宜选用涡轮式蝶阀；当地埋管管径大于或等于 90mm 小于 160mm 时，宜选用蝶阀；当管径小于 90mm 时，宜选用球阀。

2）流量与压力调节装置。流量与压力调节装置是用于自动调节管道中的压力和流量的设备。

流量调节器是通过自动改变过水断面的大小来调节流量的。在正常工作压力时流量调节器中的橡胶环处于正常工作状态，通过的流量为所要求的流量，当水压力增加时，水压力使橡胶环变形，过水断面变小，因此限制水流通过，使流量保持稳定不变，从而保证了微灌系统各级管道流量的稳定。

压力调节器是用来调节微灌管道中的水压力，使之保持稳定的装置。工作时是利用弹簧受力变形，改变过水断面而调节管内压力，使压力调节器出口处的压力保持稳定，实际上也是一种流量调节器。

调压管又称为水阻管、消能管。通常是在毛管进口处安装一段直径为 4mm 的塑料管调节毛管进口压力。其工作原理是利用一定长度的细管沿程摩阻来消除毛管进口处的多余压力，使进入毛管的水流保持在设计允许的压力状态。

3）流量及压力量测仪表。流量及压力量测仪表用于测量系统流量和压力。水表记录该管路中的过水总量；压力表用于测量管线中的内水压力。

水表是微灌系统中用来计量一段时间内通过管道的水流总量或灌溉用水量（图 3-19）。水表一般安装在首部枢纽中过滤器之后的干管上，也可将水表安装在相应的支管上。微灌系统中选用水表时，应首先了解水表的规格型号，水头损失曲线及主要技术参数等。然后根据微灌系统设计流量大小，选择大于或接近额定流量的水表为宜，绝不能单纯以输水管管径大小来选定水表口径；否则，容易造成水表的水头损失过大。

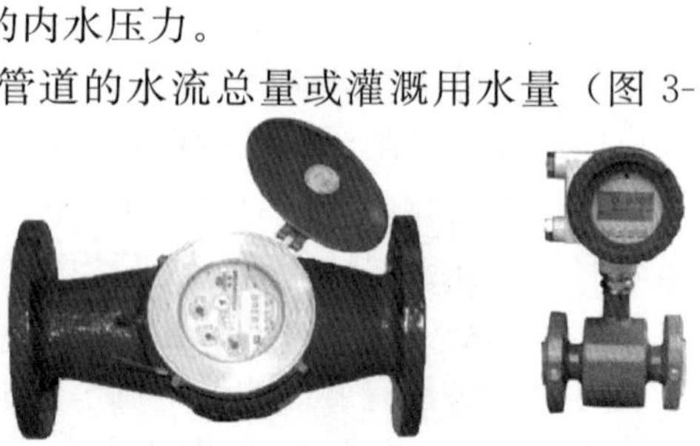

(a) 旋翼式水表　(b) 流量计

图 3-19　测流设备

当灌溉系统设计流量较小时，可以用 LXS 型旋翼式水表；当系统流量较大时，可以选用水平螺翼式水表，在同样口径和工作压力条件下，水平螺翼式水表通过的流量比旋翼式水表大 1/3，水头损失和水表体积都比较小。LXS 型旋翼式水表和水平螺翼式水表规格参数见表 3-9 和表 3-10。

表 3-9　LXS 型旋翼式水表主要技术参数

型号	公称口径 (mm)	流量参数（m^3/h）				灵敏度	示值范围（m^3）	
		特征流量	最大流量	额定流量	最小流量		最小	最大
LXS-50	50	≥30	15	10	0.40	≤0.09	0.01	100000
LXS-80	80	≥70	35	22	1.10	≤0.30	0.01	100000
LXS-100	100	≥100	50	32	1.40	≤0.40	0.01	100000
LXS-150	150	≥100	100	63	2.40	≤0.55	0.01	100000

表 3-10　水平螺翼式水表主要技术参数

公称口径 (mm)	流量参数（m^3/h）				示值范围（m^3）	
	通过能力	最大流量	额定流量	最小流量	最小	最大
80	65	100	60	2	0.01	100000
100	110	150	100	3	0.01	100000
150	275	300	200	5	0.01	1000000
200	500	600	400	10	0.01	1000000

微灌系统中常用的压力测量装置是弹簧管压力表（图 3-20）。压力表内有一根圆形截面的弹簧管，管的一端固定在插座上并与外部接头相通，另一端封闭并与连杆和扇形齿轮连接，可以自由移动。当被测液体进入弹簧内，在压力作用下弹簧管的自由端产生位移，这个位移使指针偏转，指针在刻度盘上的指示读数就是被测液体的压力值。微灌系统中常见弹簧管压力表规格参数见表 3-11。

图 3-20　压力表

表 3-11　弹簧管压力表规格参数

型号	表圆直径（mm）	接头螺纹尺寸	精度等级	量程范围（MPa）	使用环境条件（℃）
Y-60	60	M14×1.5	1.0，1.5	0～0.16	−40～+70
Y-100	100	M20×1.5	1.0，1.5	0～0.25	
Y-150	150	M20×1.5	1.0，1.5	0～0.4	
Y-200	200	M20×1.5	1.0，1.5	0～0.6	

4）安全装置。为了保证微灌系统安全运行，须在适当位置安装安全保护部件。安全部件主要包括如下内容：

① 减压阀。减压阀是在设备或管内的压力超过规定的工作压力时自动打开降低压力，以保证设备在正常压力范围内运行。减压阀按结构形式分为薄膜式、弹簧式、活塞式和波纹管式等。

② 安全阀。安全阀是一种当管内压力上升时，自行开启，防止水锤事故的安全装置。一般安装在管路始端，对全管道起到保护作用，如果产生水柱分离，则必须在管道

沿程一处或几处另装安全阀才能达到防止水锤的目的。水锤是在有压管道中，由于流速急剧变化而引起管道中水流压力急剧升高或降低的现象，称为水锤（或水击）。常见的有水泵启动时产生的启动水锤，关闭阀门产生的关闭水锤和突然停泵产生的事故停泵水锤，其中以事故停泵水锤危害最大。目前安全阀有弹簧式、杠杆式和开放式几种，微灌系统常用安全阀是弹簧式安全阀。

③ 空气阀。空气阀是当管道存有空气时自动打开通气口，管内充水时进行排气后，封口块在水压的作用下自动封口；当管内产生真空时，在大气的压力作用下打开出水口，使空气进入管内，防止负压破坏。

④ 进排气阀。进排气阀能够自动排气和进气，而且压力水来时又能自动关闭（图3-21）。在微灌系统中主要安装在管网系统中最高位置处和局部高地。当管道开始输水时，管中的空气受水的“排挤”向管道高处集中，当空气无法排出时，就会减少过水断面，还会造成高于工作压力数倍的压力冲击。在这些制高点处应装进排气阀，以便将管内空气及时排出。当停止供水时，由于管道中的水流向低处逐渐排出时，会在高处管内形成真空，进排气阀将及时补气，使空气随水流的排出而及时进入管道。微灌系统中经常使用的进排气阀有塑料和铝合金材料两种。微灌系统管网中安装进气阀的口径应不小于被排气管道口径的1/4，且阀体必须竖直安装。

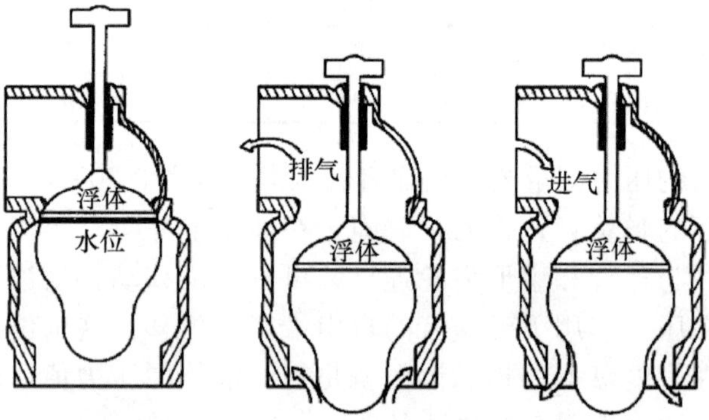

(a) 封闭状态　(b) 排气状态　(c) 进气状态

图3-21　进排气阀的工作原理示意图

⑤ 逆止阀。逆止阀又称止回阀，是依靠介质本身流动而自动开、闭阀瓣，用来防止介质倒流的阀门。在供水管与施肥系统之间的管道中安装逆止阀，当供水停止时，逆止阀自动关闭，使肥料罐内化肥和农药不能倒流回供水管中，另外在水泵出水口安装逆止阀后，当水泵突然停止时可以防止水倒流，从而避免水泵倒转。

3.5 微灌工程规划与设计

3.5.1 微灌工程规划

微灌工程规划包括以下几项基本内容：

1. 规划任务

（1）勘测和收集基本资料，包括水源、气象、地形、土壤、作物、灌溉试验、能源与设备、社会经济状况与发展规划等。

（2）论证工程的可行性。规划要符合当地农业区划和农田水利规划的要求，并与农村发展规划相协调。

（3）根据当地水资源状况和农业生产、乡镇企业、人畜饮水等用水的要求，确定工程的规模。平原区灌溉面积大于 $100hm^2$，山丘区灌溉面积大于 $50hm^2$ 的微灌工程，应分为规划、设计两个阶段进行，面积小的可合为一个阶段进行。

（4）根据水源、气象、地形、土壤、作物种植、社会经济、生产管理水平等条件，因地制宜选用滴灌、微喷灌、涌泉灌等微灌方式。

（5）微灌工程规划包括水源工程、首部枢纽和管网布置。规划布置成果应绘制在不小于 1/5000 的地形图上，并提出工程概算。

2. 规划原则

（1）微灌工程的规划，应与其他的灌溉工程统一安排。如喷灌和管道输水灌溉，都是节水、节能灌水新技术，各有其特点和适用条件。在规划时应结合各种灌水技术的特点，因地制宜地统筹安排，使各种灌水技术都能发挥各自的优势。

（2）微灌工程规划应考虑多目标综合利用。目前微灌大多用于干旱缺水的地区，规划微灌工程时应与当地人畜饮水与乡镇工业用水统一考虑，以求达到一水多用。这样不仅可以解决微灌工程投资问题，还可以促进乡镇工业的发展。

（3）微灌工程规划要重视经济效益。尽管微灌具有节水、节能、增产等优点，但一次性亩投资较高。兴建微灌工程应力求获得最大的经济效益。为此，在进行微灌工程规划时，要先考虑在经济收入高的经济作物区、水果产区和城郊蔬菜区发展微灌。

（4）因地制宜、合理地选择微灌形式。我国地域辽阔，各地自然条件差异很大，山区、丘陵、平原、高原、南方、北方、气候、土壤、作物等都各不相同。由于微灌的形式也较多，又各有其优缺点和适用条件，因此在规划和选择微灌形式时，应贯彻因地制宜的原则，切忌不顾条件盲目照搬外地经验。

（5）近期发展与远景规划相结合。微灌系统规划要将近期安排与远景发展结合起来，既要着眼长远发展规划，又要根据现实情况，讲求实效，量力而行。根据人力、物力和财力，做出分期开发计划。在初次发展微灌的地方，应先搞试点，待取得经验并为群众所接受后，再大面积推广，使微灌工程建成一处，用好一处，尽快发挥工程效益。

（6）微灌工程设计保证率应根据自然条件和经济条件确定。灌溉水的利用系数：滴灌不低于 0.90，微喷灌、涌泉灌不低于 0.85。

3. 基本资料的收集

（1）地理位置与地形资料。

（2）土壤与工程地质资料。

（3）农业与灌溉资料。

（4）水文与气象资料。

（5）其他资料：社会经济状况，现有水利设施等。

4. 水源分析与用水计算

（1）规划必须对水源的水量、水位和水质进行分析。利用现有水源工程供水的微灌系统，应根据工程原设计和运用情况，确定设计水文年的供水状况；新建水源工程，供水状况应根据来水条件通过计算确定。

（2）以水量丰富的江、河、水库、湖泊为水源时，可不做供水量计算，但必须进行年内水位变化和水质分析。

（3）以小河、山溪、塘坝为水源时，应根据调查资料并参考地区性水文手册或图集，分析计算设计水文年的径流量和年内分配过程线。

（4）以井、泉为水源时，应根据已有资料分析确定可供水量。无资料时，应对水井做抽水试验；对泉水进行调查，实测出流量来确定可供水量。

（5）微灌水质除必须符合《农田灌溉水质标准》（GB 5084—2005）的规定外，还应满足下列条件：

1）进入微灌管网的水应经过净化处理，应不含有泥沙、杂草、鱼卵、藻类等物质。

2）水质的 pH 值一般应在 5.5～8.0。

3）水的总含盐量应不大于 200ppm。

4）水的含铁量应不大于 0.4ppm。

5）水的总硫化物含量应不大于 0.2ppm。

（6）微灌用水量应根据设计水文年的降雨、蒸发、作物种类及种植面积等因素计算确定：

1）有微灌试验资料时，应由试验资料计算确定。

2）无试验资料时，可根据当地的气象资料，按照彭曼法或蒸发皿法求得需水量，然后计算出微灌的用水量。也可参照邻近相似的灌溉试验资料计算确定。

5. 水量平衡计算

（1）在水源供水流量稳定且无调蓄时，用下式确定微灌面积：

$$A=\frac{\eta Qt}{10I_\alpha} \tag{3-10}$$

无淋洗要求时： $I_\alpha=E_\alpha-P_0$

有淋洗要求时： $I_\alpha=E_\alpha+I_L-P_0$

式中 A——可灌溉面积，hm^2；

Q——可供流量，m^3/h；

I_α——设计供水强度，mm/d；

E_α——设计耗水强度，mm/d；

P_0——有效降雨量，mm/d；

t——水源每日供水时数，h/d；

I_L——设计淋洗强度，mm/d；

η——灌溉水利用系数。

（2）在水源有调蓄能力且调蓄容积已定时，可按下式确定微灌面积：

$$A=\frac{\eta_0 KV}{10\sum I_i T_i} \tag{3-11}$$

式中 K——塘坝复蓄系数，取 1.0～1.4；

η_0——蓄水利用系数，取 0.6～0.7；

V——蓄水工程容积，m^3；

I_i——灌溉季节各月的毛供水强度，mm/d；

T_i——灌溉季节各月的供水天数，d。

（3）在灌溉面积已定，需要确定设计流量时可用式（3-10）计算流量 Q；需修建调蓄工程时，可用式（3-11）确定调蓄容积 V。

目前，渠水滴灌工程一个首部控制的灌溉面积一般为 66.7～133.3hm^2（1000～2000 亩），根据以往设计经验，较为经济的控制面积为 66.7 hm^2（1000 亩），最好不要超过 100hm^2（1500 亩），而且大多数是灌溉单一作物。

6. 管网布置

微灌管网布置应遵循下列原则：

（1）符合微灌工程总体要求。

（2）使管道总长度最短，尽量少穿越其他障碍物。

（3）满足各用水单位需要，能迅速分配水流，管理维护方便。

（4）输配水管道沿地势较高位置布置，支管垂直于作物种植行布置，毛管顺作物种植行布置。

（5）管道的纵剖面应力求平顺。

3.5.2　微灌工程设计参数的确定

1. 微灌工程设计保证率

微灌工程设计保证率应根据自然条件和经济条件确定，不低于 85%。

2. 设计耗水强度

设计耗水强度采用设计年灌溉季节月平均耗水强度峰值，并由当地试验资料确定，在无实测资料时可通过计算或按表 3-12 选取。

表 3-12　设计耗水强度（mm/d）

作物	滴灌	微喷灌	作物	滴灌	微喷灌
葡萄、果树、瓜类	3～7	4～9	蔬菜（露地）	4～7	5～8
粮、棉、油等作物	4～7	—	冷季型草	—	5～8
蔬菜（保护地）	2～4	—	暖季型草	—	3～5

注：1. 干旱地区宜取上限值。

2. 对于在灌溉季节敞开棚膜的保护地，应按露地选取设计耗水强度值。

$$E_a = K_r E_c \tag{3-12}$$

$$K_r = G_c / 0.85 \tag{3-13}$$

式中　E_a——设计耗水强度，mm/d；

K_r——作物遮荫率对耗水量的修正系数，当由式（3-13）计算出的数值大于 1 时，取 $K_r=1$；

E_c——作物需水量，mm/d，可用彭曼法计算；

G_c——作物遮荫率（又称作物的覆盖率），即作物覆盖面积与种植面积的比值。随作物种类和生育阶段而变化，对于大田和蔬菜作物，设计时可取 0.8～

0.9；对果树，可根据树冠半径和果树所占面积计算确定。

3. 微灌的土壤湿润比

微灌的土壤湿润比是指被湿润土体占计划湿润层总土体的百分比，通常以地面以下20～30cm处湿润面积占总灌溉面积的百分比来表示。其影响因素很多，如毛管和灌水器的布置、灌水器的型号、灌水量的大小及土壤类别等。

规划设计时，要根据作物的需要、工程的重要性及当地自然条件等，选定设计土壤湿润比。因为设计土壤湿润比越大，工程保证程度要求就越高，投资及运行费用也就越高。一般宽行作物及果树取20%～30%，蔬菜和大田密植作物取70%～90%，南方微喷灌可大于60%。

设计时将选定的灌水器进行布置，并计算土壤湿润比，要求其计算值稍大于设计土壤湿润比，若小于设计值就要更换灌水器或修改布置方案。常用灌水器典型布置形式的土壤湿润比的计算公式如下：

（1）滴灌。

1）单行毛管直线布置：

$$P=\frac{0.785D_w^2}{S_eS_L}\times 100\% \tag{3-14}$$

式中　P——土壤湿润比，%；

D_w——土壤水分水平扩散直径或湿润带宽度（D_w的大小取决于土壤质地、滴头流量和灌水量大小），m；

S_e——灌水器或出水点间距，m；

S_L——毛管间距，m。

2）双行毛管直线布置：

$$P=\frac{P_1S_1+P_2S_2}{S_r}\ (\%) \tag{3-15}$$

式中　S_1——一对毛管的窄间距，m；

P_1——与S_1相对应的土壤湿润比，%；

S_2——一对毛管的宽间距，m；

P_2——与S_2相对应的土壤湿润比，%；

S_r——作物行距，m。

3）绕树环状多出水点布置：

$$P=\frac{0.785D_w^2}{S_tS_r}\times 100\% \tag{3-16}$$

$$P=\frac{nS_eS_w}{S_tS_r}\times 100\% \tag{3-17}$$

式中　n——一株果树下布置的灌水器数，个；

S_t——果树株距，m；

S_r——果树行距，m；

S_e——灌水器或出水口间距，m；

S_w——湿润带宽度，m；

D_w——地表以下30cm深处的湿润带宽度，m。

（2）微喷灌。

1）微喷头沿毛管均匀布置时的土壤湿润比为：

$$P=\frac{A_w}{S_e S_L}\times 100\% \tag{3-18}$$

$$A_w=\frac{\theta}{360}\pi R^2 \tag{3-19}$$

式中　A_w——微喷头的有效湿润面积，m^2；

θ——湿润范围平面分布夹角，当为全圆喷洒时，$\theta=360°$；

R——微喷头的有效喷洒半径，m；

其余符号意义同前。

2）一株树下布置 n 个微喷头时的土壤湿润比计算公式为：

$$P=\frac{nA_w}{S_t S_r}\times 100\% \tag{3-20}$$

式中　n——一株树下布置的微喷头数，个；

其余符号意义同前。

在确定设计土壤湿润比的同时，不仅要考虑作物对水分的需要，还要考虑到工程投资的合理性。因为设计湿润比越大，系统的流量越大，浪费水量的可能性也越大，系统的投资和运行费用也越大，反之亦然。对于宽行作物（如葡萄、灌木和果树），合理的设计目标应是至少达到根系水平截面面积的 1/3，最多 2/3。微灌设计土壤湿润比也可按表 3-13 选取。

表 3-13　微灌设计土壤湿润比（%）

作物	滴灌、涌泉灌	微喷灌	作物	滴灌、涌泉灌	微喷灌
果树、乔木	25～40	40～60	蔬菜	60～90	70～100
葡萄、瓜类	30～50	40～70	粮、棉、油等作物	60～90	—
草、灌木	—	100			

4. 微灌的灌水均匀度

影响灌水均匀度的因素很多，如灌水器工作压力的变化、灌水器的制造偏差、堵塞情况、水温变化、微地形变化等。目前，在设计微灌工程时能考虑的只有水力学（压力变化）和制造偏差两种因素对均匀度的影响。

对于已经建成的微灌系统灌水均匀度可以用克里斯琴森（Christiansen）均匀系数 E_u 来表示，并由下式计算：

$$E_u=1-\frac{\Delta\bar{q}}{\bar{q}} \tag{3-21}$$

$$\Delta\bar{q}=\frac{1}{n}\sum_{i=1}^{n}|q_i-\bar{q}| \tag{3-22}$$

式中　E_u——微灌均匀系数；

$\Delta\bar{q}$——灌水器流量的平均偏差，L/h；

q_i——各灌水器流量，L/h；

$\bar{q}$——灌水器平均流量，L/h；

n——所测的灌水器数目，个。

5. 灌水器流量和工作水头偏差率

$$q_v=\frac{q_{max}-q_{min}}{q_d}\times 100\% \tag{3-23}$$

$$h_v=\frac{h_{max}-h_{min}}{h_d}\times 100\% \tag{3-24}$$

式中 q_v——灌水器流量偏差率,%;其值取决于均匀系数 E_u,两者关系为:当 $E_u=$ 98%、95%、92%时,q_v=10%、20%、30%。微灌系统灌水小区灌水器设计允许流量偏差率应满足 $q_v\leqslant 20\%$;

q_{max}——灌水器最大流量,L/h;

q_{min}——灌水器最小流量,L/h;

q_d——灌水器设计流量,L/h;

h_v——灌水器工作水头偏差率,%;

h_{max}——灌水器最大工作水头,m;

h_{min}——灌水器最小工作水头,m;

h_d——灌水器设计工作水头,m。

灌水器工作水头偏差率与流量偏差率之间的关系可用下式表示:

$$h_v=\frac{q_v}{x}\left(1+0.15\frac{1-x}{x}q_v\right) \tag{3-25}$$

式中 x——灌水器流态指数。

6. 灌水器设计工作水头

灌水器设计工作水头应取所选灌水器的额定工作水头。没有额定工作水头的灌水器,应由灌水器水头与流量关系曲线确定,但不宜低于 2m。

7. 过滤器设计进口与出口压力差

$$\Delta h=\Delta h_0+\Delta h_{max} \tag{3-26}$$

式中 Δh——过滤器设计进口与出口水头差,m;

Δh_0——过滤器通过洁净水流时进口与出口间的水头差,m;

Δh_{max}——过滤器工作时允许进口与出口增加的水头差(此值不宜大于 3.0m),m。

3.5.3 微灌系统的设计

微灌系统的设计是在微灌工程总体规划的基础上进行的。其内容包括系统首部、管网的布置,设计流量的确定,管网水力计算,以及泵站、蓄水池、沉淀池的设计等,最后提出工程材料、设备及预算清单、施工和运行管理等。

1. 微灌系统的布置

微灌系统的布置通常是先在地形图上做初步布置,然后将初步布置方案带到实地与实际地形对照,并进行必要的修正,通过方案比较确定。微灌系统布置所用的地形图比例尺一般为 1/2000~1/500。

(1) 首部枢纽位置的确定。首部枢纽是整个微灌系统操作控制的中心,其位置的选择主要是以投资省。便于管理为原则。一般首部枢纽与水源工程相结合。如果水源距灌区较远,首部枢纽可布置在灌区旁边,有条件时尽可能布置在灌区中心,以减少输水干管的长度。输配水管道宜沿地势较高位置布置;支管宜垂直于植物种植行布置,毛管宜顺植物种植行布置。依据水源的种类和位置以及管网类型不同，常见微灌首部枢纽位置及管网布置可以分为以下几种：

1）水源位于田块一侧，树状管网一般呈“一”字形（图 3-22）、“T”形（图 3-23）和“L”形（图 3-24）。这几种布置形式主要适用于控制面积较小的井灌区，一般的控制面积为 10～33.3hm^2。

2）水源位于田块一侧，控制面积一般为 40～100hm^2，地块成正方形或长方形，作物种植方向与灌水方向相同或不同时可以布置成“梳齿”形、“丰”字形、“圭”字形、“鱼骨”形（图 3-25、图 3-26）。

3）水源位于田块中心，控制面积较大时，常采用“工”字形（图 3-27）和长“一”字形布置。

图 3-22　“一”字形布置

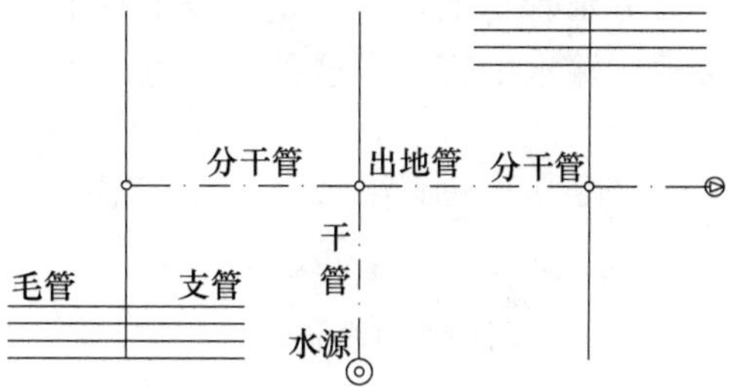

图 3-23　“T”形布置

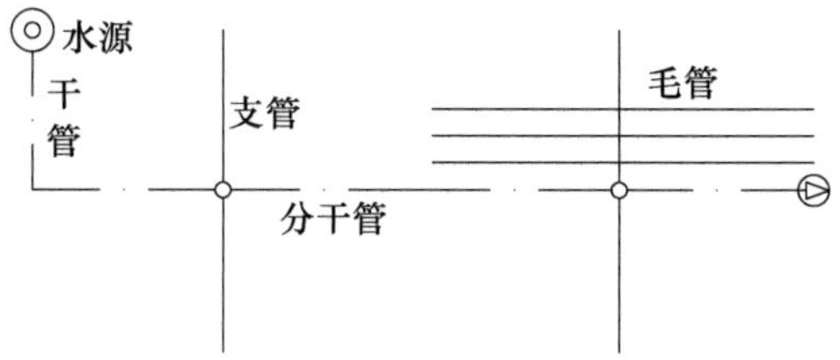

图 3-24　“L”形布置

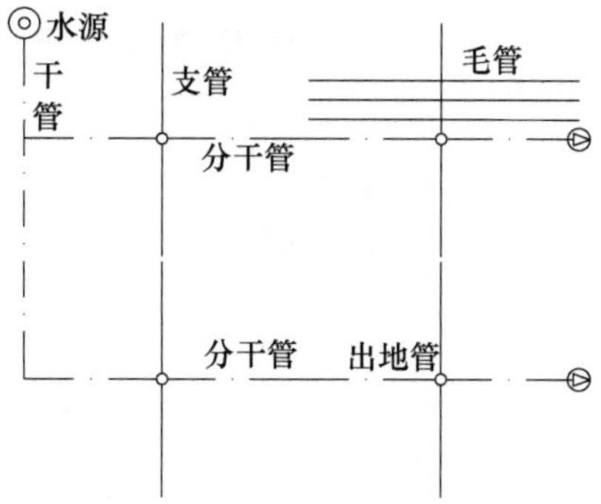

图 3-25　“梳齿”形布置

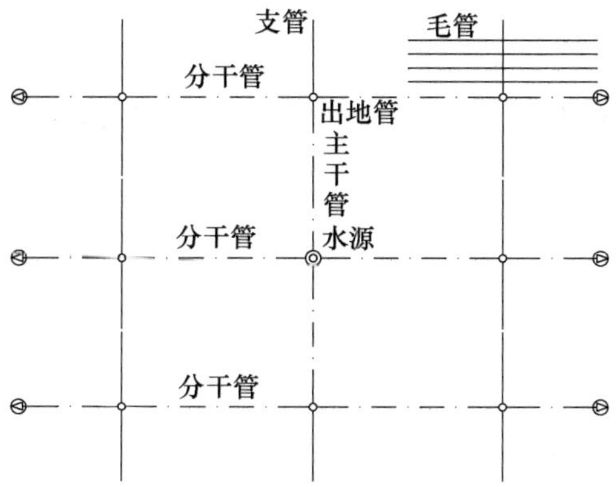

图 3-26　“丰”字形布置

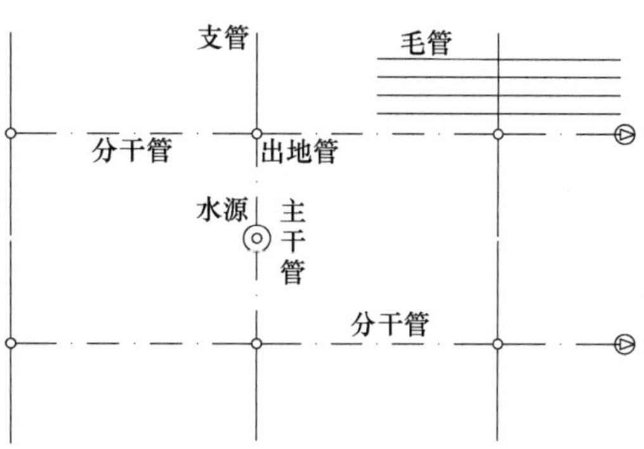

图 3-27　“工”字形布置

（2）毛管和灌水器的布置（图 3-28、图 3-29）。

1）滴灌时毛管和灌水器的布置。

① 单行毛管直线布置。图 3-28（a）表示毛管顺作物行布置，一行作物布置一条毛管，滴头安装在毛管上。这种布置方式适用于幼树和窄行密植作物（如蔬菜）。

② 单行毛管带环状管布置。图 3-28（b）表示当滴灌成龄果树时，常常需要用一根分毛管绕树布置，其上安装 4～6 个单出水口滴头，环状管与输水毛管相连接。这种布置形式增加了毛管总长。

③ 双行毛管平行布置。滴灌高大作物时，可用双行毛管平行布置，见图 3-28（c），沿作物行两边各布置一条毛管，每株作物两边各安装 2～4 个滴头。

④ 单行毛管带微管布置。当使用微管滴灌果树时，每一行树布置一条毛管，再用一段分水管与毛管连接，在分水管上安装 4～6 条微管，见图 3-28（d）。也有将微管直接插于输水毛管上，这种安装方式毛管的用量少，因而降低了工程造价。

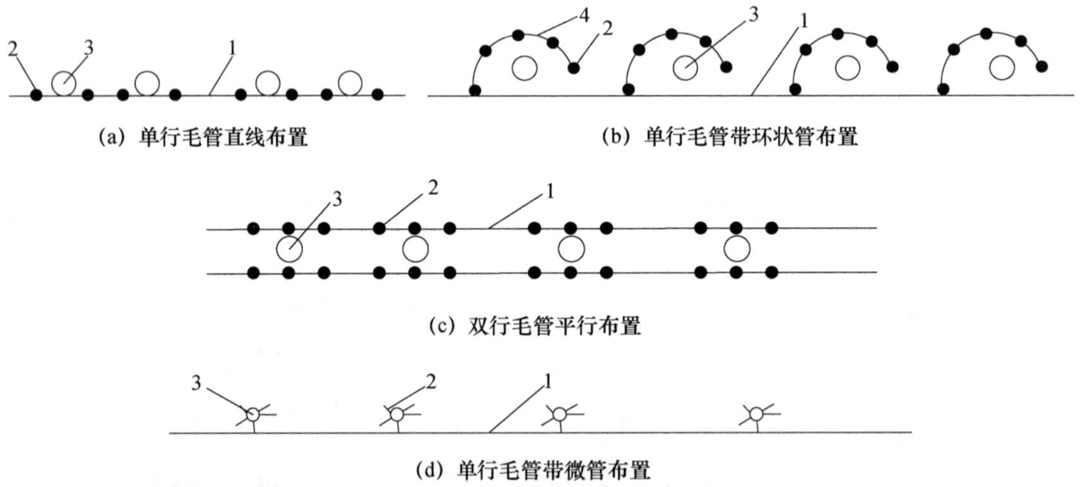

图 3-28　滴灌毛管和灌水器的布置形式

1—毛管；2—灌水器；3—果树；4—绕树环状管

上述各种布置形式滴头的位置一般与树干的距离约为树冠半径的 2/3。

2）微喷灌时毛管和滴水器的布置。

微喷头的结构和性能不同，毛管和微喷头的布置也不同。根据微喷头喷洒直径和作物种类，一条毛管可控制一行作物，也可控制若干行作物。图 3-29 是常见的几种布置形式。

2. 微灌灌溉制度的确定

微灌系统作物的灌溉制度是指作物全生育期内的灌水次数，每次的灌水日期和灌水定额以及灌溉定额。灌水定额是指一次灌水单位灌溉面积上的灌水量，各次灌水定额之和是灌溉定额。灌水定额和灌溉定额是灌区规划设计和管理的重要依据。

微灌灌溉制度是指作物全生育期（对于果树等多年生植物则为全年）每一次灌水量，灌水时间间隔，一次灌水延续时间，灌水次数和全生育期（或全年）灌水总量的确定。

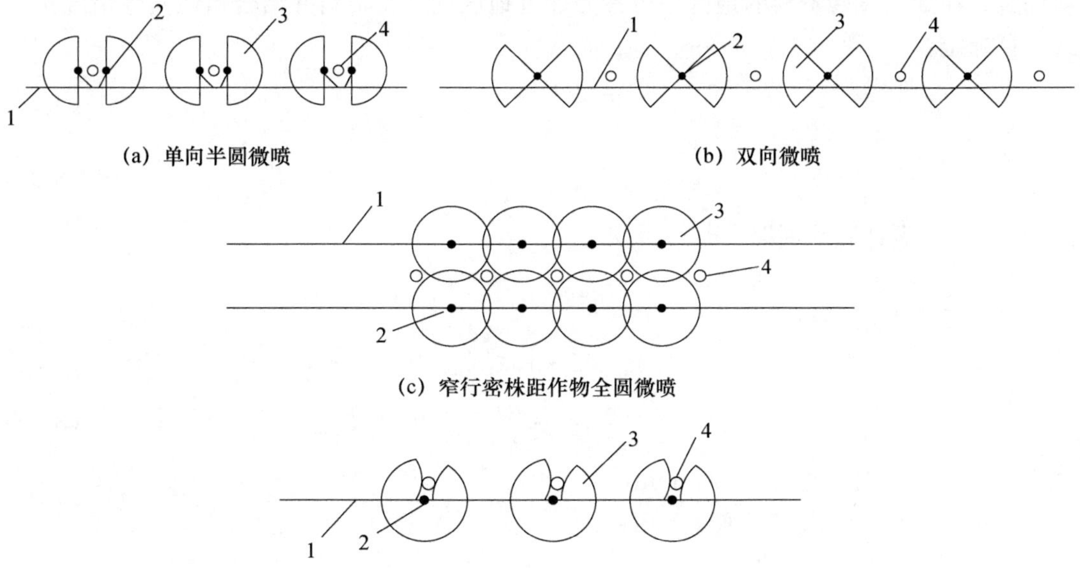

(d) 单喷头微喷

图 3-29　微喷灌毛管与灌水器布置图

1—毛管；2—微喷头；3—土壤湿润区；4—果树

（1）最大净灌水定额 m_{max}：

$$m_{max}=0.001\gamma zp\ (\theta_{max}-\theta_{min}) \tag{3-27}$$

$$m_{max}=0.001zp\ (\theta'_{max}-\theta'_{min}) \tag{3-28}$$

式中　m_{max}——最大净灌水定额，mm；

γ——土壤容重，g/cm^3；

z——计划湿润土层深度，cm；

p——微灌设计土壤湿润比，%；

θ_{max}、θ_{min}——适宜土壤含水率上下限，占干土质量的百分比，%；

θ'_{max}、θ'_{min}——适宜土壤含水率上下限，占土壤体积的百分比，%。θ_{max}、θ_{min} 可取田间持水率的 90%和 60%。不同土壤质地物理特性见表 3-14。

表 3-14　不同土壤质地物理特性表

土壤类别	质地	容重（g/cm^3）	田间持水量		有效持水率（占土壤体积，%）	
			重量（%）	体积（%）	范围	平均值
砂土	粗质地	1.45～1.60	16～22	26～32	3.3～6.2	4.0
砂壤土	中等粗质地	1.36～1.54	22～30	32～42	6.0～8.5	7.0
轻壤土	中等质土	1.40～1.52	22～28	30～36	8.5～12.5	10.5
中壤土	中等细质土	1.40～1.55	22～28	30～35	12.5～19.0	16.5
重壤土	细质土	1.35～1.44	28～32	32～42	14.5～21.0	17.5
黏土	细质土	1.32～1.40	30～35	40～50	13.5～21.0	17.0

（2）设计灌水周期 T。设计灌水周期取决于作物、水源和管理情况，可根据试验资

料确定。在缺乏试验资料的地区，可参照邻近地区的试验资料并结合当地实际情况按下式计算确定：

$$T=\frac{m_d}{I_a}\leqslant T_{\max} \tag{3-29}$$

$$T_{\max}=\frac{m_{\max}}{I_a} \tag{3-30}$$

式中　T——设计灌水周期，d；

$T_{\max}$——最大灌水周期，d。

（3）设计灌水定额：

$$m_d=T\cdot I_a\leqslant m_{\max} \tag{3-31}$$

$$m'=\frac{m_d}{\eta} \tag{3-32}$$

式中　m_d——设计净灌水定额，mm；

m'——设计毛灌水定额，mm。

（4）一次灌水延续时间 t：

$$t=\frac{m's_e s_t}{q_d} \tag{3-33}$$

式中　t——一次灌水延续时间，h；

q_d——灌水器设计流量，L/h。

对于成龄果树，一株树安装 n 滴头时：

$$t=\frac{ms_r s_t}{nq_d} \tag{3-34}$$

（5）确定灌水次数和灌溉定额。使用微灌技术，要轻灌、勤灌。根据我国使用的经验，北方果树通常一年灌水15～30次；在水源不足的山区也可能一年只灌3～5次。灌水总量为生育期或一年内（对多年生作物）各次灌水量的总和。

3. 微灌系统工作制度的确定

微灌系统的工作制度有续灌和轮灌两种。不同的工作制度要求系统的流量不同，因而工程费用也不同，在确定工作制度时，应根据作物种类、水源条件和经济状况等因素作出合理选择。

（1）续灌。续灌是对系统内全部管道同时供水，灌区内全部作物同时灌水的一种工作制度。它的优点是每株作物都能得到适时灌水，操作管理简单。其缺点是干管流量大，工程投资和运行费用高；设备利用率低；在水源不足时，灌溉控制面积小。一般只有在小系统，如几十亩的果园才采用续灌的工作制度。

（2）轮灌。轮灌是支管分成若干组，由干管轮流向各组支管供水，而各组支管内部同时向毛管供水。这种工作制度减少了系统的流量，从而可减少投资，提高设备的利用率，通常采用这种工作制度。在划分轮灌组时，要考虑水源条件和作物需水要求，以使土壤水分能够得到及时补充，并便于管理。有条件时最好是一个轮灌组集中连片，各组控制的灌溉面积最好相等。

（3）确定轮灌区数目。按照作物的需水要求，对于固定式微灌系统，轮灌区数目由下式确定：

$$N\leqslant\frac{CT}{t} \tag{3-35}$$

式中　N——轮灌区数目，为整数，个；

C——每天工作小时数，一般为 22h；

t——一次灌水延续时间，h；

T——灌水周期，d。

对于移动式微灌系统，则轮灌组数目为

$$N\leqslant\frac{CT}{n_{移}t} \tag{3-36}$$

式中　$n_{移}$——一条毛管在控制面积内移动的次数。

（4）确定灌溉控制面积。每条毛管控制的灌溉面积，对于固定式微灌系统，毛管固定在一个位置上，控制面积大小为

$$f=0.0015S_LL \tag{3-37}$$

式中　f——一条毛管控制的灌溉面积，hm^2；

S_L——毛管间距，m；

L——毛管长度，m。

对于移动式微灌系统毛管在灌水周期内移动次数越多，则控制面积越大，可用下式计算：

$$f=0.0015n_{移}S_{移}L \tag{3-38}$$

式中　$S_{移}$——每次毛管移动的距离，m；

$n_{移}$——毛管在灌水周期内移动的次数。

其余符号意义同前。

系统控制灌溉面积。在供水量已知的条件下，微灌面积为：

$$A=15KfN \tag{3-39}$$

式中　A——微灌系统控制的灌溉面积，hm^2；

K——同时工作的毛管条数，$K=\frac{Q}{Q_{毛}}$；Q 为供水量，L/h；$Q_{毛}$ 为毛管输水流量，L/h；

N——轮灌组数。

4. 微灌系统管道水力计算

微灌系统管道水力计算，是在已知所选灌水器的工作压力和流量以及微灌工作制度情况下确定各级管道通过的流量，通过计算输水水头损失，来确定各级管道合理的内径。

（1）管道流量的确定。

1）毛管流量计算。毛管流量是毛管上灌水器流量的总和，即：

$$Q_{毛}=\sum_{i=1}^{n}q_i \tag{3-40}$$

当毛管上灌水器流量相同时：

$$Q_{毛}=n\times q_d \tag{3-41}$$

式中　$Q_{毛}$——毛管流量，L/h；

n——毛管上同时工作的灌水器个数，个；

q_i——第 i 个灌水器或出水口的流量，L/h；

q_d——流量相同时单个灌水器的设计流量，L/h。

2）支管流量计算。支管流量是支管上各条毛管流量的总和，即：

$$Q_{支}=\sum_{i=1}^{n}Q_{毛i} \tag{3-42}$$

式中 $Q_{支}$——支管流量，L/h；

$Q_{毛i}$——毛管的流量，L/h。

3）干管流量计算。由于支管通常是轮灌的，有时是两条以上支管同时运行，有时是一条支管运行。因此干管流量是由干管同时供水的各条支管流量的总和，即：

$$Q_{干}=\sum_{i=1}^{n}Q_{支i} \tag{3-43}$$

式中 $Q_{干}$——干管流量，L/h 或 m^3/h；

$Q_{支i}$——不同支管的流量，L/h 或 m^3/h。

当一条干管控制若干个轮灌区，在运行时各轮灌区的流量不一定相同，计算干管流量时，对每个轮灌区要分别予以计算。

（2）各级管道管径的选择。为了计算各级管道的水头损失，必须首先确定一套管网各级管道的预估计算管径。这一系列的管径必须在满足微灌的均匀度和工作制度的前提下确定。

1）允许水头偏差的分配。

① 允许水头偏差的计算。一般在进行微灌水力计算时，把每条支管上同时运行的毛管所控制的面积看成是一个微灌小区。为保证整个小区内灌水的均匀性，对小区内任意两个灌水器的水力学特性有如下要求：

a. 微灌系统灌水小区灌水器流量的平均值，应等于灌水器设计流量。

b. 灌水小区的流量或水头偏差率应满足如下条件：

$$q_v=\frac{q_{max}-q_{min}}{q_d}\times100\%\leqslant[q_v] \tag{3-44}$$

$$h_v=\frac{h_{max}-h_{min}}{h_d}\times100\%\leqslant[h_v] \tag{3-45}$$

式中 q_v——灌水小区允许流量偏差率，%；

q_{max}——灌水器最大流量，L/h；

q_{min}——灌水器最小流量，L/h；

q_d——灌水器设计流量，L/h；

h_v——灌水小区水头偏差率，%；

h_{max}——灌水器最大工作水头，m；

h_{min}——灌水器最小工作水头，m；

h_d——灌水器设计工作水头，L/h；

$[q_v]$——设计允许流量偏差率，一般取$[q_v]\leqslant20\%$；

$[h_v]$——设计允许水头偏差率，此值可通过下式计算：

$$[h_v]=\frac{[q_v]}{x}\left(1+0.15\,\frac{1-x}{x}[q_v]\right) \tag{3-46}$$

式中 x——灌水器流态指数。

c. 采用补偿式灌水器时，灌水小区内设计允许的水头偏差应为该灌水器允许的工作水头范围；采用其他灌水器时，应按下式计算：

$$[\Delta h]=[h_v]h_d \tag{3-47}$$

式中　$[\Delta h]$——灌水小区允许水头偏差，m；

h_d——灌水器设计工作水头，m。

② 允许水头偏差的分配。

由于灌水小区的水头偏差分别是由支管和毛管两级管道共同产生的，因此应通过技术经济比较来确定其在支、毛管间的分配。当毛管和支管构成灌水小区时支、毛管水头损失分配比例应为 0.45 和 0.55，也可分别按照 0.5 进行分配。

毛管和支管允许水头偏差分别为：

$$[\Delta h]_{毛}=0.55\times[\Delta h]；[\Delta h]_{支}=0.45\times[\Delta h] \tag{3-48}$$

式中　$[\Delta h]_{毛}$、$[\Delta h]_{支}$——毛管、支管允许水头偏差，m。

2）毛管管径的初选。按毛管的允许水头损失值，初步估算毛管的内径 $d_{毛}$：

$$d_{毛}=\sqrt[b]{\frac{KFfQ_{毛}^{m}L}{[\Delta h]_{毛}}} \tag{3-49}$$

式中　$d_{毛}$——初选毛管内径，mm；

K——考虑毛管上管件或灌水器产生的局部水头损失而加大的系数，其取值范围一般在 1.1～1.2；

f——摩阻系数；

$Q_{毛}$——毛管流量，L/h；

L——毛管长度，m；

m——流量指数；

b——管径指数；

F——多口系数，$F=\frac{1}{m+1}\left(\frac{N+0.48}{N}\right)^{m+1}$；

N——多孔管总孔数。

由于毛管的直径一般均大于 8mm，式（3-49）中，各种管材的 f、m、b 值，可按表 3-15 选用。

3）支管管径的初选。

① 平坦地形。毛管进口未设调压装置时，支管管径的初选：

按式（3-46）分配给支管的允许水头差，用式（3-50）初估支管管径 $d_{支}$：

$$d_{支}=\sqrt{\frac{KFQ_{支}^{m}Lf}{0.45[h_v]h_d}} \tag{3-50}$$

式中　K——考虑支管管件产生的局部水头损失而加大的系数，K 通常的取值范围在 1.05～1.1；

L——支管长度，m；

其余符号意义同前。且 f、b、m 从表 3-15 中选取，需注意的是，应按管道的管材种类正确选用表中系数。

表 3-15 各种塑料管材的 *f*、*m*、*b* 值

<table>
<tr><th colspan="3">管材</th><th>f</th><th>m</th><th>b</th></tr>
<tr><td colspan="3">硬塑料管</td><td>0.464</td><td>1.770</td><td>4.770</td></tr>
<tr><td rowspan="3">微灌用聚乙烯管</td><td colspan="2">D>8mm</td><td>0.505</td><td>1.750</td><td>4.750</td></tr>
<tr><td rowspan="2">D≤8mm</td><td>R_e>2320</td><td>0.595</td><td>1.690</td><td>4.690</td></tr>
<tr><td>R_e≤2320</td><td>1.750</td><td>1.000</td><td>4.000</td></tr>
</table>

注：1. D 为管道内径，R_e为雷诺数；

2. 微灌用聚乙烯管的摩阻系数值相应于水温 10℃，其他温度时应修正。

② 坡地。毛管进口采用调压装置时，支管管径的初选：

由于此时设计允许的水头差，均分配给了毛管，支管应按经济水力比降来初选其管径 $d_支$：

$$d_支=b\sqrt{\frac{KFQ_支^m L}{100i_支}} \tag{3-51}$$

式中 $i_支$——支管的经济水力比降，一般为 0.01～0.03；

L——长度，m。

另外，支管管径也可按管道经济流速确定：

$$d_支=1000\sqrt{\frac{4Q_支}{3600\pi v}} \tag{3-52}$$

式中 $d_支$——支管内径，mm；

$Q_支$——支管进口流量，m^3/h；

v——塑料管经济流速，m/s，一般取 $v=1.2\sim1.8m/s$。

4）干管管径的初选。当支管进口安装有压力调节装置时，干管或分干管的管径选择不受灌水小区允许压力变化的影响，管径的选择主要基于投资和能耗而定。支管以上各级管道管径的确定，一般按照经验进行估算。

$$D=13\sqrt{Q}$$

当管道流量 $Q\geqslant120m^3/h$ 时

$$D=11.5\sqrt{Q}$$

干管水力计算按照两个阶段进行，首先按最不利的轮灌组从下而上计算水头损失，确定各段干管的直径和干管进口水头。由于干管上的分水口间距大，自下而上逐段按沿程无分流管计算水头损失。待确定了干管入口工作水头和系统水泵型号后，再由上而下逐段计算其他轮灌组工作条件下支管分水口处的干管压力，然后根据支管分水口处的干管压力与支管进口压力要求，确定分干管管径或支管进口压力调节器的规格和型号。

在上述三级管道管径均计算出来后，还应根据塑料管的规格，最后确定实际各级管道的管径。必要时还需根据管道的规格，进一步调整管网的布局。微灌系统使用的管材与管件，必须选择其公称压力符合微灌系统设计要求的产品，地面铺设的管道应不透光、抗老化、施工方便、连接牢固可靠。一般情况下，直径 50mm 以上各级管道和管件可选用聚氯乙烯产品；直径 50mm 以下各级管道和管件应选用微灌用聚乙烯产品。严禁使用由废旧塑料制造的管材和管件。

（3）管道水头损失计算。有压管道沿程水头损失计算，管道中由于液流内部摩阻力的存在必然要克服摩擦做功，产生沿程水头损失。有压管道沿程水头损失的计算公式可用达西-韦斯巴赫（Dacy-Weisbach）公式

$$h_f=\lambda \frac{L}{d}\frac{v^2}{2g} \tag{3-53}$$

式中　h_f——沿程水头损失，m；

λ——沿程阻力系数；

v——管道过水断面平均流速，m/s；

g——重力加速度，一般取 9.81m/s²；

L——管道长度，m；

d——管道内径，m。

多口出流管道沿程水头损失计算。在微灌系统中，支管或毛管均为沿程等距离均匀泄流，沿程流量不断减少，而以上计算沿程损失的达西-韦斯巴赫公式要求流量不变，因此计算多口出流管道沿程水头损失时须乘以一个多口系数 F 值来加以修正。多口系数 F 值计算公式为：

$$F=\frac{N\left(\frac{1}{m+1}+\frac{1}{2N}+\frac{\sqrt{m-1}}{6N^2}\right)-1+x}{N-1+x} \tag{3-54}$$

式中　F——多口系数；

N——出口数目；

m——流量指数：层流=1；光滑紊流层流=1.75；完全紊流=2；

x——进口增至第一个出水口的距离与孔口间距之比。

则多口出流管道沿程水头损失，

$$h_t=h_fF \tag{3-55}$$

式中　h_t——多口管沿程损失，m；

h_f——无多口出流的沿程损失，m。

管道局部水头损失计算。在微灌系统中，各种连接管件、接头、弯头、三通、旁通、阀门和灌水器、过滤器等装置都会产生局部水头损失，其大小可由式（3-56）计算得出：

$$h_j=\xi\frac{v^2}{2g} \tag{3-56}$$

式中　h_j——局部水头损失，m；

v——管内断面平均流速，m/s：

g——重力加速度，一般取 9.81m/s²；

ξ——局部水头损失系数，其值可查阅相关资料。无资料时，局部水头损失可按沿程水头损失的一定比例计算，干管、支管为 5%～10%，毛管为 10%～20%。

其余符号意义同前。

（4）系统首部设计水头的推求。微灌系统的设计水头，应在最不利轮灌条件下按式（3-57）计算：

$$H=Z_p-Z_b+h_0+\sum h_f+\sum h_j \tag{3-57}$$

式中 H——系统的设计水头，m；

Z_p——典型毛管进口的高程，m；

Z_b——系统水源的设计水位或管道进口的高程差，m；

h_0——典型毛管进口的设计水头，m；

$\sum h_f$——系统至典型毛管进口的管道沿程水头损失之和，m；

$\sum h_j$——系统至典型毛管进口的管道局部水头损失之和，m。

需要说明的是，利用上式计算系统的设计水头，系统至典型毛管进口的管道局部水头损失之和（$\sum h_j$）中，应含有各级过滤器的水头损失。通常过滤器生产厂提供的过滤器水头损失，是指通过洁净水时的水头损失，并未包括通过污水、过滤器被部分堵塞，进、出口间增加的水头差。

各级过滤器设计进、出口水头损失应按式（3-56）确定。

（5）机泵选配。微灌系统的机泵选配，主要依据系统设计扬程、流量和水源取水方式而定。

1）系统设计扬程。系统设计扬程，是根据枢纽首部设计水头和首部管道进口与水源设计水位之间的高差，由下式计算确定：

$$H_{设}=H+h_1+\sum h_{f泵}+\sum h_{j泵} \tag{3-58}$$

式中 $H_{设}$——配套机泵的设计扬程，m；

H——灌溉系统设计水头，m；

h_1——水源设计水位与系统进口管轴线间的高差，m；

$\sum h_{f泵}$——设计水位至系统进口段管道的沿程水头损失，m；

$\sum h_{j泵}$——设计水位至系统进口段管道的局部水头损失，m。

2）系统设计流量。

在最不利条件下，系统同时运行的支管入口流量之和，即：

$$Q_{设}=\sum_{i=1}^{n}Q_{支} \tag{3-59}$$

式中 $Q_{设}$——系统设计流量，L/h 或 m^3/h；

n——同时运行的支管数；

$Q_{支}$——支管入口流量，L/h 或 m^3/h。

3）初选机泵。根据设计扬程和流量，就可以从水泵型谱或水泵性能表中选取适宜的水泵。一般水源设计水位或最低水位与水泵安装高度（泵轴）间的高差超过 8.0m 以上时，宜选用潜水泵；反之，则可选用离心泵等。并应根据水泵的要求，选配适宜的动力机，防止出现“大马拉小车”或“小马拉大车”的情况。在电力有保证的条件下，动力机应首选电动机。有关介绍水泵型号、性能的书籍很多，可自行参阅有关资料。必须说明的是，所选水泵必须使其在高效区工作，并应为国家推荐的节能水泵。

（6）沉淀池设计。微灌技术常用水源主要包括地下水和地面渠道水。地下水水质较好，一般不用修建沉淀池。渠道水中含有两类容易堵塞灌水器的杂质：一类是藻类、水生物和漂浮物；另一类是悬浮泥沙。当水中泥沙含量大于过滤器的处理能力时，使用筛网过滤器和介质过滤器将因频繁的冲洗而不能正常工作，此时需借助沉淀池对灌溉水进行初级沉淀处理。沉淀池的主要目的是去除水中大量的泥沙，是给水工程常用的设施，设计方法比较完善，用于滴灌的关键是恰当的选用水质指标，使沉淀池处理后的水质达到滴灌对悬浮泥沙含量的要求，沉淀池的设计主要有以下一些内容。

1）设计参数选用。

① 表面负荷率（Q/A）。表面负荷率是沉淀池单位表面积的产水量。其数值上等于设计标准粒径颗粒泥沙的沉速。根据渠水泥沙中极细沙比例大的特点，沉淀池的表面负荷率宜选择较小值，以利提高沉淀效率。表面负荷率应根据渠水水质情况和不同的微灌系统对沉淀水的要求采用，建议采用 $Q/A=0.72\sim7.2$m/h。

② 水平流速（v）。在沉淀池中，增大水平流速，一方面提高了雷诺数 R_e 而不利于泥沙颗粒下沉，另一方面却提高了弗劳德数 F_r 而增加了水流的稳定性，利于提高沉淀效果。沉淀池的水平流速宜取 $v=36\sim90$m/h。

③ 停留时间（T）。沉淀池的停留时间应考虑原水水质和沉淀水质要求，并根据沉淀池运行经验，采用 $T=1\sim3$h。

④ 池的长宽比。一般认为，沉淀池沉淀区的长度和宽度之比不得小于 4。若计算得出沉淀池的宽度较大时，应进行分格，每格宽度宜为 3～8m，最大不超过 15m。

⑤ 沉淀池的长深比。沉淀池长度与深度之比不得小于 10。

2）沉淀池设计计算。

① 沉淀池表面负荷率。沉淀池表面负荷率为：

$$\mu_0=\frac{Q}{A} \tag{3-60}$$

在选定出表面负荷率 μ_0（m/h）、产水量 Q（m^3/h）两参数后，即可按上式算出沉淀池表面积 A（m^2）：

$$A=\frac{Q}{\mu_0} \tag{3-61}$$

② 沉淀池长度：

$$L=vT \tag{3-62}$$

式中　L——沉淀池长度，m；

v——水平流速，m/h；

T——停留时间，h。

③ 沉淀池宽度：

$$B=\frac{A}{L} \tag{3-63}$$

式中　B——沉淀池宽度，m；

A——沉淀池表面积，m^2；

L——沉淀池长度，m。

④ 沉淀池有效水深（沉淀池水深）：

$$H_1=\frac{QT}{BL} \tag{3-64}$$

式中　H_1——沉淀池有效水深，m；

Q——产水量，m^3/h；

T——停留时间，h；

B——沉淀池宽度，m；

L——沉淀池长度，m。

⑤ 溢流堰高度。若堰顶厚度（即沿流向堰顶的长度）为 σ，H 为堰上水头，当 $\sigma<0.67H$ 时，溢流堰可按薄壁堰计算。自由出流的矩形薄壁堰的溢流量公式为：

$$Q=m_0 b\sqrt{2g}H^{3/2} \tag{3-65}$$

$$m_0=0.403+0.053+\frac{H}{a'}+\frac{0.0007}{H} \tag{3-66}$$

式中 Q——溢流流量即产水量，m^3/s；

b——溢流堰开度，应取沉淀池开度，m；

H——堰上水头，m；

g——重力加速度，一般取 9.81m/s^2；

m_0——流量系数，由水力学查取；

a'——上游堰高，m。

⑥ 存泥区深度。在一个微灌周期内，沉淀池下沉泥沙的容积即存泥区容积按下式计算：

$$V=1.2\times 86400QCPT/\gamma \tag{3-67}$$

式中 Q——产水量即流量，m^3/s；

C——原水即渠水所含泥沙的浓度，kg/m^3；

P——沉淀池的沉淀系数，%；

T——微灌的灌水周期，d；

γ——泥沙容重，可采用 1780kg/m^3。

沉淀池存泥区深度为：

$$H_2=\frac{V}{BL} \tag{3-68}$$

式中 H_2——沉淀池存泥区的深度，m；

V——沉淀池存泥区的容积，m^3；

B——沉淀池宽度，m；

L——沉淀池长度，m。

⑦ 放空排泥管直径。沉淀池在工作一个设计灌水周期后，需将水放空，以便人工清除存泥区的泥沙。放空排泥管的内径按变水头放空容器公式计算：

$$d=\sqrt{\frac{0.7BLH_1^{0.5}}{T}} \tag{3-69}$$

式中 d——沉淀池的放空排泥管内径，m；

B——沉淀池深度，m；

L——沉淀池长度，m；

H_1——沉淀池有效水深，m；

T——放空时间，一般采用沉淀池停留时间，s。

3）水力条件复核。

① 水流紊动性复核。沉淀池水流的紊动性用雷诺数 R_e 判别。

$$R_e = \frac{vR}{\gamma} \tag{3-70}$$

式中　R_e——雷诺数；

v——水平流速，m/s；

R——水力半径，m；

γ——水的运动黏性系数，水温 20℃时为 1.01×10^6 (m^2/s)。

一般认为，在明渠水流中，$R_e>500$ 时水流紊流状态。沉淀池中水流 R_e 一般为 4000～15000，属紊流状态。此时水流除水平流速外，还有上、下、左、右的脉动风速，且伴有小的涡流体，这些情况都不利于颗粒的沉淀。但在一定程度上可使混浊度不同的水流混合，减弱分层流动现象。但通常要求降低 R_e 以利颗粒沉降。降低 R_e 的有效措施是减小水力半径 R，池中纵向分格可以达到这一目的。梯形沉淀池剖面图如图 3-30 所示。

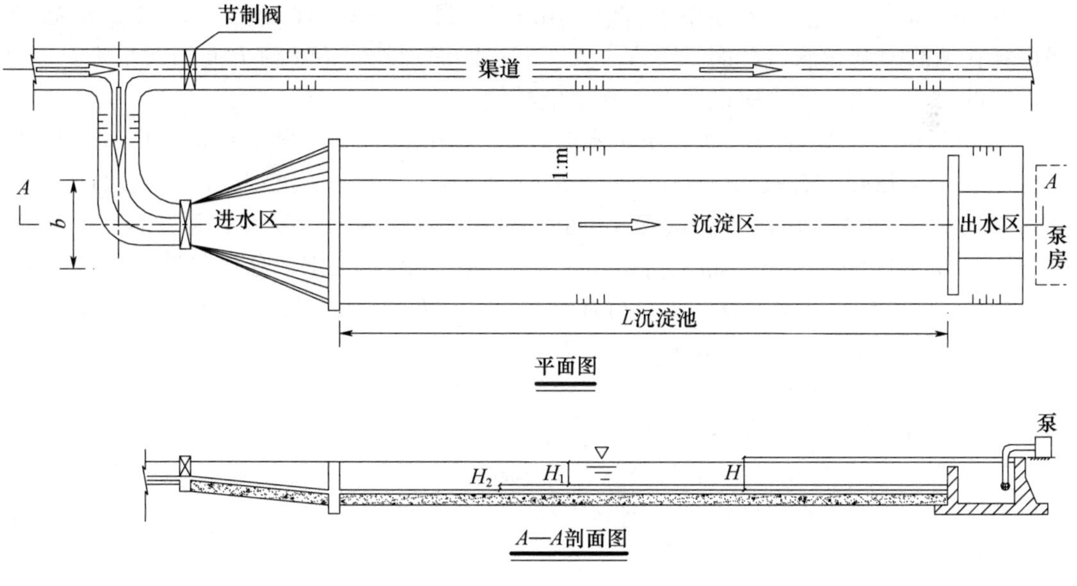

图 3-30　梯形沉淀池剖面图

说明：1. 本图为梯形沉淀池。

2. 本沉淀池可供利用地表水滴灌的工程进行水的净化处理时参考，沉淀池结构可参考有关专业资料因地制宜进行设计。

② 水流稳定性复核。异重流是进入较静而具有重度差异的一股水流。异重流重于池内水体的，将下沉并以较高流速沿低部绕道前进；异重流轻于水体的，将沿水面前进至出水口。重度差异可能是由悬浮固体浓度、水温等的不同造成的。若池内水平流速相当高，异重流将与池中水流汇合，影响流态甚微。这样的沉淀池具有稳定的流态。若异重流在整个池内保持着，则具有不稳定的流态。

水流稳定性以弗劳德数 F_r 判别。该值反映推动水流惯性力与重力两者之间的对比关系。

$$F_r = \frac{v^2}{Rg} \tag{3-71}$$

式中　F_r——弗劳德数；

R——水力半径，m；

v——水平流速，m/s；

g——重力加速度，一般取 9.8m/s^2。

F_r增大，表明惯性力作用相对增加，重力作用相对减小，水流相对密度差、温度差、异重流及风浪等影响抵抗能力强，使沉淀池中的流态保持稳定，沉淀池 F_r宜大于 10^{-5}。增大 F_r的有效措施是减小水力半径 R，通常将池纵向分格来达到这一目的。

4）沉淀池的构造。沉淀池分为进水区、沉淀区、出水区和存泥区四部分。

① 进水区。进水区的作用是使水流均匀的分布在整个进水截面上，并尽量减少扰动。为使梯形断面渠道与矩形断面沉淀池平顺衔接，在沉淀池进水区需要设置渐变段。渐变段可采用扭曲面形式，其长度应小于沉淀池水深（沉淀区水深 H_1与存泥区水深 H_2之和）的 4 倍。再者，在沉淀区末端应设置穿孔墙，以便将水流均匀分布于整个截面上。穿孔墙溢流率一般可采用小于 500m^3/m・d。洞口流速不宜大于 0.15～0.2m/s。为保证穿孔墙的强度，洞口总面积不宜过大。洞口断面形状宜沿水流方向渐次扩大，以减弱进口的射流。拦污栅格应设置在穿孔墙上游侧。

② 沉淀区。沉淀区的长度 L 决定水流速 v 和停留时间 T，即 $L=3.6vT$。沉淀区的宽度 B 决定流量 Q、有效水深 H_1和水流速 v，即 $B=Q/H_1v$。沉淀区的有效水深 H_1一般大于 1.0m。其大小取决于流量 Q、停留时间 T、沉淀区的长度 L 和宽度 B，即 $H_1=QT/BL$。沉淀区的长、宽、深之间相互联系，应综合研究决定，还应核算表面负荷率。沉淀区高度 H_3等于沉淀区深度 H_1与存泥区深度 H_2以及安全超高 Δ 之和，即 $H_3=H_1+H_2+\Delta$。Δ 值应小于 0.25m。

③ 出水区。为使沉淀后的水在出水区均匀流出，一般采用溢流堰溢流，溢流堰的溢流口可适当高于 500m^3/m・d。

④ 存泥区。存泥区深度 H_2按公式计算确定，可采用人工排泥方式，也可设置排沙孔排除泥沙。存泥区表面的高程应稍高出附近渠底，并设置泄水管（带闸门），以便放空池中积水后进行人工排泥工作。

（7）附属工程设计。微灌系统的附属工程主要有闸阀井（图 3-31）、减压阀、排气阀、逆止阀、排水井（图 3-32）、镇墩（图 3-33）等。

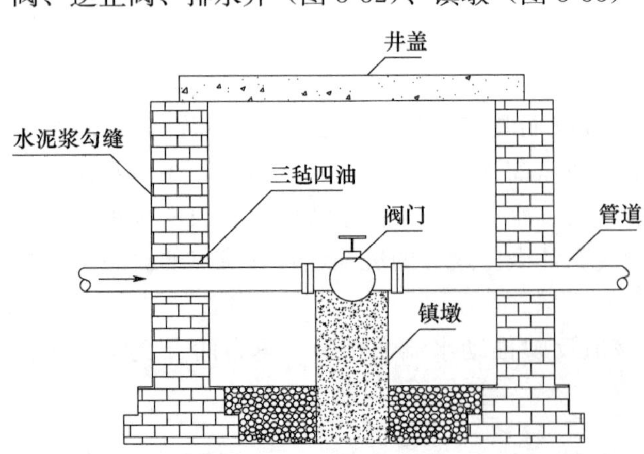

图 3-31　闸阀井示意图

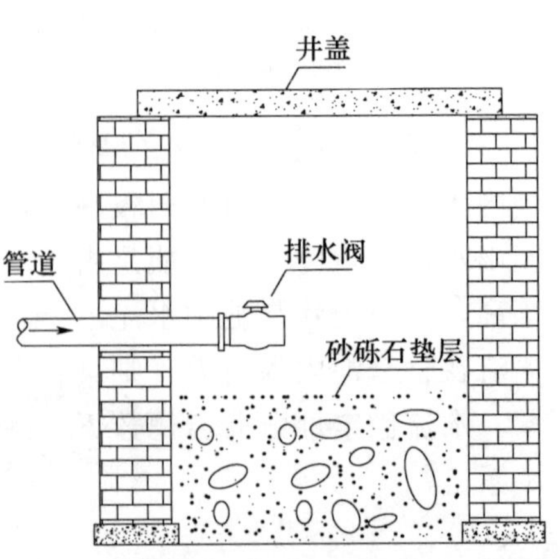

图 3-32　排水井示意图

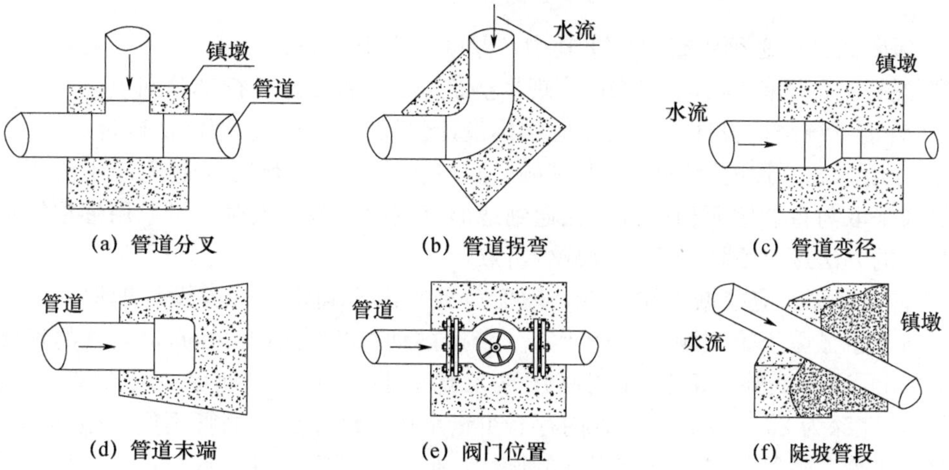

图 3-33　镇墩设置位置示意图

1）控制阀。在管道系统中要设计节制阀、放水阀、排气阀等，一般节制阀设置在水泵出口处的干管上和每条支管的进口处，以控制水泵出流量和控制支管流量，实行轮灌。每个节制阀控制一个轮灌区。放水阀一般设置在干、支管的尾部，其作用是放掉管中积水。设置上述两种阀门处应设计阀门井，其顶部应高于阀门 20～30cm，其余尺寸以方便操作为度。应在干管进口处设置控制闸阀；在首部与供水管连接处和施肥、施药装置与灌溉水源连接处设置截止阀；在水泵出水口和供水管与施肥、施药装置之间设置逆止阀，在管道布置时，因地形的起伏有时不可避免地产生凸峰，管网运行时这些地方易产生气团，影响输水效率，故应设置排气阀将空气排出。进排气阀一般设置在微灌系统管网的高处，或局部高处，首先应在过滤器顶部和下游管上各设一个，其作用是在系统开启管道充水时排除空气，系统关闭管道排水时向管网中补气，以防止负压产生，系统运行时排除水中夹带的空气，以免形成气阻。

排气阀的选用，目前可按“四比一”法进行，即排气阀全开直径不小于排气管道内径的 1/4，如 100mm 内径的管道上应安装内径为 25mm 的排气阀。另外，在干、支管末端和管道最低位置应该安装排水阀。

当水泵运行压力较高时，由于停电等原因突然停机，将造成较大的水锤压力。当水锤压力超过管道试验压力，水泵最高反转转速超过额定转速 1.25 倍；管道水压接近汽化压力时，应设置逆止阀；在水泵出水侧的主干管上设置安全阀；在进行控制阀门选择时应注意尺寸大小和连接方式，应与首部连接短刀相匹配。当地埋管管径大于或等于 160mm 时，宜选用涡轮式蝶阀；当地埋管管径大于或等于 90mm 小于 160mm 时，宜选用蝶阀；当地埋管管径小于 90mm 以下时，宜选用球阀。

2）镇墩。镇墩是指用混凝土，浆砌石等砌体定位管道，借以承受管中由于水流方向改变等原因引起的推力，以及直管中由于自重和温度变形产生的推、拉力。三通、弯头、变径接头、堵头、阀门等管件处也需要设置镇墩。镇墩设置要考虑传递力的大小和方向，并使之安全地传递给地基。

① 镇墩设计内容包括镇墩自身的强度、校核镇墩抗滑和抗倾覆稳定性、验算地基强度及稳定性等，陡坡管段还要考虑管道自重、管内水重的分力，由稳定计算确定镇墩

大小。

② 封闭式镇墩必须将管道包于其中，厚度不小于 20cm。

③ 混凝土镇墩标号不小于 C15，现场浇筑，48h 后才能进行部分回填。

3）管道系统结构设计。管道系统结构设计包括管道纵坡、埋深的确定。

① 管道纵坡。管道纵坡应力求平顺，减少折点，有起伏时应避免产生负压。一般管道纵坡采取与自然地面相一致。在遇到地形突变但高差不大时，可采用逐根管道偏转一定角度的办法逐步变坡转弯，以减少折点。

② 管道埋深。应根据气候条件、地面荷载等因素确定。管道设计埋深一般应考虑防冻及耕作机械碾压等问题，一般干、支管道的埋深不能小于 50cm，毛管的埋深不能小于 30cm。通过试验，毛管选用高压聚乙烯管材，在北方地区（年最低气温小于 −25℃），埋深为 25～35cm，毛管内存有少量水体，结冰后对毛管不产生破坏作用。其原因是高压聚乙烯管材本身具有很好的韧性，据有关部门提供的资料，聚乙烯管耐低温性可达到 −70℃；另外管道内同时有一定量的空气与毛管内的存水形成水气混合体，冰冻后块里有小孔，因而对毛管管壁的膨胀强度大大降低，不会对毛管造成破坏。输水用聚氯乙烯管材，应每隔 30～60m 设置一个伸缩接头或伸缩节。

4）压力和流量仪表。一般装置 2.5 级精度以上的压力表，以控制和观测系统供水压力。压力表主要安装在首部枢纽进水口、各组过滤器进、出水口，以及施肥（药）装置进、出水口应分别设置压力表。水表一般安装在首部枢纽过滤器之后的干管上，也可根据需要在分干管、支管进口处设置水表。根据设计流量的大小，选择额定流量大于或接近设计流量的水表为宜，切不可单纯以输水管管径大小来选定水表口径。

（8）施工详图的绘制。完整的微灌工程设计，应绘制微灌系统布置图、干支管道纵断面图、枢纽工程布置图、阀门井、泵站、蓄水池结构图、细部结构安装图、加工部件（如接头等）机械图等。系统布置图反映出管网系统的级数，各级管道的走向、位置、长度，以及各类建筑物的位置等，是工程施工不可缺少的。管道纵断面图标有管道中心线的地面高程、管道铺设坡降、管底开挖高程、阀门位置等。施工时利用此图放线并确定某一段的开挖深度。首部枢纽布置图标明各种仪器设备安装顺序及连接尺寸等。其他结构图是为了施工方便而提供的。微灌系统施工图绘制要求按照《节水灌溉工程规划设计通用图形符号标准》（SL 556—2011）的规定进行绘制。

（9）编制工程预算。编制工程预算是工程设计的重要内容。它按一定的顺序，分为设备、土建和其他三部分编制工程预算必须掌握现行的设备价格。土建和设备安装部分要根据当地近期施工预算和材料价格确定。一般设备部分要分别列出设备名称、规格型号、单位、数量、单价、复价等。在单价，如设计施工期较长（一年以上），原则上要考虑物价上涨因素。基建部分包括泵房、蓄水工程、沉沙池、管线开挖和回填等。应详细列出土石方工程、水泥、石灰、钢材、木材、沥青、油毡等材料的规格、数量、单价、复价等。计算的其他部分一般包括设备运输费、勘测设计费、施工指导费、施工管理费以及不可预见费等。有试验项目的应包含工程验收或鉴定费。设备运输费通常按设备生产地距工地的距离，根据铁路运输、公路运输及装卸等费用的实际情况予以计算。勘测设计费、技术指导费，应根据工程的难度及投资造价等，按有关规定确定，或以不同阶段设计、施工分别根据工作量的大小协商确定。施工管理费指工程施工阶段的物料、工地等的管理费用，一般按工程量的大小及施工期长短来考虑。不可预见费指预算中未考虑到而工程中又可能出现的少量费用，原则上按工程造价的5%考虑。

3.6 微灌工程施工与运行管理

3.6.1 工程施工

微灌工程施工的任务在于严格按照规划设计的要求，保质保量地予以实施，以保证微灌能正常运行。微灌系统是灌溉系统的一种形式，所以它的施工在许多方面与其他灌溉系统有相似之处，尤其是与其他管道灌溉系统（如喷灌系统、低压管道输水灌溉系统等）的施工更有许多相同之处。这些系统的施工与设备安装的程序、方法、经验都可以供微灌系统的施工与安装时参考。但是微灌系统也有它自己的特点，这里只着重强调微灌系统施工时特别要注意的地方。

1. 施工前的准备工作

微灌工程施工必须严格按设计进行。修改设计应先征得设计部门同意，经协商取得一致后由设计单位下达修改通知方可实施，必要时需经主管部门审批。施工前应检查图纸、文件等是否齐全，并检查设计是否与灌区地形、水源、作物种植及首部枢纽位置等相符。发现问题应向设计部门反映，提出合理修改方案。检查现场，制定必要的安全措施，严防发生各种事故。严格按要求制定计划，确保工程质量，并按期完成。

施工前的准备应包括下列内容：

（1）编制施工计划，建立施工组织，拟定放样定线等各项施工顺序；编制劳力设备、工程进度计划，制定质量检查方法和安全措施。

（2）按设计要求检查工程设备器材。

（3）准备好施工工具。微灌工程施工常用工具包括活扳手、管子钳、钢锯、卷尺、板锉、记号笔、微灌管道专用打孔器等设备。

2. 工程施工与设备安装

（1）施工放样。

中小型微灌工程可根据设计图纸直接测量管线纵断面。大型微灌工程现场应设置施工测量控制网，并应保留到施工完毕。

放线从首部枢纽开始，定出建筑物主轴线、机房轮廓线及干、支管进水口位置，用经纬仪从干管出水口引出干管轴线后再放支管线，并标明各建筑物设计标高。主干管直线段宜每隔30～50m设一标桩；分水、转弯、变径处应加设标桩；地形起伏变化较大地段，宜根据地形条件适当增设标桩。

在首部枢纽控制室内，应标出机泵及专用设备，如化肥罐、过滤器安装位置。

（2）水源工程的施工。

建筑物的基坑，按施工放线时的标准及设计尺寸进行开挖。开挖时要保存好桩号，以便进行高程控制。基坑开挖须保证边坡的稳定，若不能进行下道工序，应预留15～30cm土层不挖，待下道工序开始前再挖至设计标高；必要时可在基坑内设置明沟或井点排水系统，排走坑内积水。山丘地区开挖土石方，应按《土方与爆破工程施工及验收规范》(GB 50201—2012) 中的有关规定执行。基础处理应按设计要求进行。机井、大口井、泉水蓄水池、水塔工程的施工按《给水排水构筑物工程施工及验收规范》(GB 50141—2008) 中的有关规定执行。机井、大口井施工也可按《机井技术规范》(SL 256—2000) 中的有关规定执行。水处理建筑物 (如沉沙池等) 施工按《室外给水设计标准》(GB 50013—2018) 中的有关规定执行。

微灌泵站一般比较小，常用的是分基型泵房，设备安装时要求水泵与动力机必须同心。为保证这一要求，水泵与动力机应安装在一块共同的基础上，并要求机组和基础的公共重心与基础底面形心位于同一垂直线上。此外，基础底面积要足够大，保证地基应力不超过地基的允许应力。基础上顶面高出机房底板一定高度，基础底面应处于冰冻线以下。

为保证运行时机组的位置不变，并能承受机组的静荷载和振动荷载，基础应有足够的强度。为此，基础通常用 100 号混凝土浇筑，并须浇筑在基坑原状土上。当地基土的承载力小于 5MPa 时，应进行加固处理。基础的轴线及需要预埋的地脚螺栓或二期混凝土预留孔的位置应正确无误。基础浇筑完毕拆模后，应用水平尺校平，其顶面高程应正确无误。

(3) 首部枢纽的安装。

泵房建成，经验收合格，即可在泵房内进行枢纽部分的组装。其安装顺序为：水泵→动力机→主阀门→压力表→过滤器→水表→压力表→各灌区阀门。化肥罐安装在主阀门和过滤器之间。枢纽部分的连接管件一般为金属件。首部枢纽的各项设备除化肥罐、过滤器外，沿水泵出水管中心线安装，管道中心线距地面高以 0.5m 左右为宜。各部件与管道连接，可用法兰或丝扣，但应保持同轴、平行、螺栓自由穿入，不得用强紧螺栓的方法消除歪斜。用法兰连接时，须安装止水胶垫。

1) 抽水加压设备的安装：

① 电动机与水泵安装应按《机械设备安装工程施工及验收通用规范》(GB 50231—2009) 中的有关规定执行。

② 采用三角带传动的机组，动力机轴心和水泵轴心线必须平行，机、泵距离应符合技术要求。

③ 电动机外壳必须接地，接线方式应符合电动机安装规定，并通电检查和试运行。

④ 以柴油机、汽油机为动力的机组，排气管应通往机房外。

⑤ 机泵必须用螺栓固定在混凝土基座或专用机架上。

⑥ 电气设备应按接线图进行安装，安装后应对线路进行详细检查，并启动试运行，观察仪表工作是否正常。

2) 过滤器的安装：

① 过滤器应按输水流向标记安装，不得反向。

② 自动冲洗式过滤器的传感器等电器原件应按产品规定接线图安装，并通电检查运转状况。

3) 施肥和施农药设备安装要求：

① 施肥和施农药装置应安装在过滤器前面。

② 施肥和施农药装置的进、出水管与灌溉管道连接应牢固，如使用软管，应严禁

扭曲打折。

③ 采用注射泵式施肥器，机泵安装应符合产品说明书要求，经检查合格后再通电试运行。

④ 与人畜饮水联合使用的微灌工程，严禁在首部枢纽和人畜饮水管道上安装施肥或施农药装置。

4）量测仪表和保护设备安装要求：

① 安装前应清除封口和接头处的油污和杂物，压力表宜装在环形连接管上，如用直管连接，应在连接管与仪表之间装控制阀。

② 应按设计要求和流向标记水平安装水表。

（4）管网施工。

1）管槽的开挖。

管槽断面主要有矩形、梯形和复合式三种（图 3-34）。管槽深度和宽度一般按照式（3-72）、式（3-73）和式（3-74）确定，管槽深度除满足式（3-72）和式（3-73）之外，其最小埋深不得小于 70cm。

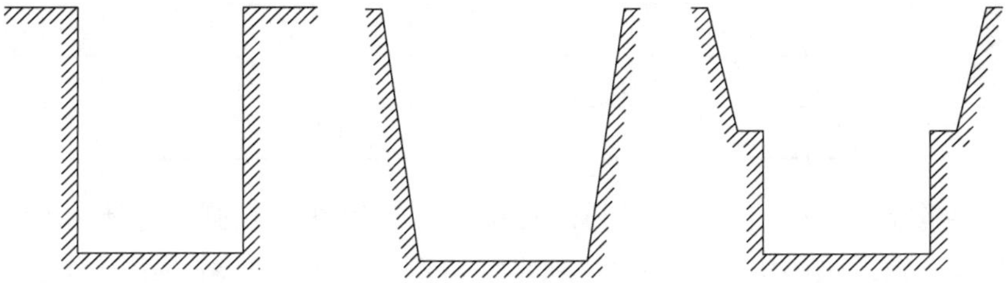

(a) 矩形管槽断面　(b) 梯形管槽断面　(c) 复合式管槽断面

图 3-34　管槽断面图

$D\leqslant 200$mm 的管材：

$$B=D+0.3 \tag{3-72}$$

$D>200$mm 的管材：

$$B=D+0.5 \tag{3-73}$$

$$H=D+h_{冻}+0.1 \tag{3-74}$$

式中　B——管槽底部宽度，m；

D——管道外径，m；

H——管槽开挖深度，m；

$h_{冻}$——最大冻土层深度，m。

2）管道安装。管道安装应按干、支、毛管顺序进行。按设计要求将管道平顺放入管槽内，不得悬空和扭曲。塑料管不得抛摔、拖拉和曝晒，安装期宜集中。塑料管道与道路交叉处埋深不小于 70cm，并要加保护管。

微灌管网系统的输水管线（干、支管），多采用硬聚氯乙烯管；配水管及毛管多采用低密度聚乙烯管。硬聚氯乙烯管的连接一般用胶粘剂粘合，伸缩节或伸缩接头处，采用橡胶密封圈止水。低密度聚乙烯管材常用内插式管件或外接式管件进行管道连接。现就上述几种方法的施工要点分述如下：

① 聚氯乙烯管粘接法施工要点：

a. 管材或管件在粘合前，应用棉纱或干布将承口内侧和插口外侧擦拭干净，使粘合面保持清洁，无尘砂与水迹。当表面沾有油污时，须用棉纱蘸丙酮等清洁剂擦净。

b. 粘接前应将两管试插一次，使插入深度及配合情况符合要求，并在插入端表面用记号笔画出插入承口深度的标线。管端插入承口的深度应为管外径的1～1.5倍。

c. 用毛刷将胶粘剂迅速涂刷在插口外壁及承口内壁。先涂承口，后涂插口。宜轴向涂刷，使胶粘剂均匀适量地分布于粘合面上。

d. 承插口涂刷胶粘剂后，应立即找正方向将管端插入承口，用力挤压，必要时可采用拉管器进行承插，使管端插入深度至标线处，并保证承插接口的直度和接口位置正确。同时必须保证轴向挤压力的延续时间不得少于60s，以防接口脱滑。

e. 承插接口连接完毕后，要及时将挤出的胶粘剂擦拭干净。粘合后，不得立即对接合部位强行加载。其静置固化时间应不低于表3-16中的规定，且24h内不得移动管道。

表3-16　聚氯乙烯管材粘合静置时间（s）

管材公称外径（mm）	管材表面温度		
	45～70℃	18～40℃	5～18℃
63～110	30	45	60
110～160	45	60	90

f. 当气温低于5℃时，应暂停管材的粘接工作，以防粘接强度达不到设计要求。粘接连接的管道在施工过程中被切断后，须将插口倒角锉成坡口后再进行连接。切断管材时，要保证断口平整，且垂直管轴线。加工成的坡口，其坡口长度一般不小于3mm；坡口厚度为管壁厚的1/3～1/2，坡口完毕后，应将残屑去除干净。

g. 管道在铺设过程中，可以有适当的弯曲，但曲率半径不得小于管径的300倍。

h. 管道安装和铺设工程中断时，应用木塞或其他盖堵将管口封闭，防止杂物进入管中。

② 聚氯乙烯管橡胶密封圈式连接施工要点：

a. 检查管材、管件及橡胶圈质量，清理干净承口内橡胶圈沟槽、插口端工作面及橡胶圈，不得有土及其他杂物。

b. 将橡胶圈正确地安装在承口的橡胶圈沟槽区中，不得装反或扭曲。为了安装方便，可先用水浸湿橡胶圈，但不得在橡胶圈上涂润滑剂安装。

c. 用毛刷将润滑剂均匀地涂在装嵌在承口处的橡胶圈和管插口端外表面上，但不得将润滑剂涂到承口的橡胶圈沟槽内。润滑剂可采用肥皂液，禁止用黄油或其他油类作润滑剂。

d. 将连接管道的插口对准承口，保持插入管段的平直，用管道拉力器或其他拉力机械将管一次插入至标线。若插入阻力过大，切勿强行插入，以防橡胶圈扭曲。

e. 用塞尺顺承插口间隙插入，沿管圆周检查橡胶圈的安装是否正常。

f. 橡胶圈连接的管材，在施工中被切断时，须在插口端另行倒角，并应划出插入长度标线，然后进行连接。最小插入长度应符合表3-17中的规定。切断管材时，应保证断口平整且垂直管轴线。

表 3-17　橡胶圈连接法管材插口最小插入长度

管材公称外径（mm）	75	90	110	125	160
插入长度（mm）	67	70	75	78	86

③ 低密度聚乙烯管连接施工要点：

微灌系统中使用的低密度聚乙烯管材和管径一般在 63mm 以下，施工前通常盘卷储存。施工时按所需的长度用钢锯切断，然后根据设计要求，与管件连接。与聚乙烯管材相连接的管件类型主要有内插式和外接式两类。内插式管件与管材的连接较为容易。安装前，可根据管材的外径，在加热的机油或热水中进行预热。待其变得较为柔软并富有弹性时，将待插管件迅速插入，并一次插至预定长度，用管箍或铁丝扎紧。在常温下冷却即可。

外接式管件与管材的连接工序较多，其要点如下：

a. 根据所需管材长度，将盘卷管切断。

b. 用板锉对管口进行倒角，倒角的长度一般不得小于 3mm；倒角的高度一般为管壁厚的 1/3～1/2。倒角后应擦净管口余屑。

c. 用记号笔在管端画出需要插入的长度，为了便于插入，可将管端用水湿润。

d. 将锁母、卡箍、O 形橡胶密封圈依次套在管上。

e. 将管插入管件内，并用力将橡胶圈挤入管件后，把卡箍推至管件接口。

f. 用力旋紧锁母。当管径超过 40mm 时，须使用管子钳或专用扳手旋紧锁母。

（5）阀门安装。直径大于 65mm 的塑料管道与阀门连接时，宜采用法兰连接。聚氯乙烯管材可用配套塑料法兰接头先与管材粘合并达到一定强度后，再与金属阀门连接。聚乙烯管材则应自制的法兰连接管。自制的法兰连接管外径要大于塑料管内径 2～3mm，长度不小于 2 倍管径，一端加工成倒齿状，另一端牢固焊接在法兰一侧。然后将塑料管端加热后及时套在带倒齿的接头上，并用管箍上紧。直径小于 65mm 的管道可用螺纹连接，并装活接头。阀门要安装在底座上，底座高度 10～15cm 为宜。截止阀与逆止阀要按流向标志安装，不得反向。塑料阀门安装用力应均匀，不得敲碰。

（6）旁通安装。安装前要检查旁通管外形，清除管口飞边、毛刺和污物，抽样量测插管内外径，符合质量要求方可安装。要按设计要求在支管上标出孔位。用手摇钻或专用打孔器打孔，钻头直径要小于旁通插管外径 1mm，钻孔不能倾斜，钻头入管深度不得超过 1/2 管径，以防一钻双孔。最后将止水垫套在旁通插管上，插入孔内并用旁通紧固带拉紧。

（7）毛管与灌水器安装。

1）毛管安装要点：

① 应按设计要求由上而下依次安装。

② 管端应剪平，不得有裂纹，并防止混进杂物。

③ 连接前应清除杂物，将毛管套在旁通上，气温低时宜对管端加热。

④ 微灌管（带）宜连接在引出地面的辅助毛管上。

2）滴头安装方法：

① 应选用直径小于灌水器插头外径 0.5mm 的打孔器在毛管上打孔。

② 应按设计孔距在毛管上冲出圆孔，随即安装滴头，严防杂物混入孔内。

③ 微管式滴头应用锋利刀具剪裁，管端剪成斜面，按规格分组捆放。

④ 微管插孔与微管直径要相适应，插入深度不宜超过毛管直径的1/2，并防止脱落。

3）微喷头安装方法：

① 微喷头直接安装在毛管上时，要将毛管拉直，两端紧固，按设计孔距打孔，将微喷头插在毛管上。

② 用连接管安装微喷头时，要按设计规定打孔，连接管上端插入毛管，另一端引出地面定在插杆上，其上再安装微喷头。

③ 插杆插入地下深度应不小于15cm，插杆和微喷头要垂直于地面。

④ 微喷头安装距地面高度不宜小于20cm。

3.6.2 管网冲洗、系统试运行及管沟回填

管道安装完毕后，应对管道进行冲洗和系统试运行。冲洗和系统试运行完成后编写冲洗和试运行总结报告。

冲洗和试运行之前应做好下列准备工作：

（1）仪器、设备配套完好，操作灵活。冲洗和试运行完成后编写冲洗和试运行报告。

（2）检查微灌工程，使设备状况和首部枢纽均处于完好状态，阀门开关灵活，进排气通畅。

（3）检查管道铺设状况，接头和阀门等处应显露出，不可先覆土固定，待试运行合格后再回填。

（4）试运行使用的压力表精度应不低于2.5级。管道冲洗并应能观察和测量漏水情况。

1. 管道冲洗

（1）管道冲洗应由上至下逐级进行，支管和毛管应按轮灌组冲洗。

（2）管道冲洗的步骤与要求：

1）先打开枢纽总控制阀和待冲洗管道的阀门，关闭其他阀门，然后启动水泵，对干管冲洗，直到干管末端出水清洁为止。

2）先打开一个轮灌组的各支管进口和末端阀门，关闭干管末端阀门，进行支管冲洗，支管末端出水清洁；再打开毛管阀门，关闭支管末端阀门，冲洗毛管，直到毛管末端清洁为止。然后进行下一个轮灌组的冲洗。

3）冲洗过程中应随时检查管道情况，并做好冲洗记录。

2. 系统试运行

（1）微灌系统试运行要按设计要求分轮灌组进行。

（2）试运行的水温和环境温度为5～30℃。

（3）试运行前应进行主管道水压试验。试压的水压应不小于管道设计压力的1.25倍，并保持10min，管道应不发生爆裂、脱落等。

（4）试运行过程中要随时观察管道的管壁、管件、阀门等处，如发现渗水、漏水、

破损、脱落等现象，应做好记录并及时处理，处理后再进行试运行，直到合格为止。

（5）管道允许最大渗漏水量应按下式计算：

$$[q_s]=K_s\sqrt{d} \tag{3-75}$$

式中　$[q_s]$——1000m 长管道允许最大渗漏水量，L/min；

K_s——渗漏系数，硬聚氯乙烯管、聚丙烯管取 0.08，聚乙烯管取 0.12；

d——管道内径，mm。

3. 管槽回填

管槽回填时应按下列要求进行：

（1）回填前应清除槽内一切杂物，排净积水，在管壁四周 10cm 内的覆土不能有直径大于 2.5cm 的砾石和直径大于 5cm 的土块，回填要高于原地面 10cm 以上，并分层轻夯或踩实。

（2）回填必须在管道两侧同时进行，严禁单侧回填。

3.6.3　工程验收

对微灌工程进行验收时，一般要具备以下技术文件：

（1）全套设计文件。

（2）单项工程验收报告。

（3）管道水压试验，管道冲洗和系统试运行报告。

（4）工程决算、运行管理办法、竣工图纸和竣工报告。

（5）隐蔽部分必须在施工期间及时进行检查验收，并有验收报告。

对面积小于 $10hm^2$ 的微灌工程，可只准备设计文件、竣工图纸和竣工报告以及运行管理办法。工程验收组应由主管投资部门、设计单位、施工单位和使用单位四方代表组成。验收时，应审查技术文件是否齐全、正确；检查土建工程是否符合设计要求；检查设备选择是否合理，安装质量是否达到技术规范的规定；对机电设备进行启动试验，做全系统的试运行，并对主要技术参数进行实测。

（6）验收结果形成文件，共同签字，以备查考。

（7）验收合格后，工程交付管理单位使用。

3.6.4　微灌工程的运行管理

微灌工程建成为作物抵御干旱、促进作物增产提供了条件，而要使这一效益变成现实，还要靠工程的运行管理。只有加强微灌工程管理，才能发挥其经济效益。微灌工程的管理包含以下内容：

1. 组织管理

较大的微灌区，应建立相应的管理组织，制定完善的管理章程，并由经过培训的人员负责运行、管理、维修等项工作，以确保设备的完好率，提高设备的利用率，充分发挥微灌工程的经济效益。

（1）管理组织形式。微灌工程的管理组织形式要因地制宜，以有利于工程管理和经济效益的提高为准则。

① 村级管理的微灌工程，成立村级管理组织。管理人员一般 2～3 人，应包括村干

部、专业电工、业务素质较好的机手等。

② 联户专业承包和集约化经营的地方，微灌工程归村所有，由行政村或自然村指定专人负责管理，并与其签订管理承包合同。

③ 农户建成的灌溉工程，一般面积较小。管理农户具有责任心强的特点，但缺乏管理知识。可由技术人员帮助制定灌水制度，传授管理维修知识。

④ 地、县水利部门要对已建微灌工程的主管人员和专职管理人员进行管理知识的技术培训，提高专职人员的技术素质，并指导他们对工程科学管理，及时帮助解决管理上存在的问题，总结成功的管理经验，并予以推广。

⑤ 建立基层水利服务体系，供应微灌所需零配件，起到用户与生产厂家间的桥梁作用。

（2）管理规章制度。对村级管理组织要建立健全规章制度，明确管理范围和职责，制定水费征收制度，用水管理、工程管理等具体办法，合理规定工程的运行程序。并把工程运行管理、维修、保养与微灌工程管理人员的经济利益相联系，调动管理人员的积极性。工程的管理人员要相对稳定，将其工程管理内容列入土地、果园等承包合同内。

2. 用水管理

用水管理的中心内容是制定和执行灌区用水计划，其目的是保证对作物适时适量灌水。为了编制用水计划，首先要确定各种作物的灌溉制度，在此基础上再参考历年运行经验与水源供水情况，汇总编制出整个灌区的年用水计划。作物灌溉制度的拟定，要在工程设计灌溉制度的基础上，参照历年运行经验或试验成果，了解当年的天气预报情况，加以修正。在每次灌水前，应根据年用水计划，结合实际情况，编制作业计划。灌水时按作业计划执行，并对机泵开机、停机时间，运行小时，耗电（油）量，完成灌溉面积等做出详细记录，建立运行档案。每次灌水结束后，应对照运行记录，观察灌水完成情况。有条件的要实测灌水深、湿润土层深度等指标，并校核实际用水量。

3. 工程管理

微灌工程管理是指对工程设施和各类设备的运行管理和维修养护等。

（1）工程管理内容。为了保证工程的正常运行，首先要保证微灌设施的完好。所以工程管理内容主要是设施、设备的管理。

微灌设备中地埋管道占很大比重。每年灌溉季节开始前，应对地埋管道进行检查、试水，保证管道通畅；闸阀及安全保护设备应启动自如；阀门井中应无积水，裸露地面的管道部分应完整无损；量测仪表盘面要清晰，指针灵敏。每年灌溉季节结束，应对管道冲净泥沙、排放余水、进行维修；阀门井加盖保护，在寒冷地区阀门井与干支管接头处应采取防冻措施；地面移动管道，应避免日光直接曝晒，停止使用时，存放于通风、避光的库房里，塑料管道应注意冬季防冻。

泵站、蓄水池等水源工程应经常观察，发现损坏情况及时维修，对蓄水池、沉沙池的沉积物要定期清洗；灌溉季节结束，蓄水池存水应放掉，否则寒冷地方易冻坏蓄水池。泵站工程管理应符合《泵站技术管理规程（附条文说明）》（SL 255—2000）的规定要求。灌水器运行时，要经常巡视检查，必要时要做流量测定，发现堵塞后要及时处理；应按设计要求，定期进行冲洗。常用的清堵处理方法有加氯处理和加酸处理。

1）加氯处理。加氯处理主要用于细菌性沉淀或藻类、有机物沉淀引起的堵塞。通常在处理藻类及有机物沉淀时，连续加氯处理的浓度一般为2～5mg/L；间断加氯处理的浓度一般为10～20mg/L（每次加氯持续30min左右）。遇有严重堵塞或污染的水质，有时可采取更高的浓度，如100～500mg/L。对于细菌性沉淀一般使用2～5mg/L的浓度即可，因为绝大多数细菌及病毒在氯浓度为1mg/L时，10～30min就会失去活力。

加氯处理中使用最广泛、最经济的是氯气和次氯酸盐（如次氯酸钠、次氯酸钙等）。氯气是强氧化剂，具有很强的毒性与腐蚀性，使用时必须严格按照操作规程进行，以免发生问题。使用次氯酸钠和次氯酸钙则比较方便。首先，它们均为固体粒状或粉状，操作起来比气态氯方便安全。其次，它们在反应中不降低浓度，使用简便。但由于次氯酸钙或次氯酸钠与水会起碱性反应，若水为中性或碱性（pH>7.5）时，则应首先加酸调节降低pH值（一般将pH值调至6.0～6.5）后，再施用为宜。另外，试验证明，在含铁量不高的水源水质中使用上述方法时，一般不会在系统中产生铁的沉淀，所以安装维护等比较简单易行，但对含铁量较高（大于0.1～0.2mg/L）的水源水质，无论是采用氯气处理或是次氯酸盐处理均不合适，因为水中的氧化铁会很快氧化成不溶解的三氧化二铁，从而导致管道和灌水器更严重的阻塞。

2）加酸处理。在微灌水源中加入一定量一定浓度的酸液，不但可以防止某些物质的沉淀，而且还可调节控制水的pH值，提高处理效果。水中物质的化学反应除受温度变化的影响外，pH值对其也有明显的影响，调节pH值，不仅可以防止碳酸钙等盐类的沉淀，而且可以使已经生成的沉淀物溶解消失。加酸处理可防止和消除因碳酸盐（如$CaCO_3$、$MgCO_3$）等沉淀而产生的灌水器堵塞，从而保护系统的正常运行。

加酸处理一般常用盐酸（HCl）或硫酸（H_2SO_4），加酸量的多少与所用酸的种类和浓度有关，更需考虑原来水的pH值和经处理后要求达到的pH值，以及应处理水量的多少，并以此为依据来计算确定酸的用量。另外，使用硫酸铜（$CuSO_4$）也是控制藻类生长、防止堵塞的良好方法。一般硫酸铜的用量为0.1～0.3mg/L时，即可抑制绝大多数藻类的生长。

由于酸具有一定的腐蚀性，使用时应根据计算要求严格控制酸液的浓度，同时应注意加强管理，以防使用不当，造成对整个系统的腐蚀危害。

（2）运行操作规程。微灌工程运行中，必须严格遵守运行的各项技术规定，正确使用和维护各种设备。

1）动力机、水泵运行操作规则可参照《喷灌工程技术管理规程》（SL 569—2013）的规定执行。

2）为保持好的过滤效果，过滤器的运行管理、清洗工作要经常进行。蓄水池中的过滤网在运行前或在一个轮灌区灌溉结束时需进行清洗，一般用手工清洗。对于目前常用的筛网式过滤器，其清洗步骤为：关阀停水，扳动手柄，放松螺杆，拆开压盖，取出滤芯，用刷子除去滤芯筛网上的污物，并用清水清洗。如果用的是自动反冲洗过滤器则不必人工清洗。其他类型的过滤器清洗，可参考使用说明书进行。

（3）施肥管理。在进行灌溉施肥时，应根据轮灌方式逐个向各轮灌区施肥，要控制好施肥量，正确掌握各区的施肥浓度。施肥结束后，应立即抽吸清水冲洗管网，以防产生化学沉淀，造成系统堵塞。

1）灌溉用肥的选择。目前，我国生产的化肥，氮肥主要有尿素、硝酸铵、硫酸铵等；磷肥有磷酸、磷化尿素等；钾肥有氯化钾、硝酸钾、硫酸钾等。上述化肥均可用于灌溉施肥。

2）施肥量的计算。

① 单位面积肥量（F_s）：

$$F_s=\frac{F_c}{F_z}\times 100 \tag{3-76}$$

式中 F_s——单位面积需用肥料质量，kg/亩；

F_c——需用肥料中某种成分的质量，kg/亩；

F_z——需用肥料中某种成分的含量，%。

如果所用肥料为液体，则需计算单位面积需用肥料的体积（F_t）：

$$F_t=\frac{F_G}{\rho} \tag{3-77}$$

式中 F_t——单位面积需用肥料体积，L/亩；

F_G——单位面积需用肥料质量，t/亩；

ρ——液肥的密度，kg/L。

② 每立方米水中的肥料量（F_m）：

$$F_m=\frac{F_n}{F_z}\times 100 \tag{3-78}$$

式中 F_m——每立方米水中肥料质量，g；

F_n——肥料量，ppm；

F_z——肥料中某种成分的含量，%。

③ 肥料溶液的浓度（F_g）：

$$F_g=\frac{F_n\times 100}{\rho F_z} \tag{3-79}$$

式中 F_g——灌溉水中肥料溶液浓度，mL/m^3；

其他符号意义同前。

（4）施肥方案。最好的施肥方案是先用清水灌溉（用水量30%），然后注入肥料水灌溉，最后用清水冲洗。这样，就将水、肥溶液沿土壤的纵剖面分配在设计的土层深度中。

第 4 章　低压管道输水灌溉技术

4.1　低压管道输水灌溉技术工程类型

低压管道输水灌溉工程是以管道代替明渠输水灌溉的一种工程形式，通过一定的压力、将灌溉水由分水设施输送到田间，再由管道分水口分水或外接软管输水进入田间沟、畦。由于管道系统工作压力一般不超过 0.2MPa，其最末一级管道出水口工作压力通常控制在 2～3kPa（20～30cm 水头），故称为低压管道输水灌溉工程。

4.1.1　低压管道输水灌溉技术工程的特点

低压管道输水工程与其他灌溉方式比较，具有下列优点：

1. 节水、节能

低压管道输水减少了输水过程中渗漏损失和蒸发损失，与明渠输水相比可节水 30%～50%。对于机井灌区，节水就意味着降低能耗。

2. 省地、省工

用土渠输水，田间灌溉用地一般占灌溉面积的 1%～2%，有的为 3%～5%。而采用管道输水后，管道埋入地下代替渠道，减少了渠道占地，可增加 1%～2%的耕地面积，提高了土地利用率。对于我国土地资源日益紧缺、人均耕地面积不足 1.5 亩的现状来说，具有明显的社会效益和经济效益。同时，管道输水速度快，避免了跑水、漏水现象，缩短了灌水周期，节省了巡渠和清淤维修用工。

3. 成本低、效益高

低压管道灌溉投资较低，一般每亩为 100～300 元，远小于喷灌和微灌的投资。同等水源条件下，由于能适时适量灌溉，满足作物生长期需水要求，因而起到增产增收作用。一般年份可增产 15%，干旱年份可增产 20%。

4. 适应性强、管理方便

低压管道输水属有压供水，可以越沟、爬坡和跨路，不受地形限制，配上田间地面移动软管，可解决零散地块浇水问题，可使原来渠道难以达到灌溉的耕地实现灌溉，扩大灌溉面积，而且施工安装方便，便于掌握和推广。

4.1.2　低压管道输水灌溉系统的组成

低压管道输水灌溉系统由水源与取水工程、输水配水管网系统、田间灌水系统、附属建筑物和装置等部分组成，如图 4-1 所示。

（1）水源与取水工程。管道输水灌溉系统的水源有水井、泉、沟、渠道、塘坝、河湖和水库等。水质应符合《农田灌溉水质标准》（GB 5084—2005）的规定。

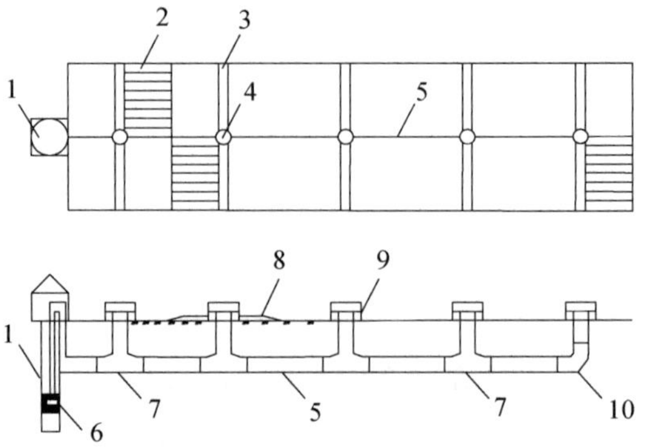

图 4-1　低压管道灌溉系统组成

1—水源（井）；2—畦；3—供水毛渠（移动管）；4—分水池；5—输水管；
6—泵；7—三通；8—移动管；9—出水口；10—弯头

井灌区的取水工程应根据用水量和扬程大小，选择适宜的水泵和配套动力机、压力表及水表，并建有管理房。自压灌区和大中型提水灌区的取水工程还应设置进水闸、分水闸、拦污栅、沉淀池、水质净化处理设施及量水建筑物等配套工程。

（2）输水配套管网系统。输水配套管网系统指的是管道输水灌溉系统的各级管道、分水设施、保护装置和其他附属设施。在面积较大的灌区，管网可由干管、分干、支管和分支管等多级管道组成。

（3）田间灌水系统。田间灌水系统指出水口以下的田间部分。作为整个低压管道输水系统，田间灌水系统是节水灌溉的重要组成部分。灌溉田块应进行平整，使田块坡度符合地面灌水要求，畦田长短应适宜。

渠灌区低压管道输水灌溉系统的田间灌水系统可以采用多种形式，常用的主要有以下 3 种形式。

1）采用田间灌水管网输水和配水，应用地面移动管道来代替田间毛渠和输水垄沟，并运用退管灌法在农田内进行灌水。这种方式输水损失最小，可避免田间灌水时灌溉水的浪费，而且管理运用方便，也不占地，不影响耕作和田间管理。井灌区多采用这种形式。

2）采用明渠田间输水垄沟输水和配水，并在田间应用常规畦、沟灌等地面灌水方法进行灌水。这种方式仍会产生部分田间输配水损失，不可避免地还要产生田间灌水的无益损耗和浪费，劳动强度大，田间灌水工作也困难，而且输水沟还要占用农田耕地，因此最为不利。

3）仅田间输水垄沟采用地面移动管道输、配水，而农田内部灌水时仍采用常规畦、沟灌等地面灌水方法。其特点介于前两种形式之间，但因无需购置大量的田间灌地用软管，因此投资可大为减少。田间移动管可用闸孔管道、虹吸管或一般引水管等，向畦、沟放水或配水。

（4）附属建筑物和装置。由于低压管道输水灌溉系统一般都有 2～3 级地埋固定管道，因此必须设置各种类型的建筑物或装置。依建筑物或装置在系统中所发挥的作用不同，可把它们划分为以下 9 种类型。

1）取水建筑物：包括进水闸或闸阀、拦污栅、沉淀池或其他净化处理设施等。

2）分水配水建筑物：包括干管向支管、支管向下级管道分水配水用的闸门或闸阀。

3）控制建筑物：如各级管道上为控制水位或流量所设置的闸门或阀门。

4）量测建筑物：包括量测管道流量和水量的装置或水表，量测水压的压力表等。

5）保护装置：为防止管道发生水击或水压过高或产生负压等致使管道变形、弯曲、破裂、吸扁等现象，以及为管道开始进水时向外排气，泄水时向内补气等，通常均需在管道首部或管道适当位置处设置通气孔和排气阀、减压装置或安全阀等。

6）泄退水建筑物：为防止管道在冬季冻裂，在冬季结冻前将管道内余水退净泄空所设置的闸门或阀门。

7）交叉建筑物：管道若与路、渠、沟等建筑物相交叉，则需设置虹吸管、倒虹吸管或有压涵管等。

8）田间出水口和给水栓：由地埋输配水暗管向田间畦、沟配水时需要装置竖管和给水栓，灌溉水流出地面处应设置出水口。

9）管道附件及连通建筑物：主要有三通、四通、变径接头、同径接头等以及为连通管道所需设置的井式建筑物。

4.1.3　低压管道输水灌溉工程的分类

低压管道输水系统按其压力获取方式、管网形式、管网可移动程度不同可分为以下几种类型。

（1）按压力获取方式分类。按压力获取方式不同可分为机压（水泵提水）输水系统和自压输水系统。

1）机压（水泵提水）输水系统。它又分水泵直送式和蓄水池式。当水源水位不能满足自压输水要求时采用。一种形式是水泵直接将水送到管道系统，然后通过分水口进入田间，称为水泵直送式；另一种形式是水泵通过管道将水送到某一高位蓄水池，然后由蓄水池自压向田间供水。目前平原井灌区大部分采用水泵直送式。

2）自压输水系统。当水源水位较高时，可利用地形自然落差所提供的水头作为管道输水所需的工作压力。一般地形坡度只要有 1/250～6/1000 的地面坡度，即可满足自压式低压管道输水灌溉系统的正常运行所需要的工作压力。在丘陵地区的自流灌区多采用这种形式。

（2）按管网形式分类。按管网形式不同可分为环状管网、树状管网和混合状三种类型。

1）环状管网。干、支管均呈环状布置。其特点主要是供水安全可靠，管网内水压力较均匀，各条管道间水量调配灵活，有利于随机供水，但管线总长度较长，投资一般均高于树状管网布置。目前，环状管网在低压管道输水灌溉系统中应用很少，仅在个别单井灌区试点示范使用。

① 水源位于田块一侧、控制面积较大（10～20hm^2）的环状管网布置形式，如图 4-2（a）所示。

② 水源位于田块中心，控制面积 7～10hm^2、田块长宽比（l/b）不大于 2 的环状管网布置，如图 4-2（b）所示。

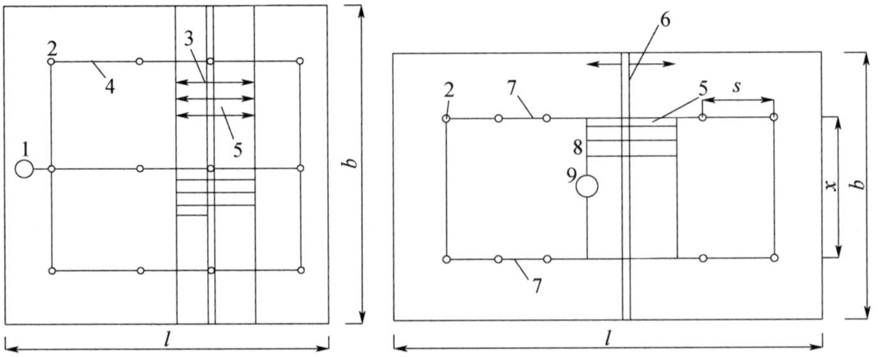

(a) 水源位于田块一侧　　(b) 水源位于田块中心

图 4-2　环状管网布置

1—井；2—出水口；3—灌水方向；4—环状管道；5—畦；6—双向控制毛渠；7—支管；8—干管；9—水源

2）树状管网。管状呈树枝状，水流通过“树干”流向“树枝”，即从干流流向支管和分支管，只有分流无汇流，其特点是管线总长度较短，构造简单，投资较低，但是管网内的压力不均匀，各条管道间的水量不能互相调剂。

① 当控制面积较大、地块近似正方形、作物种植方向与灌水方向相同或不相同时，可以布置成梳齿形（图 4-3）或鱼骨形（图 4-4）。

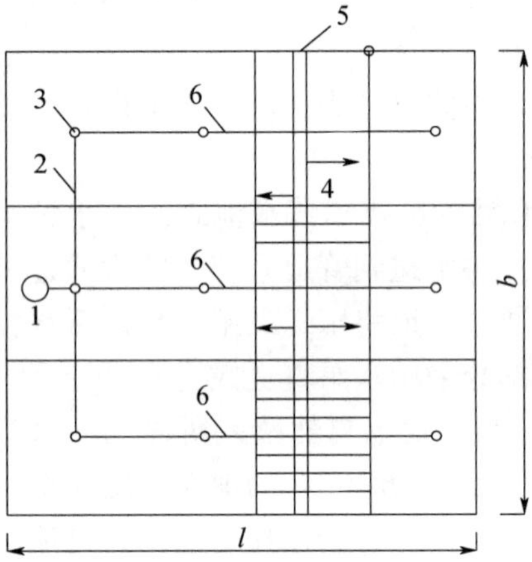

图 4-3　梳齿形布置

1—水源；2—干管；3—出水口；4—灌水方向；5—双向控制毛渠；6—支管

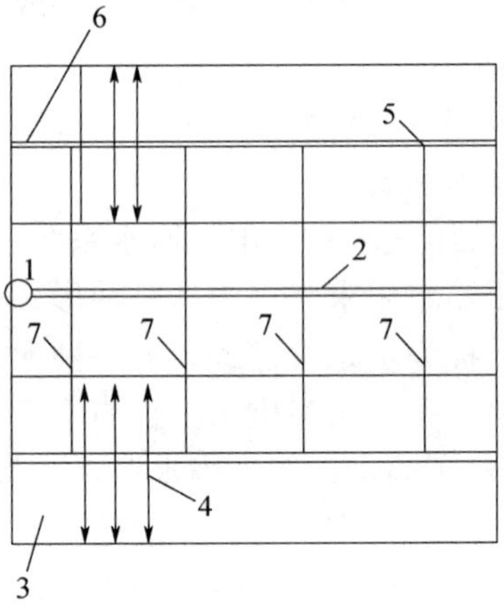

图 4-4　鱼骨形布置

1—水源；2—干管；3—畦；4—灌水方向；5—出水口；6—双向控制毛渠；7—支管

② 水源位于田块一侧，树枝状管网呈“一”字形（图 4-5）、T 形（图 4-6）、L 形（图 4-7）布置。这三种布置形式主要适用于控制面积较小的井灌区，一般井的出水量为 20～40m^3/h，控制面积为 3～7hm^2，田块的长宽比（l/b）不大于 3 的情况，多用地面移动软管输水和浇地，管径大致为 100mm 左右，长度不超过 400m。

3）混合状。当地形复杂时，常将环状与树枝状管网混合使用，形成混合状。

对于井灌区，这两种布置形式主要适用于井出水量 60～100m^2/h，控制面积 10～20hm^2，田块的长宽比（l/b）约为 1 的情况。常采用 1 级地埋暗管输水和 1 级地面移动软管输水、灌水。地埋暗管多采用硬塑料管、内光外波纹塑料管和当地材料管，管径为

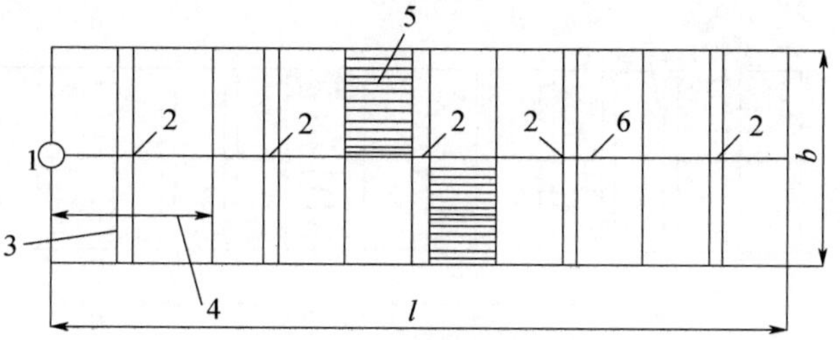

图 4-5　“一”字形布置

1—水源；2—出水口；3—毛渠（双向控制）；4—灌水方向；5—畦；6—出水口

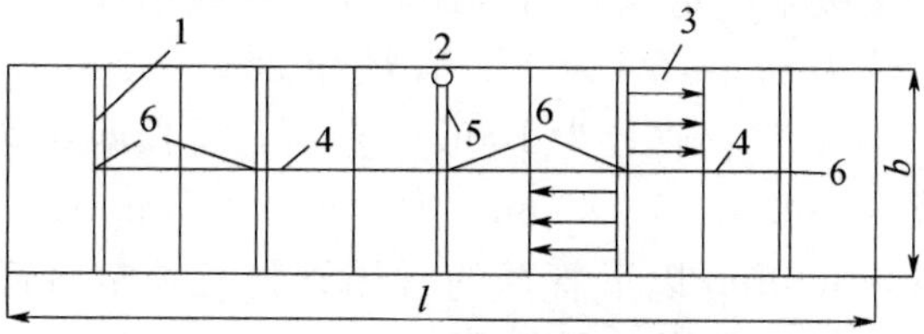

图 4-6　T 形布置

1— 毛渠（双向控制）；2—水源；3—畦；4—支管；5—干管；6—出水口

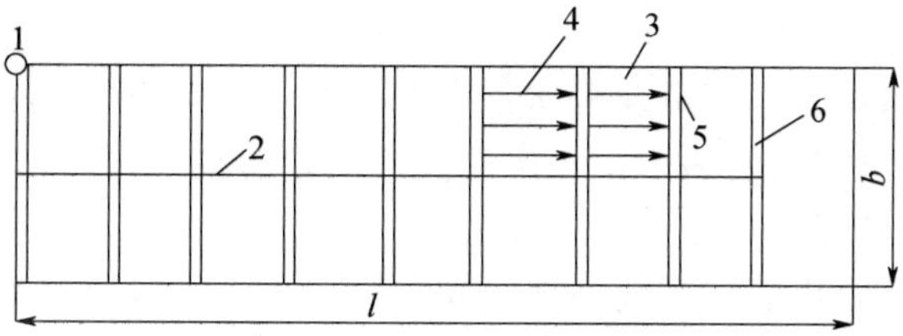

图 4-7　L 形布置

1—水源；2—干管；3—畦；4—灌水方向；5—单向控制毛渠；6—出水口

100～200mm，管长不超过 1.0km。地面移动软管主要使用薄膜塑料软管和涂塑布管，管径 50～100mm，长度不超过灌水畦、沟长度。

水源位于田块中部的井灌区，常采用 H 形和长“一”字形树枝状管网布置形式（图 4-8 和图 4-9）。主要适用于井出水量 40～60m^2/h，控制面积 7～10hm^2；田块的长宽比（l/b）不大于 2 时，采用 H 形；当长宽比大于 2 时，常采用长“一”字形。

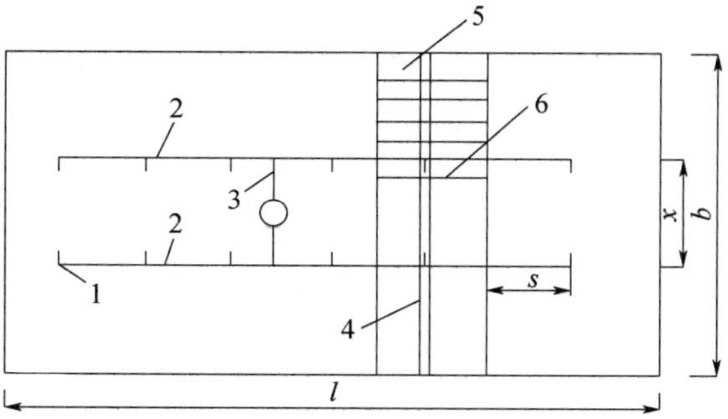

图 4-8　H 形布置

1—出水口；2—支管；3—干管；4—双向控制毛渠；5—畦；6—灌水方向

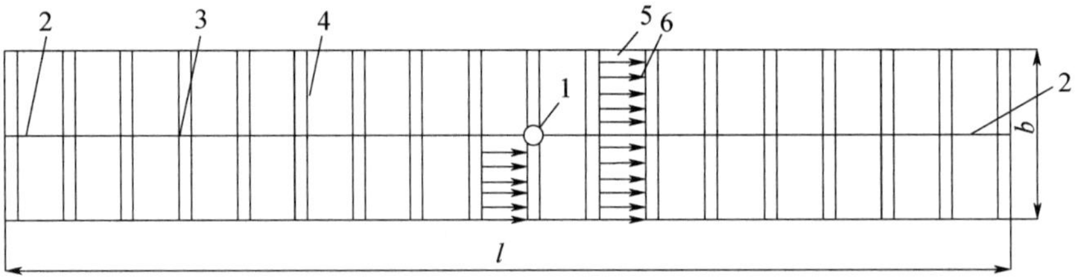

图 4-9　长"一"字形布置

1—水源；2—支管；3—出水口；4—单向控制毛渠；5—畦；6—灌水方向

对于渠灌区，常为多级半固定式或固定式低压管道输水灌溉系统，其控制面积可达 $70hm^2$，干管流量一般约为 $0.4m^3/s$ 以下，管径在 300～600mm，长度可达 2.0km 以上；支管流量一般为 $0.15m^3/s$，管径为 100mm 左右，管长即支管间距 200～400m，农管间距即灌水沟畦长度，一般为 70～200m。大管径（300mm 以上）地埋暗管管材常用现浇或预制素混凝土管，300mm 以下管径的常用管材有硬塑料管、石棉水泥管、素混凝土管、内光外波纹塑料管以及当地材料管等。一般要求农管（或支管）采用同一管径，干管或支管可分段变径，以节省投资；但变径不宜超过 3 种，以方便管理。

（3）按管网可移动程度分类。低压管道灌溉系统按照管网可移动程度分为移动式、半固定式、固定式。

1）移动式。除水源外，管道及分水设备都可以移动，机泵有的固定，有的也可以移动，管道多采用软管，简便易行，一次性投资低，多在井灌区临时抗旱时应用。但是劳动强度大，管道易破损。

2）半固定式。其管道灌溉系统一部分固定，另一部分可以移动。一般是水源固定，干管或支管为固定地埋管，由分水口连接移动软管输水进入田间，这种形式工程投资介于移动式和固定式之间，比移动式劳动强度低，但比固定式管理难度大，经济条件一般的地区，宜采用半固定式系统。

3）固定式。管道灌溉系统的水源和各级管道及分水设施均埋入地下，固定不动。给水栓和分水口直接分水进入田间沟、畦，没有软管连接。田间毛渠较短，固定管道密度大，标准高。这类系统一次性投资大，但运行管理方便，灌水均匀。有条件的地方应逐渐推广这种形式。

4.1.4　地面移动管网的布设和使用

地面移动管网一般只有 1 级或 2 级，其管材通常有移动软管、移动硬管和软管硬管联合运用 3 种。常见的布设形式及相应的使用方法有以下几种：

1. 长畦短灌

长畦短灌又称为长畦分段灌，是将一条长畦分为若干短段，从而形成没有横向畦埂的短畦，用软管或纵向输水沟自上而下或自下而上分段进行畦灌的灌水方法，如图 4-10 所示。其畦长可达 200m 以上，畦宽可达 5～10m。

2. 长畦短灌双向灌溉

长畦短灌双向灌溉（图 4-11）是在长畦短灌的基础上由一个出水口放水双向灌地的方法。其单口控制面积 $0.09～0.18hm^2$，移动管长 20m 左右。

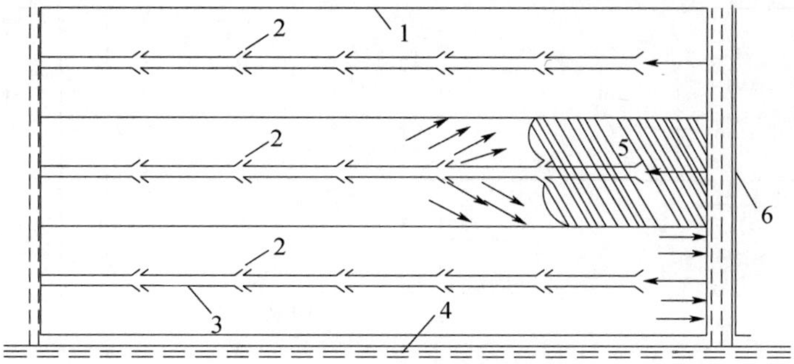

图 4-10　长畦分段灌布置图

1—畦埂；2—放水口；3—输水软管或输水沟；4—道路；5—已灌区域；6—农渠或毛渠

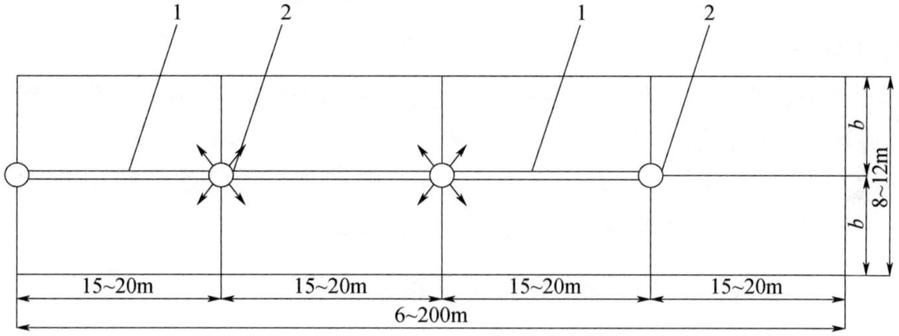

图 4-11　长畦短灌双向灌溉布置图

1—移动管；2—出水口

3. 长畦短灌单向灌溉

地面坡度较陡，灌水不宜采用双向控制时，可在长畦短灌基础上采用单向控制灌溉，如图 4-12 所示。

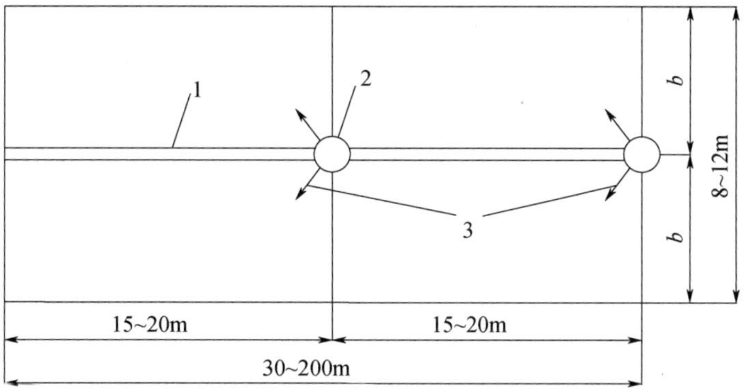

图 4-12　长畦短灌单向控制灌溉布置图

1—移动管；2—出水口；3—灌水方向

4. 方畦双向灌溉

地面坡度小，畦的长宽比约等于 1（或 0.6～1.0）时可采用方畦双向灌溉。移动管长不宜大于 10m，畦长也不宜大于 10m，如图 4-13 所示。

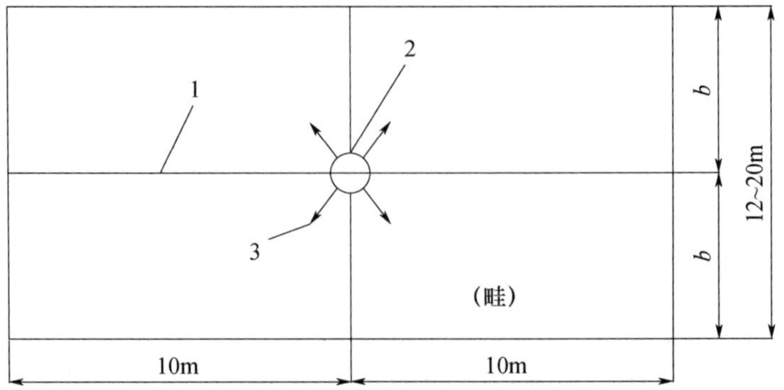

图 4-13　方畦双向灌溉布置图

1—移动管；2—出水口；3—灌水方向

5. 移动闸管

移动闸管是在移动管（软管或硬管）上开孔，孔上设有控制闸门，以调节放水孔的出流量。移动闸管可直接与井泵出水管口相连接，也可与地埋暗管上的给水栓相连接。闸管顺畦长方向放置。闸管长度不宜大于 20m。畦的规格及灌水方法均与移动管网相同。移动软管上的开孔间距视灌水畦、沟的布置而定。

4.1.5　低压管道输水灌溉系统建筑物的布设

在井灌区，若采用移动软管式低压管道输水灌溉系统，一般只有 1～2 级地面移动软管，无需布设建筑物，只要配备相应的管件即可；若采用半固定式低压管道输水灌溉系统，也只布设 1 级地埋暗管，再布设必要数量的给水栓和出水口即可满足输水和灌水要求。而在渠灌区，通常控制面积较大，需布设 2～3 级地埋暗管，故必须设置各种类型的附属建筑物。

1. 渠灌区低压管道输水灌溉系统的取水枢纽布设

渠灌区的低压管道输水灌溉系统需从支、斗渠或农渠上引水。其渠、管的连接方式和各种设施的布置均取决于地形条件和水流特性（如水头、流量、含沙量等）以及水质情况。通常管道与明渠的连接均需设置进水闸门，其后应布设沉淀池，闸门进口尚需安装拦污栅，并应在适当位置处设置量水设备。

2. 渠灌区低压管道输水灌溉系统的分、配水控制和泄水建筑物的布设

在各级地埋暗管首、尾和控制管道内水压、流量处均应布设闸板门或闸阀，以利分水、配水、泄水及控制调节管道内的水压或流量。

3. 量测建筑物的布设

低压管道输水灌溉系统中，通常都采用压力表量测管道内的水压。压力表的量程不宜大于 0.4MPa，精度一般可选用 1.0 级。压力表应安装在各级管道首部进水口后为宜。

在井灌区，低压管道输水灌溉系统流量不大，可选用旋翼式自来水表，但其口径不宜大于 $\phi 50$，否则造价过高，会影响投资。

在渠灌区，各级管道流量较大，如仍采用自来水表，既造价高，又会因渠水含沙量大，且含有其他杂质，而使水表失效。采用闸板式圆缺孔板量水装置或配合分流式量水计则量水精度更精确，其测流误差不小于 3%，价格低，加工安装简易，使用维护均很

方便。如用于量水，应装在各级管道首部进水闸门下游，以节流板位置为准，要求上游直管段需要有 10～15 倍管道内径的长度，下游应有 5～10 倍管道内径的长度。

4. 给水装置的布设

给水装置是低压管道输水灌溉系统由地埋暗管向田间灌水、供水的主要装置，可分为两类：直接向土渠供水的装置，称出水口；接下一级软管或闸管的装置，称给水栓。一般每个出水口或给水栓控制的面积为 0.7hm^2 左右，压力不小于 3kPa，间距为 30～60m。

出水口和给水栓的结构类型很多，选用时应因地制宜，依据其技术性能、造价和在田间工作的适应性，并结合当地的经济条件和加工能力等，综合考虑确定，一般要求：结构简单，坚固耐用；密封性能好，关闭时不渗水，不漏水；水力性能好，局部水头损失小；整体性能好，开关方便，容易装卸；功能多，除供水外，尽可能具有进排气、消除水锤、真空等功能，以保证管路安全运行，造价低。

根据止水原理，出水口和给水栓可分为外力止水式、内水压式和栓塞止水式等三大类型。

5. 管道安全装置的布设

为防止管道进气、排气不及时或操作运用不当，以及井灌区泵不按规程操作或突然停电等原因而发生事故，甚至使管道破裂，必须在管道上设置安全保护装置。目前在低压管道输水灌溉系统中使用的安全保护装置主要有球阀型进排气装置、平板型进排气装置、单流门进排气阀和安全阀 4 种。它们一般应装设在管道首部或管线较高处。

4.2　低压管道输水系统的主要设备

4.2.1　低压管道系统用管材

管材与管道的附件用量大，占总投资的 2/3 以上，其对工程质量和造价以及效益的发挥影响很大，规划设计时要慎重选用。

管材按管道材质可分为塑料管材、金属管材、水泥类管材和其他材料管四类。

塑料管材。塑料管材有硬管和软管两类。硬管如聚氯乙烯管、聚乙烯管、聚丙烯管和双壁波纹管等，一般常作为固定管使用。

金属管材。如各种钢管、铸铁管等，均为硬管材，钢管、铸铁管用作固定管道。

水泥类管材。如钢筋混凝土管、素混凝土管以及石棉水泥管，用作地埋暗管。

薄膜管与给水栓连接，向田间毛渠、畦、沟供水塑料软管，如改性聚乙烯薄塑料管、涂塑软管等。

1. 管材应达到的技术要求

（1） 能承受设计要求的工作压力。管材允许工作压力应为管道最大工作压力的 1.4 倍，且大于管道可能产生的水锤时的最大压力。

（2） 管厚薄厚均匀，壁厚误差应不大于 5%。

（3） 地埋管材在农机具和外荷载的作用下，管材的径向变形率不得大于 5%。

(4) 便于运输和施工，能承受一定的沉降应力。

(5) 管材内壁光滑，糙率小，耐老化，使用寿命满足设计年限要求。

(6) 管材与管材、管材与管件连接方便，连接处同样满足相应的工作压力，满足抗弯折、抗渗漏、强度、刚度及安全等方面的要求。

(7) 移动管道要轻便，易快速拆卸，耐碰撞、耐摩擦，具有较好的抗穿透及抗老化能力等。

(8) 当输送的水流有特殊要求时，还应考虑对管材的特殊要求。

2. 管材选择的方法

在满足设计要求的前提下，综合考虑管材价格、施工费用、工程的使用年限、工程维修费用等经济因素进行管材选择。

通常在经济条件较好的地区，固定管道可选择价格相对较高，但施工、安装方便及运行可靠、管理简单的硬 PVC 管，移动管可选择塑料软管。在经济条件较差的地区，可选择价格低廉的管材，固定管道可选择素混凝土管、水泥砂管管材，移动软管可选择塑料软管。在将来可能发展喷灌的地区，应选择承压能力较高的管材，以便今后发展喷灌时使用。

4.2.2 管件与附属设备

管件将管道连接成完整的管路系统。管件包括弯头、接头、堵头、三通、四通、变径管、闸阀及给水立管等。附属设备是指能使管道系统安全正常运行并进行科学管理的装置，包括给水装置、安全保护装置、取水控制装置、退水装置、给水栓保护罩、量测装置等。

1. 管件

连接附件即管件，主要有同径和异径三通、四通、弯头和堵头、异径渐变管和快速接头等。快速接头主要用于地面移动管道，以迅速连接管道，节省操作时间和减轻劳动强度。常用管件材料有塑料管件、混凝土管件和钢管管件。

2. 控制附件

控制附件是用来控制管道系统中的流量和水压的各种装置或构件，在管道系统中，最常用的控制附件有给水装置、阀门、进（排）气阀、逆止阀、安全阀、调压装置、带阀门的配水井和放水井等。

(1) 给水装置。给水装置即给水栓，是向地面管道和田间毛渠、畦、沟供水的控制装置。给水栓各地有定型产品，可根据需要选用，也有自行制造的。给水栓要坚固耐用、密封性能好、不漏水、软管安装拆卸方便；在高寒地区给水栓和出水立管应有防冻保护措施；不连接地面移动管的给水栓出口应设置防冲池，防冲池宜就地取材，优先采用预支混凝土构件；地面移动管出口宜有防冲措施。给水装置有多种分类方法，按阀体结构分为移动式、半固定式、固定式三类。

(2) 安全保护装置。在低压管道输水灌溉系统的安全保护装置主要有进（排）气阀、安全阀、调压阀、逆止阀、泄气阀等，主要作用是破坏管道真空，排除管内空气，减少输水阻力，超压保护，调节压力，防止管内的水回流入水源而引起水泵高速反转。

1) 进（排）气阀。进（排）气阀按照阀瓣分为球阀式、平板式进（排）气阀两大类（图 4-14）。

其工作原理是管道充水时，管内气体从进（排）气阀排出，球（平板）阀靠水的浮力上升，在内水压力作用下封闭进（排）气口，使进（排）气阀密封而不渗漏，排气过程完毕。管道停止供水时，球（平板）阀因虹吸作用和自重而下落，离开球（平板）口，空气进入管道，破坏了管道真空或使管道的水回流中断，避免了管道真空破坏或因管内水的回流引起机泵高速反转。

进（排）气阀的通气孔直径可按下式计算选择，一般安装在顺坡布置的管道系统首部、逆坡布置管道系统尾部，管道系统凸起处、管道朝水流方向下折超过 10°的变坡处。

$$d_0 = 1.05 D_0 \left(\frac{V}{V_a}\right)^{1/2}$$

式中　d_0——进（排）气阀通气孔直径，mm；

V_a——排出空气流速，m/s，可取 $V_a = 45$m/s。

2）安全阀。安全阀是一种压力释放装置，安装在管路较低处，起超压保护作用。低压管道灌溉系统中常用的安全阀按其结构形式可分为弹簧式（图 4-15）和杠杆重锤式。

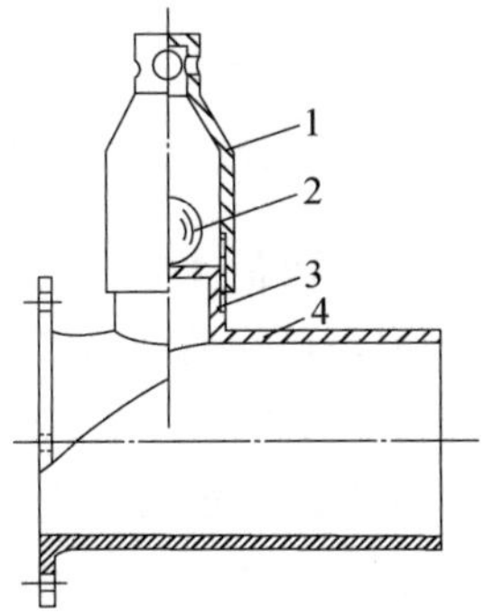

图 4-14　JP3Q-H/G 型球阀式进（排）气阀

1—阀室；2—球阀；3—球箅管；4—法兰管

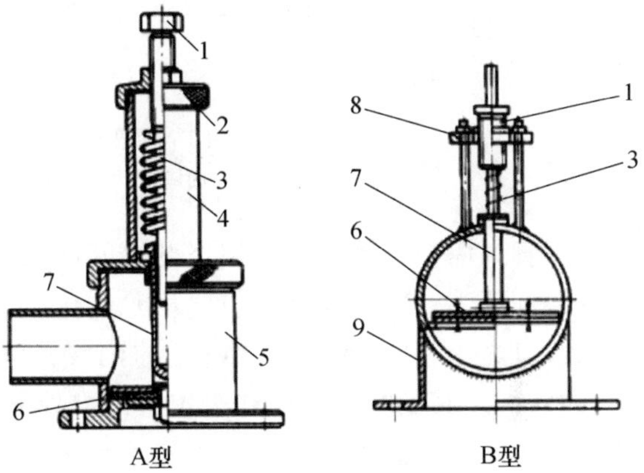

图 4-15　A3T-G 型弹簧式安全阀

1—调压螺栓；2—压盖；3—弹簧；4—弹簧壳室；5—阀壳室；6—阀瓣；7—导向套；8—弹簧支架；9—法兰管

安全阀的工作原理是将弹簧力和重锤的重量加载于阀瓣上来控制，调节开启压力（即整定压力）。在管道系统压力小于整定压力时，安全阀密封可靠，无渗漏现象；当管道系统压力升高并超过整定压力时，阀门则立即自动开启排水，使压力下降；当管道系统压力降低到整定压力以下时，阀门立即关闭并密封如初。安全阀的特点是结构比较简单，制造、维修方便，但造价较高；启闭迅速及时，关闭后无渗漏，工作平稳，灵敏度高；使用寿命长。弹簧式安全阀可通过更换弹簧来改变其工作压力级别，同一压力级别范围内可通过调压螺栓来调节开启压力。其荷载随阀门开启高度的增大而增大。

杠杆重锤式安全阀可通过更换重锤来改变其工作压力级别，但在同一压力级范围内的开启压力是不变的。其荷载不随阀门开启高度变化。

安全阀在选用时，应根据所保护管路设计工作确定安全阀的公称压力。由计算出的定压值决定其调压范围，根据管道最大流量计算出安全阀的排水口直径，并在安装前校订好阀门的开启压力。弹簧式、杠杆重锤式安全阀均适用于低压管道输水灌溉系统。

安全阀一般铅锤安装在管道系统的首部，操作者容易观察到，并便于检查、维修，也可安装在管道系统中任何需要保护的位置。

3）调压管。调压管又称调压塔、水泵塔、调压进（排）气井，其结构形式如图4-16所示。其作用是当管内压力超过管道的强度时，调压管自动放水，从而保护管道安全，可代替进（排）气阀、安全阀和止回阀。调压管（塔）有两个的进、出口和1个溢流口，进口和水泵上水管出口相接，出口与地下管道系统的进水口相连，溢流口与大气相通。

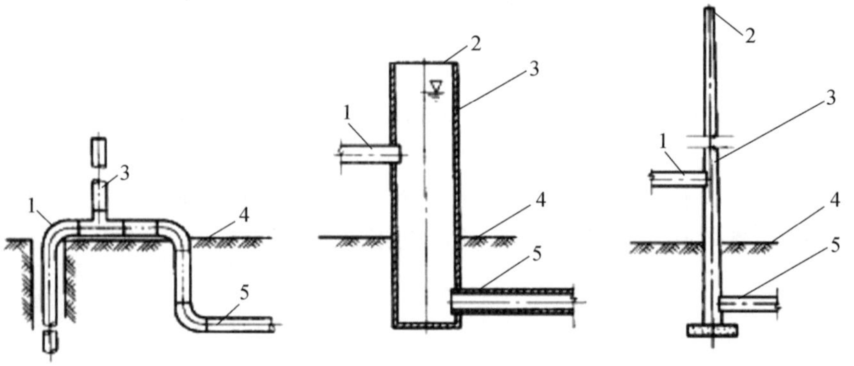

图4-16　调压管（塔）的结构示意图

1—水泵上水管；2—溢流口；3—调压管［调压进（排）气井、水泵塔］；4—地面；5—地下管道

调压管（塔）设计应注意以下几个问题：①调压管（塔）的溢流水位应不大于系统管道的公称压力；②为使调压管（塔）起到进气、止回水作用，调压管（塔）进水口应设在出水口之上；③调压管（塔）的内径应不小于地下管道的内径。为减小调压管（塔）的体积，其横断面可以在进水口以上处开始缩小，但系统最大设计流量从溢流口排放时，在缩小断面处的平均流速应不大于3.05m/s；④调压管（塔）必须建在牢固的基础之上，防止基础处理不好造成不均匀沉陷，影响安全。水泵出水管尽可能用柔性管，用刚性管时应设特殊防振接头与调压管连接，防止水泵运行时产生的振动通过上水管传播到调压管上；⑤在水源含沙量较大时，调压管（塔）底部应设沉淀池；⑥调压管（塔）的进水口前应装设拦污栅，防止污物进入管道。

3．配水控制装置

低压管道输水系统的配水控制装置可采用闸门、闸阀等定型工业产品，也可根据实际情况采用分水、配水建筑物。配水控制装置应满足设计的压力和流量要求，且密封性好，安全可靠，操作维修方便，水流阻力小。

4．测量计费装置

低压管道输水灌溉系统中的常用测量计费装置主要有压力、流量装置。压力测量装置是用来量测管道系统的水流压力，了解、检查管道工作压力状况的；流量测量装置主要是用来测量管道水流量的。

（1）压力测量装置。在低压管道输水灌溉系统中的常用压力测量装置主要是弹簧管压力表。选用压力表时应考虑以下因素：

1）压力测量的范围和所要求的精度；

2）在静负荷下，工作值应不超过刻度值的 2/3；在波动负荷下，工作值应不超过刻度值的 1/2；最低工作值应不低于刻度值的 1/3。

3）设计时可查有关手册选择适宜的型号、规格。安装和维护严格按照说明书的要求进行。

（2）流量测量装置。在低压管道输水灌溉系统中的常用流量装置主要是水表。选用水表应遵循以下原则：

1）应根据管道的流量，参考厂家提供的水表流量-水头损失曲线进行选择，尽可能使水表经常使用流量接近额定流量。

2）用于管道灌溉系统的水表一般安装在野外田间，因此选用湿式水表较好。

3）水平安装时，可选用旋翼式或水平螺翼式水表；非水平安装时，宜选用水平螺翼式水表，并根据厂家要求进行安装。

4）量水计量精度应不低于 5%。

5. 交叉建筑物

交叉建筑物应具有稳定性和密封性；管道与建筑物交叉时，应在充分考虑地形、地质条件以及安全、可靠和经济情况的基础上确定交叉的位置、形式和施工方法。

6. 镇墩

管道遇到下列情况之一时应设置镇墩：

1）管内压力水头大于等于 6m，且管轴线转角大于等于 15°；

2）管内压力水头大于等于 3m，且管轴线转角大于等于 30°；

3）管轴线转角大于等于 45°；

4）管道末端。

镇墩应设置在坚实的地基上，用混凝土构筑，管道与沟壁之间的空隙应用混凝土填空到管道外径的高度，镇墩的最小厚度应大于 15cm，并应有规定的支撑面积。

4.3　低压管道输水灌溉系统规划与布置

低压管道输水灌溉系统规划与布置的基本任务是，在勘测和收集基本资料以及掌握低压管道输水灌溉区基本情况和特点的基础上，论证发展低压管道输水灌溉技术的必要性和可行性，确定规划原则和主要内容。通过技术论证和水力计算，确定低压管道输水灌溉系统工程规模和低压管道输水灌溉系统控制范围；选定最佳低压管道输水灌溉系统规划布置方案；进行投资预算与效益分析，以彻底改变当地农业生产条件，建设高产稳产、优质高效农田及适应农业现代化的要求为目的。因此，低压管道输水灌溉系统规划与其他灌溉系统规划一样，是农田灌溉工程的重要工作，必须予以重视，认真做好。

4.3.1　输配水管网规划布置的基本要求

（1）输配水管网的规划布置应使网总长度最短，管道顺直，水头损失小，总造价小，而且管理运用方便。

（2）输配水地埋固定管道应尽可能布设在坚实的地基上，尽量避开填方区以及可能发生滑坡的地带和受山洪威胁的地带，若管道因地形条件限制，必须铺设在松软地基或有可能发生不均匀沉陷的地段，则应对管道地基进行处理。

（3）根据水源和用户情况，输配水管网在平原地区可采用环状封闭式管网或树枝状管网，应尽量采取两侧分水的布置形式；在山区丘陵地区宜采用树枝状管网，其主要管道应尽量沿山脊布置，以尽量减少管道起伏。地形复杂需要管道沿纵坡布置时，管道最大纵坡不宜超过1∶1.5，而且应小于土壤的内摩擦角，并应在变坡处设置镇墩。对于直径大于100mm且铺设在地面上的固定管道，应在其拐弯处和直管段超过30m处设置镇墩。固定管道转弯角度应大于90°，埋设深度应在冻土层以下，且不小于70cm。

（4）输配水管网的进口设计流量和设计压力，应根据全灌溉管道系统所需要的设计流量和大多数配水管进口所需要的设计压力确定。若局部地区供水压力不足，而提高全系统工作压力又不经济时，应采取增压措施。若部分地区供水压力过高，则可结合地形条件和供水压力要求，设置压力分区，采取减压措施，或采用不同等级的管材和不同压力要求的灌水方法，布置成不同的灌溉系统。在进行各级管道水力计算时，应同时验算各级管道产生水锤的可能性以及水锤压力，以便采取水锤防护措施。特别是在管道纵向拐弯处，应检验是否会产生水锤和真空现象，并依此条件，在管道工作压力中预留2～3m水头的余压。

（5）输配水管网各级管道进口必须设置节制阀，并应装设压力和流量的调节装置。分水口较多的输配水管道，每隔3～5个分水口应设置1个节制阀。管道最低处应设置退水泄水阀，在水泵出口闸阀的下游、压力池放水阀的下游以及可能产生水锤负压或水柱分离的管道处，应安装进气阀，在管道的驼峰处或管道最高处应安装排气阀，在水泵逆止阀的下游或闸阀的上游处安装水锤防护装置。

（6）应尽可能发挥输配水管网综合利用功能，把农田灌溉与农村供水以及水产、环境美化等相结合，充分发挥输配水管网的效益。

4.3.2 输配水管网规划布置的基本原则

规划布设低压管道输水灌溉系统一般应遵循以下基本原则：

（1）低压管道输水灌溉系统的布设应与水源、道路、林带、供电线路和排水等紧密结合，统筹安排，并尽量充分利用当地已有的水利设施及其他工程设施。

（2）低压管道输水灌溉系统布设时应综合考虑低压管道输水灌溉系统各组成部分的设置及其衔接。

（3）在山丘区，大中型自流灌区和抽水灌区内部以及一切有可能利用地形坡度提供自然水头的地方，只要在最末级管道最不利出水口处有0.3～0.5m的压力水头，就应首先考虑布设自压式低压管道输水灌溉系统。对于地埋暗管，沿管线具有1/200左右的地形坡度，就可满足自压式低压管道输水灌溉系统输水压力能坡线的要求。

（4）小水源如单井、群井、小型抽水灌区等应选用布设全移动式低压管道输水灌溉系统。群井联用的井灌区和大的抽水灌区及自流灌区宜布设固定式低压管道输水灌溉系统。

（5）输水管网的布设应力求管线总长度最短，控制面积最大；管线平顺，无过多的转折和起伏；尽量避免逆坡布置。

（6）田间末级暗管和地面移动软管的布设方向应与作物种植方向或耕作方向及地形坡度相适应，一般应取平行方向布置。

（7）田间给水栓或出水口的间距应依据现行农村生产管理体制，以方便用户管理和实行轮灌。

（8）低压管道输水灌溉系统布置应有利于管理运用，方便检查和维修，保证输水、配水和灌水的安全可靠。

4.3.3 主要技术参数

（1）灌溉设计保证率，应根据当地自然条件和经济条件确定，宜不低于 75%。

（2）管道系统水利用系数值应不低于 0.95。

（3）低压管道输水灌溉灌区，应做到田间工程配套齐全、灌水方法合理、灌水定额适当，其田间水利用系数设计值，旱作灌区应不低于 0.90，水稻区应不低于 0.95。

（4）灌溉水利用系数应根据《灌溉与排水工程设计标准》（GB 50288—2018）规定的方法计算。

4.3.4 水量供需平衡分析

1. 可供水量

可供水量应根据水源的类型进行确定。井灌区水源为地下水时，应收集年内最高与最低埋深及出现时间，含水层的厚度以及埋藏深度、地下水位变幅、给水度、渗透系数、影响半径、水力梯度和单位降深涌水量等有关资料；河灌区水源一般来自河、沟、渠，应收集取水水源的正常、最高、最低水位，不同频率年的来水量及年内分配过程，水位流量关系曲线及年内含沙量的分配等资料；当水源为水库塘坝时，应收集流域降雨径流情况、历年蓄水情况、水位库容曲线、水库调节性能及可供灌溉用水量。

2. 需水量

需水量中应包括灌溉、牧副渔业、工业及生活等用水量，并应考虑发展计划。

3. 水量供需平衡分析

当可供水量大于需水量时，说明水量充沛，管灌系统所规划的灌溉面积尚有灌溉保证，不会引起地下水超采。否则，应调整种植比例，减少灌溉面积或开辟新水源，但绝不能超量开采地下水。

4.3.5 取水工程规划布置

取水工程是低压管道系统的重要组成部分，对于新建井灌区，当 $W_{供} \geq W_{需}$ 时，应进行整体规划，合理确定井位。

1. 单井控制灌溉面积

$$A_0 = \frac{QT\eta t(1-\eta_1)}{m} \tag{4-1}$$

式中 A_0——单井控制灌溉面积，亩；

Q——单井出水量，m^3/h，由水文地质条件确定；

η——灌溉水利用系数；

T——规划区轮灌一次所需时间，d；

t——灌溉期每天开机时间，h；

η_1——干扰抽水的水量削减系数；

m——综合净灌水定额，m^3/亩。

2. 井距

在大型灌区，井的布局通常采用正方形或梅花形两种排列形式。

方形布置：

$$L_0 = 25.8\sqrt{A_0} \tag{4-2}$$

梅花形布置：

$$L_0 = 27.8\sqrt{A_0} \tag{4-3}$$

式中　A_0——单井控制灌溉面积，亩；

L_0——井距，m。

3. 井数

$$N = \frac{A}{A_0} \tag{4-4}$$

式中　N——规划区内机井眼数；

A——规划区灌溉面积，亩；

A_0——单井控制灌溉面积，亩。

4. 井群布置原则

（1）便于输水和控制最大的灌溉面积。地形平坦，井应布置在灌区中央；地形起伏较大，井应布置于高处。

（2）沿河地带，井应平行于河流布置。

（3）应与输变电、交通及排灌渠道统筹结合。

对旧井灌区，在长期运行过程中，井的质量及出水量都发生了变化，形成了不合理的机井布局。因此，在管网规划时应对规划区内现有机井状况进行普查，调整不合理井位，以便进行合理的管网规划布置。

4.4　管网系统设计与水力计算

4.4.1　灌溉系统设计流量

设计流量是指灌溉期间管道通过的最大流量。当灌溉规模确定后，根据水源条件、作物灌溉制度、灌溉面积、作物种植结构等因素确定。设计流量是管道灌溉系统水力计算的主要依据。

1. 灌水定额

灌水定额是指单位面积一次灌水的灌水量（m^3/亩）或水层深度（mm）。设计中，采用作物生育期内各次灌水量中最大一次作为设计灌水定额，对于种植不同作物的灌区，通常采用设计时段内主要作物的最大灌水定额作为设计灌水定额。灌水定额应根据当地灌溉试验资料确定，无资料地区可参考邻近地区试验资料确定，也可按式（4-5）

计算。

$$m=1000\gamma_s h(\beta_1-\beta_2) \tag{4-5}$$

式中　m——灌水定额，mm；

γ_s——计划湿润层土壤干容重，g/cm^3；

h——土壤计划湿润层深度，m，一般大田作物取 0.4～0.6m，蔬菜取 0.2～0.4m，果树取 0.8～1.0m；

β_1——土壤适宜含水量（以占土重的百分比计）上限，可取田间持水量的 85%～95%；

β_2——土壤适宜含水量（以占土重的百分比计）下限，可取田间持水量的 60%～65%。

2. 设计灌水周期

灌水周期就是作物一次灌水延续的天数。应根据灌水临界期内作物最大日需水量计算出理论灌水周期，因实际灌水中可能出现停水，故取设计灌水周期小于理论灌水周期。

当控制区内种植单一作物时：

$$T=\frac{m}{E_d} \tag{4-6}$$

当控制区内种植多种作物时：

$$T=\frac{mA}{\sum_{i=1}^{n}(E_{di}A_i)} \tag{4-7}$$

$$T_d\leqslant T \tag{4-8}$$

式中　T——理论灌水周期，d；

T_d——设计灌水周期，d；

E_d——控制区内作物最大日需水量，mm/d；

m——设计灌水定额，mm；

E_{di}——设计时段内不同作物的最大日需水量，mm/d；

A_i——设计时段内不同作物的灌溉面积，亩；

A——系统设计灌溉总面积，亩；

n——作物种类数。

3. 设计流量

当已知控制灌溉面积、设计灌水定额后，灌溉系统设计流量可按式（4-9）计算

$$Q_0=\frac{\alpha mA}{\eta T_d t} \tag{4-9}$$

式中　Q_0——灌溉系统设计流量，m^3/h；

α——控制性作物种植比例；

A——系统设计灌溉面积，亩；

m——设计灌水定额，m^3/亩；

η——灌溉水利用系数，取 $\eta=0.8\sim0.9$；

T_d——设计灌水周期，d；

t——日工作小时数，h。

当 Q_0 大于水泵流量时，应取 Q_0 等于水泵流量，并相应减小灌溉面积或调整种植比例。

4. 管道设计流量

（1）树状网。管网中上一级管道流量等于下一级各管道流量之和，支管各管段设计流量按其控制的出水口个数及各出水口设计流量推算，干管各管段设计流量按其控制的支管条数及各支管入口流量推算。

当各出水口流量相同时，树状网各级管道设计流量可按式（4-10）计算

$$Q=n\frac{Q_0}{N} \tag{4-10}$$

式中 Q——管道设计流量，m^3/h；

Q_0——灌溉系统设计流量，m^3/h；

N——全系统同时开启的给水栓（或出水口）个数；

n——管道控制范围内同时开启的给水栓（出水口）个数。

（2）环状网。环状网各管段流量在管径未确定时不是唯一的，一般首先按满足节点水流连续条件初步分配管段流量，然后选定管径，再按各环满足能量方程进行平差计算，得到最终的管段设计流量。因此，环状网管段流量计算比树状网要复杂得多。

对于单井控制的单环管网，每条管段可分配大致相同的流量，管道设计流量可按式（4-11）计算。

$$Q=\frac{Q_0}{2} \tag{4-11}$$

式中 Q——管道设计流量，m^3/h；

Q_0——灌溉系统设计流量，m^3/h。

4.4.2 设计水头

（1）管道系统最大工作水头：

$$H_{max}=Z_2-Z_0+\Delta Z_2+\sum H_{f2}+\sum H_{j2} \tag{4-12}$$

（2）管道系统最小工作水头：

$$H_{min}=Z_1-Z_0+\Delta Z_1+\sum H_{f1}+\sum H_{j1} \tag{4-13}$$

式中 H_{max}——管道系统最大工作水头，m；

H_{min}——管道系统最小工作水头，m；

Z_0——管道系统进口高程，m；

Z_1——参考点1地面高程，在平原井区，参考点1一般为距水源最近的出水口，m；

Z_2——参考点2地面高程，在平原井区，参考点2一般为距水源最远的出水口，m；

ΔZ_1、ΔZ_2——分别为参考点1与参考点2处出水口中心线与地面的高差，m，出水口中心线高程应为所控制的田间最高地面高程加0.15m；

$\sum H_{f1}$、$\sum H_{j1}$——分别为管道系统进口至参考点1的管路沿程水头损失与局部水头损

失，m；

$\sum H_{f2}$、$\sum H_{j2}$——分别为管道系统进口至参考点 2 的管路沿程水头损失与局部水头损失，m。

(3) 管道系统设计工作水头，宜按最大和最小工作水头的平均值近似取用。

$$H_0=\frac{H_{max}+H_{min}}{2} \tag{4-14}$$

式中　H_0——管道系统设计工作水头，m。

(4) 灌溉系统设计扬程，应按式（4-15）计算

$$H_p=H_0+Z_0-Z_d+\sum H_{f0}+\sum H_{j0} \tag{4-15}$$

式中　H_p——灌溉系统设计扬程，m；

Z_d——机井动水位，m；

$\sum H_{f0}$、$\sum H_{j0}$——分别为水泵吸水管进口至管道系统进口之间的管道沿程水头损失与局部水头损失，m；

其余符号意义同前。

(5) 水泵运行的扬程（流量）范围，应通过水泵工作点计算确定。

4.4.3　管径的初选及管道的水力计算

1. 初选管径

通常按式（4-16）初选管径：

$$d=\sqrt{\frac{4Q}{\pi v}}=1.13\sqrt{\frac{Q}{v}} \tag{4-16}$$

式中　d——管道内径，m；

Q——设计流量，m^3/s；

v——管道内的适宜流速，m/s。

适宜流速对管径选择影响很大，目前在低压管道输水灌溉系统中研究尚不够，一般凭经验选取，多控制在 0.5～1.5m/s，以不产生淤积和不发生水击为度。各种管材适宜流速的选取可参考表 4-1。

表 4-1　低压管道输水适宜流速值

管材	混凝土管	石棉水泥管	水泥砂管	塑料管	移动软管
适宜流速（m/s）	0.5～1.0	0.7～1.3	0.4～0.8	1.0～1.5	0.4～0.8

2. 管道的水力计算

管道水力计算的任务是计算管道水头损失，包括沿程水头损失与局部水头损头两部分

(1) 沿程水头损失计算

$$h_f=f\frac{LQ^m}{d^b} \tag{4-17}$$

式中　h_f——沿程水头损失，m；

f——摩阻系数，与管材有关；

Q——管中流量（指计算管道的最大流量），m^3/h；

d——管道内径，mm；

L——管长，m；

m、b——与管材有关的流量指数和管径指数。各种管材的 f、m、b 值，见表 4-2。

表 4-2　管道沿程水头损失公式中的 f、m、b、值

管材	f	m	b	管材	f	m	b
混凝土管及钢筋混凝土管				旧钢管、旧铸铁管	6.25×10^5	1.9	5.1
$n=0.013$	1.312×10^6	2	5.33	石棉水泥管	1.455×10^5	1.85	4.89
$n=0.014$	1.516×10^6	2	5.33	硬塑料管	0.948×10^5	1.77	4.77
$n=0.015$	1.749×10^6	2	5.33	铝管、铝合金管	0.861×10^5	1.74	4.74

（2）局部水头损失按式（4-18）计算

$$h_j=\xi\frac{v^2}{2g} \tag{4-18}$$

式中　h_j——局部水头损失，m；

v——管内断面平均流速，m/s；

g——重力加速度，一般取 9-81m/s^2；

ξ——局部水头损失系数，可参考水力学或有关手册选定。

局部水头损失也可按沿程水头损失的 10%～15%估算。较长的平直管道，局部水头损失可忽略不计。

3. 确定管径

输水管各段流量分配确定后，如何选择管径是管道输水灌溉水力计算的主要任务之一。

已知允许流速及经济流速。当输水系统各段流量确定后，则管道内径计算见式（4-19）：

$$D=\sqrt{\frac{4Q}{\pi v}}=18.8\sqrt{\frac{Q}{v}} \tag{4-19}$$

式中　D——管道内径，mm；

Q——管段流量，m^3/h；

v——管道内流速，m/s。

从式（4-19）可知，管径不但和管段流量有关，而且和流速大小有关，当管段的流量已知，但是流速未定时，管径还是无法确定。因此，要确定管径必须先选定流速。

（1）允许流速。为防止管道因水击作用而产生破坏，最大设计流速应不超过 2.5～3.0m/s；为了防止水中悬浮物在管内沉积，渠灌区最低流速通常不得小于 0.6m/s，为避免流速过小在管壁滋生微生物，井灌区最小流速应不小于 0.25m/s。

（2）经济流速。从式（4-19）可以看出，管段流量已定时，管径和流速的平方根呈反比。流速取得小些，管径相应增大，管网造价增加，但水头损失减小，水泵扬程可以降低，抽水耗费的电能减少。反之，若采用较大流速，管径相应减小，管网造价低，但水头损失增大，运行费用也增加。因此，一般采用优化方法求得流速和管径的最优解，在教学上表现为求投资偿还期内管网造价和管理费用（主要是电费）之和为最小的流速，称为经济流速。

经济流速受当地材料价格、使用年限、施工费用及动力价格等因素影响，各地区经济流速有不同的数值，但从理论上计算：经济流速有一定难度。当缺乏资料时可采用表 4-1 中的参考值。若当地材料价格较低，而动力费用较高，经济流速应选取较小值；反之则选取较大值。

对于井灌区，平均流速一般在允许流速范围之内，故按经济流速确定管道流速，然后利用式（4-19）计算管径，最后按市场销售标准选取管径。

4.4.4　管道水击压力计算与防护

有压管道中，由于阀门的启闭或水泵突然启动或停止，会使管内流速急剧变化而引起管道中动水压强急剧上升或下降，这种现象称为“水击”或“水锤”。水击压力过大将影响管道系统安全。因此，在工程设计中必须引起足够重视。

对于低压管道系统，由于管内流速不大，一般情况下水击压力不会很大，只要配齐安全保护装置，严格按操作规程运行，可不进行水击压力计算，但必须进行水击压力验算。在管道系统设置单向阀时，应验算突然停泵时的水击压力，遇到下列情况时，应采取水击防护措施：①水击情况下，管道内压力超过管材公称压力；②水击情况下，管内可能出现负压。

1. 水击压力计算

（1）水击波速。

$$v=\frac{1435}{\sqrt{1+\alpha\frac{D}{\delta}}} \tag{4-20}$$

式中　v——水击波速，m/s；

D——管径，m；

δ——管壁厚度，m；

α——水的体积弹性模数与管材弹性模数之比，常用管材 α 值见表 4-3。

表 4-3　常用管材 α 值

管材	钢管	铸铁管	石棉水泥管	混凝土管	灰土管	陶土管	PVC 管
α	0.01	0.02	0.06	0.10	0.35	0.42	0.53

（2）水击分类。水击波在管道中往返一次所需的时间称为相长，用 T 表示。

$$T=\frac{2L}{v} \tag{4-21}$$

式中　T——水击相长，s；

L——计算管段长度，m；

v——水击波速，m/s。

关闭（或开启）阀门所需时间 T_s，将 T_s 与水击相长 T 比较，水击可分为两种类型。当 $T_s \leqslant 2L/v$ 时，阀门处的压强不受阀门关闭时间长短的影响，称作直接水击。当

$T_s > 2L/v$ 时，阀门处的水击压强与阀门关闭时间的长短有关，称作间接水击。在相同条件下，直接水击压强大于间接水击压强。

（3）水击压强计算。管道中产生水击后，阀门前断面水击压强变幅最大，持续时间最长，是水击验算的最危险断面之一，阀门前断面水击压强水头计算见式（4-22）或式（4-23）。

直接水击

$$H_d = \frac{v}{g} V_0 \tag{4-22}$$

间接水击

$$H_i = \frac{2LV_0}{g(T + T_s)} \tag{4-23}$$

式中 H_d——直接水击压强水头，m；

H_i——间接水击压强水头，m；

V_0——阀门启闭前阀门前断面平均流速，m/s；

T_i——关闭（或开启）阀门时间，s；

g——重力加速度，取 $g=9.81\text{m/s}$；

其余符号意义同前。

2. 减小水击压强的措施

水击压强计算公式表明，影响水击压强的主要因素有阀门启闭时间、管道长度、管中水击前初始流速、管径及管壁厚度等。因此，在低压管道工程设计和运行管理中，可采取以下措施来减小水击危害。

（1）延长阀门启闭时间，从而避免产生直接水击。

（2）由于水击压强与管中流速呈正比，设计中控制管内流速不超过允许流速最大值。

（3）由于水击压强与管长呈正比，对于长管道可采取每隔一定距离设调压井或安装安全阀和进气阀，以减小管段计算长度。

（4）水击压强与管径呈反比，与管壁厚呈正比，应尽量选用大管径的薄壁管。

4.4.5 机泵选型与配套

1. 基本原则

（1）宜选用国家公布的节能型产品，严禁选用国家公布的淘汰产品。

（2）选用水泵的流量应满足灌溉系统设计流量的要求，且不大于根据抽水试验确定的机井出水量；扬程应满足灌溉系统的设计扬程。

（3）系统运行时水泵的工作点应在水泵高效区内，如偏离过大应重新选择水泵或调整管道系统。

（4）井用水泵类型选择，一般应按地下水位的埋深选择水泵类型。当机井动水位埋深在允许吸程范围内时，宜选用卧式离心泵或下卧安装；动水位埋深大于10m时，宜选用长轴深井泵、潜水电泵等。

（5）井泵配合间隙，应根据泵体的最大外径与泵体入井部分的井管最小内径之差，合理选定。对金属井管，其差不得小于 50mm，非金属井管其差不得小于 100mm。

（6）动力机机型应根据能源条件合理选配。有电地区宜选用电动机，无电地区可选用柴油机或其他动力机。

（7）动力机的功率，应根据水泵的轴功率，且在动力机的额定功率之内合理选配。动力配用系数，电动机可采用 1.1～1.3，柴油机可采用 1.2～1.4。

（8）动力机和水泵的转向及转速应相互适应。当其额定转速相差不超过 2%时，可采用直接传动。否则，应采用间接传动。

（9）按选定的机组建站，投资最省，操作维修方便，运行管理费用最小。

（10）新配机井装置效率，电动机配套应不低于 45%，柴油机配套应达到 40%；现有机井装置效率，电动机配套应不低于 35%，柴油机配套应不低于 30%。

2. 水泵工作点

水泵性能曲线（$Q_{泵}$-$H_{泵}$）与管道性能曲线（Q-H）的交点即为系统运行时水泵的工作点，如图 4-17 中的 A 点。

水泵 $Q_{泵}$-$H_{泵}$ 曲线是水泵在一定的转速下，水泵扬程随流量变化的关系曲线。管道 Q-$H_{需}$ 曲线又称管道所需扬程曲线。应先求出管路损失 h_w 随流量 Q 变化的关系曲线 Q-h_w，然后与所需净扬程 H_0 叠加，得到管道系统性能曲线 Q-$H_{需}$，如图 4-17 所示。

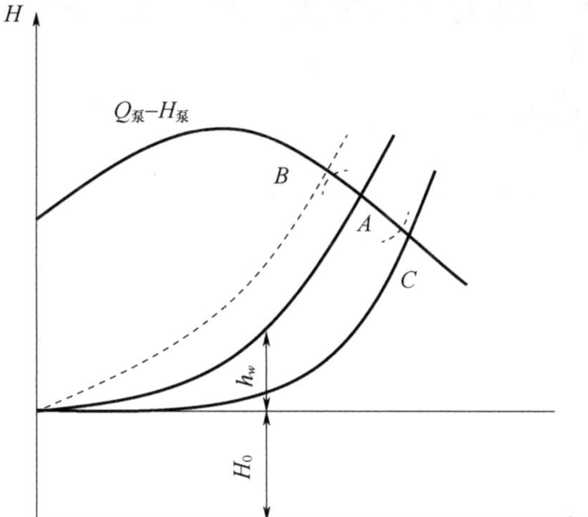

图 4-17　水泵工作点

管道系统最大工作水头、最小工作水头、水泵的工作点均应在高效区内。如果工作点超出高效区范围，则应采取相应措施调整水泵工作点使其位于高效区内。例如，对于水泵工作 B 点可通过减小管道水头损失（如增大管径等）使 B 点向右移动；对于工作 C 点，可通过降低水泵扬程（如减少叶轮级数、车削叶轮、调速等）使水泵性能曲线 $Q_{泵}$-$H_{泵}$ 下移，从而使 C 点向左移动。最终应使 B 点及 C 点均位于水泵高效区内。

3. 动力机的选型配套

水泵动力机的选配，首先取决于该地区的能源供应情况，然后结合工程实际选定。最常用的动力机是电动机和柴油机。对于井泵而言，一般是成套供应的，尤其是潜水电泵，其动力机和水泵是组合成一体销售的。一般离心泵和长轴井泵的动力机可单独配置。

(1) 动力机选配电动机。应根据电源容量大小、电压等级、水泵轴功率、转速以及传动方式确定电动机的类型及工作参数。一般情况，卧式离心泵与Y系列和YZ系列电动机配套，长轴井泵与YLB系列电动机配套，潜水中泵与YLB系列电动机配套。

(2) 动力机选配柴油机。要根据水泵的转速和功率匹配适宜的柴油机。选柴油机速度性能曲线和水泵性能曲线相适应的机型，按柴油机的负荷特性曲线和万有特性曲线校核所选机型是否合理。

(3) 动力机功率确定。一般水泵产品样本上都标出了配套功率，也可按式(4-24)计算。

$$P_{配}=KP_{效}/\eta\eta_{转} \tag{4-24}$$

式中 $P_{配}$——动力机配套功率，kW；

$P_{效}$——水泵有效功率，kW；

K——动力机功率备用系数，电动机取$K=1.1\sim1.3$，柴油机取$K=1.2\sim1.4$，水泵轴功率大时取小值；

η——水泵效率；

$\eta_{转}$——转动效率。

4.5 低压管道系统的施工及运行管理

4.5.1 低压管道系统施工准备

(1) 物料准备应符合下列要求：①根据设计备足工程物料；②管材、连接件及附属设备在运输装卸过程中不应抛扔和剧烈碰撞；③塑料管材和连接件在存储时应避免阳光暴晒。

(2) 施工前应编制施工组织设计，施工人员应通过技术培训。

(3) 应根据设计，核对过程物料的数量、规格，并检查其质量。

(4) 施工宜避开雨季；在地下水位较高的地段，应备好排水设备；物料场地开阔。

4.5.2 管槽开挖

(1) 施工现场应设置测量控制网点。宜在管道中心线上每隔30～50m打木桩，并在管线的转折点、给水栓、闸阀等处或地形变化较大的地方加桩，桩上应标注开挖深度。

(2) 管槽开挖应符合以下要求：①根据当地土质、管材、地下水位、土层深度及施工方法等确定断面开挖形式。②根据管材规格、施工机具、操作要求确定管槽开挖宽度。槽底宜挖成弧形管床，管床对薄壁塑料管的包角应不小于120°。③管材和管件连接处，管槽开挖尺寸可适当加大。

(3) 管槽弃土应堆放在管槽一侧0.3m处以外。

(4) 槽底应平直、密实，并清除石块和杂物，排除积水。超挖则应回填夯实至设计高程；软弱地基应采取加固措施；地下水位较高，土层受到扰动时，可铺150～200mm的砂垫层。

（5）管槽开挖完毕应检查合格后敷设管道。

4.5.3　管道系统安装

（1）管道安装前，应对管材、管件进行外观检查，清除管内杂物。

（2）管道安装宜先干管后支管。承插口管材，插口在上游，承口在下游，依次施工。

（3）管道中心线应平直，管底与槽底应贴合良好。

（4）塑料管的连接应符合以下要求：①热扩口承插，应将插口处搓成坡口，承口内壁和插口外壁均应涂粘接剂。搭接长度应大于 1 倍管外径；②带有承插口的塑料管应按厂家要求连接；③塑料管连接后，除接头外均应迅速覆土 20～30cm 进行初始回填。

4.5.4　试水回填

（1）管道系统和建筑物达到设计强度后方可试水。

（2）安装结束后，应对每条管道进行水压试验。

（3）管道系统试水前应做好以下准备工作：①安装好测压仪表；②认真检查被测管道系统：设备是否安全，进、排气阀是否畅通，安全阀、给水栓是否启闭灵活；③认真检查被测管段覆土固定情况。

（4）管道试水时，环境气温应不低于 5℃。

（5）试水压力应为管道系统的设计工作压力，保压时间应不小于 1h，应检查管道系统的渗漏情况并做好标志和记录。渗漏损失应符合管道水利用系数要求，不允许有集中渗漏。

（6）试水不合格时应对管道采取修补措施，并在修补处达到预期强度后重新试水，直至合格。

（7）管道试水合格后方可进行最终回填。

（8）回填应按照设计要求和程序进行。有条件时宜采用水浸密实法。采取分层压实时，回填密实度应不低于最大夯实密实度的 90%。

（9）初始回填应在管道两侧同时进行，回填材料应不含直径大于 25mm 的石块和直径大于 50mm 的土块。回填达到管顶以上 15cm 后再进行最终回填，回填料应不含直径大于 75mm 的石块。

（10）对管道系统的管件部位，如镇墩、竖管周围及防冲池地基等的回填应分层夯实，严格控制施工质量。

4.5.5　运行与维护

（1）应建立管理组织或明确专管人员，制定运行操作规程和管理制度；操作人员应培训合格后持证上岗。

（2）应根据灌溉制度制定科学的用水计划。

（3）运行前，应检查机电设备、管道系统和附属设施是否齐全、完好。

（4）应定期检查工程及配套设施的状况，并及时进行维护、修理或更换。

（5）在冻害地区，冬季应及时防控管道内存水。

4.5.6 水源工程的维护管理

（1）当从河道、塘坝、渠道等水源处取水时，在水源附近应禁止取土、采石、建筑、爆破及其他危机工程安全的活动。

（2）对水源工程除经常性的维护外，每个灌溉季节结束，应及时清淤、整修。

（3）在机井使用过程中，应注意观察水量和水质的变化，若发现出水量减少，水中含沙量增加等异常现象时，应查清原因，采取相应措施。

4.5.7 设备的使用和维护

（1）灌水时，机压管道输水灌溉系统应先开启给水栓，后启动水泵；改换给水栓时，应先开后关；停灌时应先停泵，后关给水栓。自压管道系统，首先应打开排气阀和要放水的给水栓，必要时再打开管道上的其他给水栓排气。然后缓慢地开闸充水。管道充满水后，缓慢地关闭作为排气用其他给水栓。

（2）电器设备操作维护应符合有关安全规定。

（3）自压管道输水灌溉系统应注意进水口的水位，避免管道中水流掺气。

（4）各类阀门的开、闭应均匀缓慢。

（5）地埋管道漏水时，应停机进行处理。

（6）地面移动管道铺设时应将铺管路线平整好；软管跨沟时应有托架，跨道路时应挖沟和垫土保护；转弯应平缓，不应拐直角、死角。

（7）停灌期，应把地面可拆卸的设备回收，经保养后妥善保管。

4.6 低压管道输水灌溉工程设计示例

4.6.1 基本情况

某新建井灌区长 3000m，宽 2000m，总面积为 6km^2（8996 亩）。土壤为中壤土，土壤干容重为 1.35g/cm^3，单井出水量 80m^3/h，灌区内以种植小麦、玉米和其他经济作物为主，生育期最大耗水强度为 $E=5.3$mm/d，灌溉期间机泵运行时间 18h/d，灌溉水利用系数为 0.8，抽水削减系数取 0.2，田间持水率为 25%，土壤含水率上限取田间持水率的 95%，下限取 65%，计划湿润层深度为 55cm。小麦全生育期需水 357mm（238m^3/亩），生育期内有效降雨量 120mm（80m^3/亩）。为节约用水，增加产值，该灌区拟采用低压管道输水灌溉。

4.6.2 工程规划布置

1. 拟定灌溉制度

（1）设计灌水定额。灌区内小麦是需水量最大的作物，设计时以小麦日需水量最高的灌浆期确定灌水定额。

$$m=1000\gamma_s h(\beta_1-\beta_2)$$

$$m=1000\times1.35\times0.55\times25\%(95\%-65\%)=55.69\ (\text{mm})\ =37.1\ (\text{m}^3/\text{亩})$$

取 $m=40m^3$/亩。

（2）灌水次数。小麦全生育期需水 238 m^3/亩，降雨量 80 m^3/亩，缺水 158 m^3/亩，应由灌溉补充，灌水定额 $40m^3$/亩，故小麦全生育期内应灌水 4 次，分别为返青水、拔节水、抽穗水、灌浆水。

（3）灌水周期：

$$T=\frac{m}{E}=\frac{40\times1.5}{5.3}=11.3\ (\text{d})$$

取 $T=11$d。

2. 机井规划布置

（1）单井控制灌溉面积。

$$\begin{aligned}F_0&=QT\eta t(1-\eta_1)/m\\&=80\times11\times0.8\times18\times(1-0.2)/40\\&=253.4\ (\text{亩})\end{aligned}$$

（2）机井眼数：

$$N=\frac{F}{F_0}=\frac{8996}{253.4}=35.5\ (\text{眼})$$

（3）机井布置：

井群采用方形网格布置，井距为：

$$L_0=25.8\sqrt{F_0}=25.8\sqrt{253.4}=410.7\ (\text{m})$$

长边机井布置列数：3000/410.7≈8.0。

短边机井布置行数：2000/410.7≈5.0。

实际布置井距为 400m，机井 40 眼，单井实际控制面积为 8996/40=224.9 亩。

3. 管网布置

以单井控制面积为例，当地形起伏不大时，采用圭字形固定管道布置，双向分水，给水栓出水量 $20m^3/h$。管网规划布置如图 4-18 所示。

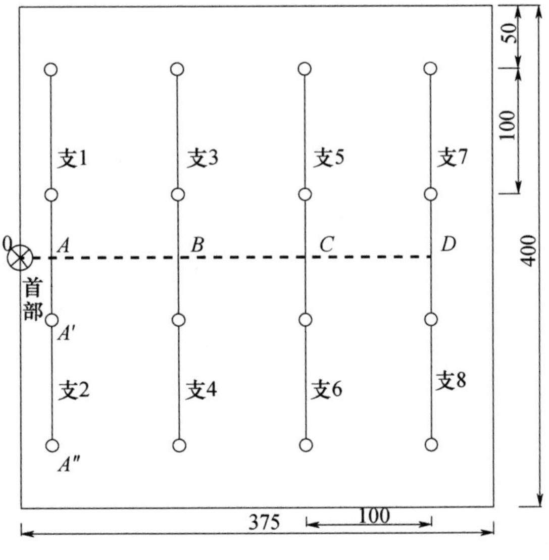

图 4-18　单井控制灌溉面积管网布置图（单位：m）

4.6.3 工程设计

1. 设计流量

根据作物种植比例，单井控制面积及灌水定额。由 $Q_0=\frac{\alpha mA}{\eta Tt}$ 计算设计流量小于单井出水量，故采用单井出水量为设计流量。

2. 管道流量分配

由系统设计流量和给水栓设计流量可知，该系统必须采用轮灌方式，按分配计算各管段流量。

轮灌组数：$N=\mathrm{int}(nq/Q_{设})=\mathrm{int}(16\times20/80)=4$（组）

各轮灌组同时开启的给水栓的个数：$\frac{n}{N}=\frac{16}{4}=4$（个）

编组：支 1、支 2，第一轮灌组；

编组：支 3、支 4，第二轮灌组；

编组：支 5、支 6，第三轮灌组；

编组：支 7、支 8，第四轮灌组。

干管各管段流量均为 $80\mathrm{m}^3/\mathrm{h}$。

支管入口段流量均为 $40\mathrm{m}^3/\mathrm{h}$，末端管段流量均为 $20\mathrm{m}^3/\mathrm{h}$。

3. 管材与管径选择

PVC 管材规格齐全，耐压能力较强，施工方便。按经济流速法选择管径，该系统由两级管道，干管经济流速取 1.3m/s，支管取 1.5 m/s。对于井灌区，平均经济流速均在允许流速范围内，故按照平均经济流速确定各级管径。

$$D=\sqrt{\frac{4q}{\pi V}}$$

$$D_{干}=\sqrt{\frac{4\times80}{\pi\times1.3\times3600}}\approx0.1476\ (\mathrm{m})\approx148\ (\mathrm{mm})$$

$$D_{支上}=\sqrt{\frac{4\times40}{\pi\times1.5\times3600}}\approx0.0966\ (\mathrm{m})\approx=97\ (\mathrm{mm})$$

$$D_{支下}=\sqrt{\frac{4\times20}{\pi\times1.5\times3600}}\approx0.0696\ (\mathrm{m})\approx70\ (\mathrm{mm})$$

参考市场销售标准管径规格，选取管径见表 4-4。

表 4-4 单井控制面积管径选择表

管段	管径（mm）	壁厚（mm）	公称压力（MPa）	管长（m）	管段	管径（mm）	壁厚（mm）	公称压力（MPa）	管长（m）
OA	160	4.9	0.63	25	*CD*	160	4.9	0.63	100
AB	160	4.9	0.63	100	*AA′*	110	3.4	0.63	50
BC	160	4.9	0.63	100	*A′A″*	75	2.3	0.63	100

4. 管道水力计算

沿程水头损失按公式 $h_f = f\frac{LQ^m}{d^b}$ 计算，其中 PVC 管材 $f=0.948\times10^5$，$m=1.77$，$b=4.77$。局部水头损失按沿程水头损失的 10%计入。管道水力计算结果见表 4-5。

表 4-5　单井控制面积水力计算

流量（m^3/h）	管径（mm）	内径（mm）	管长（m）	沿程水头损失（m）	局部水头损失（m）	总损失（m）
80	160	150.2	25	0.23	0.023	0.253
80	160	150.2	325	2.98	0.298	3.278
40	110	103.2	50	0.81	0.081	0.891
20	75	70.4	100	2.93	0.293	3.223

第一轮灌组管道进口工作压力：$H_1=0.253+0.891+3.223=4.367$（m）。

第四轮灌组管道进口工作压力：$H_4=3.278+0.891+3.223=7.392$（m）。

管道系统设计工作压力为：$H_0=(H_1+H_4)/2=5.88$（m）。

5. 水泵的选择

（1）水泵扬程。

$$H_P=H_0+H_m+h_{泵}+\Delta Z+0.15$$

式中　H_P——水泵设计扬程，m；

H_0——管道系统进口工作压力，m；

H_m——机井动水位，根据水文地质资料分析，该灌区机井动水位为 25m；

$h_{泵}$——水泵进出水管总损失，约 5m；

ΔZ——管道进口与灌区内最高点处给水栓的地面高差，顺坡为负，逆坡为正，该灌区 $\Delta Z=0.2$m；

0.15——田间灌溉水头，m。

$$H_P=5.88+25+5.0+0.2+0.15=36.23\text{（m）}$$

（2）水泵流量。根据设计流量（单井出水流量）80m³/h，设计扬程 36.23m，选取 250QJ80—40/2 型潜水电泵。效率 $\eta=73\%$，转速 $n=2875$r/min，配套功率 $N=15$kW。

材料清单和经济效益分析等略。

第 5 章　膜下滴灌技术

5.1　概　　述

5.1.1　膜下滴灌技术含义

膜下滴灌是在滴灌技术和覆膜种植技术基础上，使其有机结合，形成的一种特别适用于机械化大田作物栽培的新型田间灌水技术。其基本原理是将滴灌系统的末级管道和灌水器的复合体——滴灌带，通过专用播种机，一次性完成布管、铺膜与播种等复合作业，然后按与常规滴灌系统同样的方法将滴灌带与滴灌系统的支管相连接。灌溉时，有压水（必要时连同可溶性肥料或农药）通过滴灌带上的灌水器变成细小水滴，根据作物需要，适时适量地向作物根系范围内供应水分和养分，是目前世界上最为先进的灌水方法之一。膜下滴灌技术的内涵概括起来包括以下几点：

（1）覆膜和滴灌两者缺一不可。膜下滴灌是覆膜栽培技术和滴灌技术的有机结合，两者相互补偿、扬长避短，缺一不可，它有效地解决了常规覆膜栽培时生育期无法追施肥料而产生的早衰问题；减轻了常规地面灌溉地膜与地表粘连揭膜难造成的土壤污染问题；滴灌带上覆膜，减少湿润土体表面的蒸发，降低灌溉水的无效消耗，使滴灌灌水定额进一步降低。

（2）采用性能符合要求、质优价低的一次性滴灌带。膜下滴灌技术的关键，必须是性能符合要求、质量有保障、价格适宜的滴灌带。膜下滴灌技术之所以得到快速推广，是因为滴灌带国产化方面实现了突破。对于规模化大田农业而言，“一次性”的优势在于：价格低，堵塞概率小，避免了多年使用滴灌带的老化、难度极大的保管和重新铺设问题。

（3）多项措施一次完成，特别适用于机械化大田作物栽培。膜下滴灌技术的最大特点：铺管、覆膜与播种一次复合作业完成，特别适用于机械化大田作物栽培。膜下滴灌技术是促进农业向规模化、机械化、自动化、精准化方向发展的关键技术措施；是具有中国特色、实现我国干旱区大田作物农业现代化的必由之路。

5.1.2　膜下滴灌技术发展概况

膜下滴灌技术是把滴灌和覆膜栽培集成的一项农业节水技术，是目前世界上最先进、节水效果最明显的节水灌溉方式之一。1995—1998 年，新疆生产建设兵团第八师 121 团对大田棉花膜下滴灌开展了可行性试验，经过 1 年研究、3 年的大田试验筛选后，将节水灌溉技术和大田种植覆膜栽培技术两项技术集成一项具有可控性、基础性和战略性的关键技术。1997—2000 年，由新疆天业集团对滴灌器材进行国产化生产及田间示范，在集成创新成就的推动下，有效地验证膜下滴灌在田间应用的适应性、可靠性、经济可行性以及基本的技术方法。膜下滴灌技术率先在大田棉花上取得了显著的节水和增产效果。从 2000 年开始先在第八师，进而在全兵团和自治区迅速推广，在整个技术的推广过程中，膜下滴灌技术得到了不断的完善和发展，“十五”期间在国家“863”项目、兵团项目的支撑下，研发出加压固定式滴灌、自压固定式滴灌、移动式滴灌、自动化控制滴灌等多种滴灌系统，优化和完善了田间管网设计及相关农艺配套技术，大大降低了成本，“十一五”期间，新疆维吾尔自治区出台了《2010—2015 年新疆农业高效节水工程建设规划及实施方案》，新疆生产建设兵团出台了《兵团高效节水灌溉 2013—2017 年总体实施方案》和《兵团规模化节水灌溉增效示范项目 2013—2015 年总体实施方案》等政策，推动了膜下滴灌技术的大面积推广，滴灌技术应用范围也从棉花推广到加工番茄、玉米、小麦、甜菜、瓜果及蔬菜、苜蓿等作物，并取得了显著的节水、增产、增收的效果。“十二五”期间是滴灌技术高速发展的时期，已从新疆推广到陕西、内蒙古、甘肃、宁夏、辽宁、吉林、黑龙江、河北、河南、山东、广西、广东、云南、贵州、西藏等 29 个省、自治区，推广面积在 400 万 hm^2 以上，带动了新农村建设和农业发展。

新疆已实现了以膜下滴灌技术为技术平台的现代精准农业技术集成体系，实现了生产的精准（精准播种、精准灌水、精准施肥）、高效（劳动效率高、增产幅度大）、节约（节水节能、节地、节肥）、环保（环境友好，盐渍化改良利用等）、易控（机械化、自动化、集约化）。

截至 2014 年，新疆大田作物滴灌面积 $278.7\times10^4hm^2$，其中地方 $184.7\times10^4hm^2$，兵团 $94.0\times10^4hm^2$。兵团耕地灌溉面积 $113.6\times10^4hm^2$，滴灌占 82.7%；地方耕地灌溉面积 $467.8\times10^4hm^2$，滴灌占 39.2%；新疆耕地灌溉面积 $581.4\times10^4hm^2$，滴灌占 47.9%。现已基本形成以政府投入为导向，农民自愿投入为基础，社会资本、金融资本投入为补充的多元化高效节水建设体系，兵团尤以第八师、第一师、第六师、第七师推广规模和力度最大，滴灌技术已向智能化、现代化迈进，自 2008 年开始，新疆开展了高效节水自动化控制系统试建设工作，据不完全统计，全疆已建成大田自动化滴灌面积约 $4\times10^4hm^2$，仍能运行的面积为 $1.33\times10^4hm^2$ 左右（表 5-1）。

表 5-1　2010—2014 年新疆滴灌推广面积统计（$\times10^4hm^2$）

项目	2010 年	2011 年	2012 年	2013 年	2014 年
地方面积	93.3	118.0	143.3	164.7	184.7
兵团面积	69.3	73.3	77.0	86.9	94.0
新疆总面积	162.6	191.3	220.3	251.6	278.7

随着滴灌面积应用扩大，与之配套的栽培技术集成化研究也取得了相应的成果，农作物增产就成了必然结果。新疆棉花皮棉单产从 1020kg/hm^2 增加到 2445kg/hm^2 左右。线辣椒滴灌增产 60%左右，节水 50%左右，最高干椒单产 15000kg/hm^2。2008 年，兵团第八师种植滴灌小麦面积 3800hm^2，平均单产 6450kg/hm^2，比常规地面滴灌小麦普遍增产 1200～1800kg/hm^2，2006—2013 年，新疆兵团 6 次打破我国玉米的高产纪录从 1175.3kg/hm^2，一直增加到 22676.1kg/hm^2，2012 年新疆平均玉米产量 6915kg/hm^2 较

全国平均增产 1050kg/hm^2，水稻膜下滴灌栽培技术经新疆天业 10 年研究突破了传统种植水稻的“水作”方式，2012 年经专家现场鉴定达到 12553.5kg/hm^2，达到国内领先水平。马铃薯滴灌平均产量 5.23×10^4 kg /hm^2，增产 70%左右，节水 50%左右，最高单产 7.5×10^4 kg /hm^2，滴灌葡萄、枣树、桃树、枸杞、甜瓜等作物均比常规灌溉投入产出比高，每公顷地平均增加效益 100 元以上。

新疆以膜下滴灌技术为平台，配套先进的作物栽培技术、农艺措施，全面提高作物品质和生产水平，实现了优质、高产，高效目标，膜下滴灌被农民形象地喻为“实现现代农业的高速公路”。目前新疆的大田滴灌技术水平、推广面积居世界首位，已成为我国在大田农业生产中应用节水滴灌技术范围最广、面积最大、发展最快的地区之一，成为我国农业节水滴灌技术应用的样板。

5.1.3 膜下滴灌技术的优点

膜下滴灌的突出优点：可控性、基础性和战略性。

1. 可控性关键技术

可控性主要表现在 3 个方面，即淋盐优质高产、节水抑盐和自动化灌水。

（1）淋盐优质高产。滴灌带铺设在膜下，不仅减少了水分的棵间蒸发，而且水滴进入土壤后使盐分溶解，并向四周下方扩散，一直把盐分淋洗到湿润峰的边缘。而湿润峰中心部分则形成了一个淡化区。据实测，滴头流量为 2.5L/h，灌水定额 195/hm^2（13m^3/亩）时，湿润峰半径约 42cm，淡化区半径约 35cm，淡化区的根系总量占总根量的 90%。

膜下滴灌不但能使可溶性养分随水滴施入土壤，而且还可以定时定量地满足植株的水肥需求，使水、肥、盐、光、热、气优化耦合，使作物的光能利用率趋于最大。按照最大光能利用率—净光能利用率—净初级产量—最大经济产量的转化规律，达到淋盐丰产（提高质量、增加产量）的目的。

膜下滴灌是把水肥直接灌到作物主根区，作物主根区上有地膜覆盖，下有湿润峰，杜绝了水分渗漏，抑制了强烈蒸发，水肥基本上在这个相对封闭的空间运移。生产实践上，在作物生长过程中，灌水量从田间持水量到凋萎点都是有效的，可以任意控制，可溶性肥料和植保药剂生长要素等都可随水滴入。这种可控性使水、肥、盐、光、热、气优化耦合，能逐步提高作物的光能利用率，不断提高丰产水平，最大光能利用率是其丰产的上限。

（2）节水抑盐。棵间蒸发不仅是干旱区绿洲农田的无效蒸发，更是有害蒸发。因为，它是土壤次生盐渍化的动力，即水分蒸发后，盐分留在耕层。形成盐化的另一个条件是灌溉水的不断下渗，浅层地下水位升高到接近临界深度，含盐的潜水不断向耕层运移，成为盐化的来源。

膜下滴灌抑制了强烈的棵间蒸发，不但节水而且抑制了盐化的动力，同时杜绝了田间渗漏；若干年后，浅层地下水位可下降到 3～5m，基本上可以根治绿洲农田盐化这一世界性的难题。可以说膜下滴灌一举三得：节水、抑盐、杜绝田间渗漏。

膜下滴灌的节水抑盐具有明显的生态效益，是根治“三化一污”（土壤耕层盐化、土壤肥力退化、沙化及农药化肥地膜残留污染）问题的关键技术。

（3）自动化灌水。以膜下滴灌为基础，嫁接集成有关节水农业技术，构成田间滴灌系统工程，一个滴灌系统的规模约 100hm²（1500 亩），可进行集约化、规模化、社会化经营。滴灌还可自动化灌水，为农业智能化管理提供基础，并集成有关高新技术，可实现绿洲农业现代化、社会化。

膜下滴灌兼有经济、生态、社会等综合效益。经济效益是现实效益，生态效益是长期经济效益，社会效益是远期经济效益。膜下滴灌应用的时间越长，越能体现其综合效益，可实现农业发展的可持续性。

2. 基础性关键技术

以膜下滴灌为基础并结合诸多适用技术和高新技术，构成田间滴灌系统工程、绿洲节水灌溉系统工程、绿洲生态系统工程、绿洲农业现代化系统工程。

（1）田间滴灌系统工程。田间滴灌系统工程的构成包括以下三项主要内容：

① 田间灌溉以膜下滴灌为主，结合秸秆等覆盖技术、其他微灌（微喷、微喷带、涌泉灌、渗灌、地下微灌等）和管灌技术，能适应各种作物和乔木、灌木、人工草地的灌水需求。这样，田间滴灌系统是以滴灌为主集成了各种灌溉技术，并不是唯一的膜下滴灌。田间灌溉水的利用率可提高到 95%。

② 结合塑料管道技术实现田间输水配水管道化，管道输水利用率可提高到 95%。

③ 在传统灌溉的斗口设供水站并打井，地面水与地下水互补利用，可以克服使用单独水资源的问题。这样构成的田间滴灌系统工程，能使不种水稻的旱作物灌溉水利用系数提高到 0.9。田间滴灌系统工程建成后，可初步解决田间盐化问题，比传统灌溉斗口灌水量节水 1/2 以上。

（2）绿洲节水灌溉系统工程。以田间滴灌系统为基础，建设山区水库，与平原水库联合调节河道径流，引水口到斗口的渠道防渗技术必须慎重选择，以使绿洲非灌溉面积上的地下水位保持在 3～5m 为宜，这样可维持自然植被（如红柳、胡杨等）生长。绿洲节水灌溉系统工程建成后，绿洲农田盐化可以根治，还能进一步节水。从引水口到斗口的渠系水利用系数如果提高到 0.85，则绿洲节水灌溉系统工程的灌溉水利用系数可达 $0.85\times0.9=0.765$。

（3）绿洲生态系统工程。在绿洲节水灌溉系统工程根治盐化基础上治理“三化一污”问题，不能用节约的水扩大农田面积，必须种草种树进行绿洲生态建设。推行草田轮作，可根治土壤肥力退化问题，并可发展农区草业和农区畜牧业。通过种树建设绿洲三级防风林网：在绿洲边缘建设乔灌草立体防风林带，并建设路渠林和田间林网格，把风沙危害降低到最小限度。土壤肥力提高以后，在农田净产出逐步提高的基础上，不断降低化肥和农药的用量，进而达到国际绿色安全标准，同时，可治理地膜残留问题。

（4）绿洲农业现代化系统工程。农业现代化的实现必须建立在绿洲生态系统工程的基础上。农业现代化是一个复杂的系统工程。旱区绿洲农业现代化有许多内容：如产权明晰化、灌溉微灌化、农业生态化、产品绿色化、生产机械化自动化、管理信息化智能化、农产品加工高（档次）深（层次）化、科农工贸一体化、三分配（劳动者、企业家、国家）有利。

3. 战略性关键技术

旱区绿洲农业现代化战略可分四步走：第一步，以膜下滴灌技术为主，集成有关灌溉工程技术，构成满足各种作物、乔木、灌木灌水要求的田间滴灌系统工程。第二步，以田间膜下滴灌系统工程为基础，结合渠道防渗技术与山间平原水库工程构成绿洲节水灌溉系统工程。第三步，以绿洲节水灌溉系统工程为基础建设绿洲林田草牧复合农业生态系统工程，并调整农业产业结构。第四步，在绿洲生态系统工程基础上建设绿洲农业现代化系统工程，并调整绿洲经济结构。

按照上述思路，以河流流域形成的绿洲为单元进行绿洲节水生态农业总体规划，主要包括田间滴灌系统工程、绿洲节水灌溉系统工程、绿洲林田草牧复合农业生态系统工程。

膜下滴灌不仅是节水农业 4 个节水（管理、工程、农艺、生理）技术开发的可控性平台，还是节水农业 4 个系统工程（田间滴灌、绿洲节灌、绿洲生态、绿洲农业现代化）相结合的基础性平台，也是把绿洲农业推向现代化的一项战略性技术。膜下滴灌不但是一项节水灌溉技术，还是旱区绿洲节水农业的一项具有可控性、基础性、战略性的关键技术，不仅能彻底解决绿洲“三农”难题，还可实现绿洲农业现代化。不但在旱区可全面推广，其优质高产的可控性、治理盐化、大幅节水还可以在全国有关地域应用。

5.1.4 膜下滴灌技术促进农业生产技术的变革

1. 实现农业生产的优质、高产、高效、生态、安全

膜下滴灌技术以管网输配水、肥，能够及时、定量地为农作物提供有效养分，极大地提高了农作物生长期所需各种养分的保障，出苗率、保苗率、收获率都得到提高，且作物种植密度也合理增加，农作物增产就成了必然结果。又因避免了常规灌溉过饱过饥、各种养分不均或不足造成的品质不高现象，有利于棉花纤维的均质及瓜果成形，各种农作物果实均呈现出体大、饱满、光润的特点，为现代农业生产创造了基础条件。同时管网化的人工控制可以准确掌控水、肥、药的使用量，确保农业产品的安全生产。膜下滴灌技术具有明显的节水效应，节约水量可以应用于生态环境用水，退耕还林、还草，农田防护林建设，改善灌区的农业生产环境，使脆弱的荒漠化生态环境得到改善，加速人工绿洲生态系统的形成。同时将结余水量用于中低产田改良，提高现有灌区灌溉保证率，促进农业生态环境的良性发展。

2. 提高土地产出率、资源利用率、劳动生产率

滴灌系统采用管道输水，田间不修农渠、毛渠，由地下输水管道和滴灌带所替代，土地利用率可提高 5%～7%。有些地区完全夷平了 8～12m 宽的排碱渠，并种草种树，加强了耕地田林网建设。棉田管理定额从 1.6hm^2/人提高到 5.3hm^2/人，成倍提高了劳动生产率。滴灌在作物根系进行局部浸润灌溉的特性，大幅度降低了无效灌溉的水的浪费，提高了作物对水、肥、药等生产要素的使用效率，同时还降低了土壤板结程度，减少了机耕作业量。有压输配水和滴水，降低了平整土地的工程量，极大地减少了农田建设投资。

3. 增强农业抵抗风险能力、市场竞争能力、可持续发展能力

膜下滴灌技术采用现代化装备和技术人工干预作物的生长过程，改善自然条件对农作物的不利影响。增强农业抵抗风险能力，维持农业的可持续发展。滴灌灌水的及时性、充分性，提高了作物抵抗倒春寒、春旱、伏旱、干热、倒伏等自然灾害。滴灌的局

部灌溉不造成地面积水，破坏了各种有害病菌和杂草的生长条件，减轻了作物病害，提高了作物品质。同时利用滴灌带输水能有效阻隔通过流水传播的病虫害的传染途径。膜下滴灌可实现对作物生育过程的人工调控，作物产量、品质、成品率和商品率都得到了提高，进而增强了农产品的市场竞争力。

4. 促进农业生产方式和生产关系的变革

（1）农田水利输配水系统的革命。膜下滴灌技术用管网系统代替了传统的灌溉系统，从根本上解决了渗漏问题，极大地降低了能源消耗、提高了水的利用率，不仅节约了投资，而且最大限度地保证了水体系统和生态系统的原貌。

（2）农业生产方式的革命。劳动生产率的提高扩大了种田能手的承包面积，扩大了农民生产规模，使具有经营能力的农民，转变为农业资本的经营者，不仅经营管理自己的农田，还利用自己的资本和技能，发展农业事业。

（3）农业生产关系的革命。滴灌技术的应用，极大地提高了农业生产的集约化程度，随之产生了与之配套的滴灌浇水站、滴灌服务站、滴灌器材门市部、滴灌专用肥厂站、过滤器生产厂、滴灌工程服务公司等，促进了农业生产的专业化分工，催生出新兴产业，将传统农业单一的、一家一户的封闭生产关系，转变成社会化的分工协作关系。

5.2　膜下滴灌技术节水增产机理

棉花膜下滴灌技术是在地膜栽培和滴灌技术的基础上，将毛管（滴灌带）铺设于膜下实施局部灌溉，水滴直接滴入作物根区土壤，使传统的“浇地”变成“浇作物”，降低了株间蒸发，有利于调节根系活动层的土壤温度和水分状况等。

5.2.1　节水机理

1. 有效杜绝深层渗漏损失，提高田间水利用率

常规灌溉，当水进入农田湿润土壤后，一部分作为毛管水留在土壤中形成土壤的有效水分，供作物生长需要，如灌水量过多，超出田间持水率的部分在重力作用下渗入土壤成为无效的深层渗漏水。经实际测定，采取沟灌时，耕层 40cm 以下的渗漏水占灌溉水的 35%～50%，而膜下滴灌的水分多集中在 40cm 以上土层，一般没有深层渗漏现象。

（1）膜下滴灌土壤的垂直受水面积小，侧向浸润土体面积比增大。根据调查不同的灌水方法，田间的受水方式不同，漫灌灌水时水在地面漫流，主要借重力渗入土壤，畦灌水在畦田上形成很薄的水层向前流动，在流动过程中借重力作用逐渐湿润土壤，浸润土体面积较小。沟灌时由沟里进水，靠旁渗向作物供水，渗径长，渗速慢，浸润土体面积大，而膜下滴灌水直接滴在作物根部地表，渗入土壤浸润作物根区土壤，浸润土体面积的大小除与滴头流量和水量等因素有关外，与土壤质地和结构有关。匀质土，浸润区呈现垂直的卵形，沙质土浸润区形细而长，黏质土浸润土体面积最大。

（2）滴头流量小于土壤的渗吸速度，因而避免了地表产生径流损失，在土质黏重和板结的土壤中尤为重要。

（3）采用管道输水，可减少输水过程中的渗漏损失。

（4）可有效地调节作物根区土壤的湿润比。湿润比决定于作物、滴头，流量、灌水

量、滴头间距和所灌溉土壤的特性。在膜下滴灌条件下，可根据气候条件和作物的不同生育阶段，有效地调节灌水量和湿润比，既不影响作物生长对水分的要求，又不会造成水的浪费。

在满足作物需水要求的同时，对入渗率低的密实土壤，选择小流量滴头，使供水速度小于土壤的渗吸速度；对保水力差的沙土，可以小水量频繁地灌溉，给土壤补充水肥。

(5) 膜下滴灌利用毛管将水直接送到作物根部，施水量的大小可通过调节工作压力和灌水器的间距，灌水均匀度可达90%以上，比常规灌水提高10%以上。减少了地面灌水上部渗透过深的无效消耗。滴灌在灌水定额较小时，也能对作物普遍施水，克服了常规灌在灌水定额较小时，无法保证灌水均匀和对作物普遍施水的弊端。

(6) 膜下滴灌，水由作物主根向周围渗透，同作物根系分布相吻合。既满足作物正常需水量的要求，又有效地控制了亩灌水量，为降低灌水定额创造了条件。

2. 有效地抑制田间无效水分的蒸发

(1) 抑制土壤水分蒸发，保墒效果好。新疆气候干燥，降水稀少，南疆平原地区年均降水量为40～60mm，吐鲁番盆地的托克逊县年均降水量仅有7mm，为世界所罕见；北疆平原地区年均降水量在150～200mm，全疆年均降水量约为147mm。年蒸发量北疆为1500～2300mm，南疆为2000～3400mm，吐、哈盆地蒸发量高达3000～4000mm，全疆年均蒸发量达1512mm左右，蒸降比达10，有些地方达几十倍，甚至上百倍。据有关资料查证，在本地区，作物土壤的田间无效水分蒸发一般占需水量的50%以上，春季可达80%～90%。采用膜下滴灌可改变对作物生长不利的气候因素，滴入膜下土体中的水分，仅消耗于植株的蒸腾，抑制了土壤水分的蒸发，保墒效果明显。

(2) 有效地抑制了杂草的繁衍，减少了杂草的耗水。膜下滴灌，通过系统过滤后，随水而来的杂草种子无法进入田间，避免了杂草丛生。在整个生育期株间被地膜覆盖，膜内温度高，使原有杂草种子和杂草无法生长，减少了杂草的耗水。

3. 控制土壤次生盐渍化，减少生育期压盐用水量

滴灌以频繁小流量灌水方式使作物根区土壤经常保持在较高含水量状况之下，同时在地膜覆盖下，土壤水的毛细管运动和土壤蒸发减弱，盐分随上升水流积聚地表的概率较少，即使有盐分积累也仅在湿润区边缘，对作物生长的危害不大，无须增加太多灌水定额压盐。其原因是滴灌以频繁、小流量灌水方式使作物根区土壤经常保持在较高的含水率状态。同时随着土壤水的毛细管运动和土壤蒸发，盐分积累在湿润区的边缘。在灌溉水向下入渗过程中，很快把盐分带入湿润区低部，湿润区中部由于经常保持较高的湿度，因而盐分浓度较低。

5.2.2 增产机理

(1) 覆膜种植，地温变化较稳定。铺膜平展，压膜严实，滴灌带紧贴地表，前期有明显的增温作用，与不铺膜的大田相比，日平均温度高0.7～2.7℃。膜内水分不易蒸发，具有较强的保墒作用，地表水分含量大，热容量增加，因而地温变化较稳定，有利于作物早出苗，出全苗。据大田观测膜下滴灌较常规灌棉花提早出苗2～3d，出苗率高达95%。

(2) 根部土壤疏松，形成良好的水、肥、气、热小气候，为作物生长创造了有利条件。

(3) 膜下滴灌可适时适量供水，对作物起到有效的促控作用。据观测在播期相同时，滴灌棉田与常规棉田在出苗至现蕾期长势差别不大。但在现蕾至开花期长势差别明显。据新疆建设兵团第三师 44 团试验站观测，滴灌棉花株高日增量为 1.4cm，而常规棉田日增量为 0.86cm，比滴灌棉田少 0.54cm。其原因是滴灌棉田从 6 月 6 日开始滴水，而常规棉田此时开始揭膜、开沟及打埂，比滴灌晚 6～8d 灌水，因缺水造成棉苗的生长缓慢。在开花至吐絮期，由于常规灌水方法的水量难以掌握，使棉田生长较快而不稳健，引起脱花脱铃，空果成枝率高。而滴灌水量控制较好，棉苗稳健生长，叶色深绿，无旺长、早衰和脱肥现象，蕾、铃较常规灌明显增多，果枝成铃率高达 83%左右。

(4) 保肥效果好，利用率高。滴灌减少了因深层渗漏而带走的养分损失，同时采取将肥料溶解于水后随水滴入棉田的追施，减少了亩施肥量，可提高肥料利用率 15%左右，比常规灌亩少施化肥 8～10kg，保证了棉株始终在适宜肥效下生长。

(5) 可有效地抵抗自然灾害的影响，加快棉苗的生育进程。在春季多风季节，利用膜下滴灌进行压沙灌水，可有效地减轻风灾损失。

(6) 可有效地抑制病虫害的传播，棉苗病虫害发生少。常规灌水时区外或灌区的病虫害将随地面水的流动而迅速传播，膜下滴灌通过低压管道输入，由毛管直接将水和溶解后的肥料送到根区土壤，不会因水的流动传播病虫害。棉田叶面肥，喷施少，农药用量低，减轻了蚜虫等病虫害的危害。

(7) 滴灌棉田属无埂渠农田，可节地 5%～7%用于植棉，亩增加收获株数 1000 株左右。

(8) 滴灌棉田地面没有水层存在，可有效地减少烂铃。根据新疆兵团第一师滴灌试验调查，滴灌棉田烂铃率为零，常规灌达 1.3%～3.8%。说明滴灌可显著降低烂铃率，有利于增产。膜下滴灌有利地抑制了杂草生长，草籽的减少，既方便了拾花又提高了棉花的品级。

(9) 膜下滴灌有很好的洗盐压碱作用，在滴水补墒的同时使水分纵横向运动强。在淡化的湿润区内为作物根系创造了一个低盐环境，有利于作物生长，获取高产。

5.3　膜下滴灌系统的规划设计

滴灌工程规划设计涉及农田水利规划、水土平衡及滴灌水流程中各项构筑物布置、各级管道相互关联、制约作用及技术经济比较等，是一项多专业的系统工程，步骤繁杂、工作量大。为此，根据众多大田滴灌工程规划设计实例归纳成图 5-1 流程示意图，供设计者参考。

5.3.1　膜下滴灌系统的组成及设备

膜下滴灌系统一般由水源工程、首部枢纽、输配水管网、滴头及控制、量测和保护装置等组成。滴灌设备一般包括滴头、毛管、支管、干管、过滤器、施肥罐、水泵、管道附件等（表 5-2），其具体内容详见第 5 章。

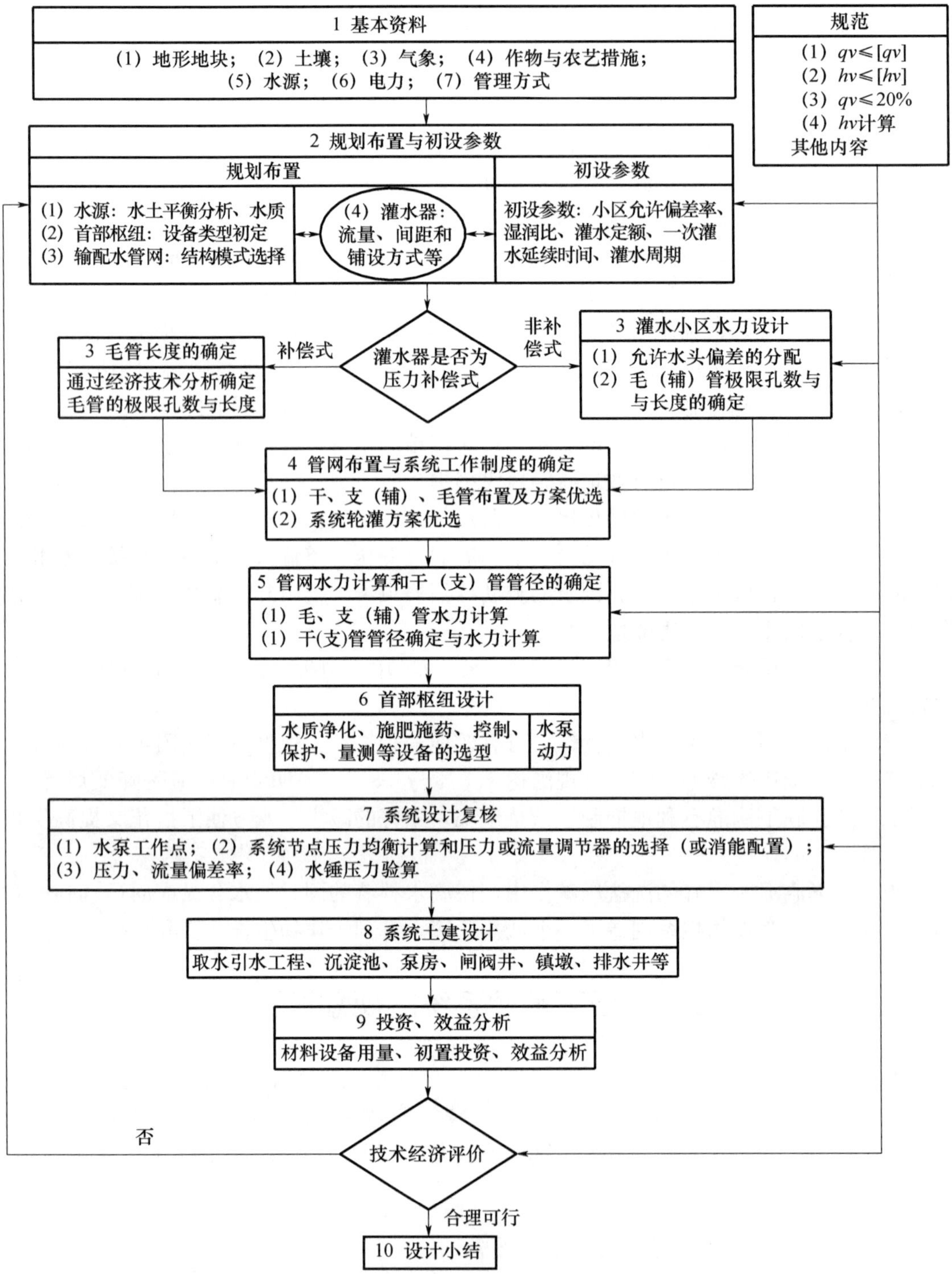

图 5-1 大田滴灌工程规划设计流程示意图

表 5-2　滴灌系统组成

滴灌系统	首部枢纽	水泵	潜水泵
			离心泵
			管道泵
		施肥罐	压差式
			注射式
			文丘里式
			高位开敞式
		过滤器	离心式（水沙分离器）
			筛网式
			砂石过滤器
			叠片过滤器
	输配水管网	干管	PVC
			PVC-U
		支管	薄壁 PE 管
			厚壁 PE 管
		毛管	单翼迷宫式滴灌带
			内镶贴片式滴灌带
			内镶式滴灌管
	滴头		迷宫式
			内镶式
			补偿式
	管道附件	连接件	等径接头
			变径接头
			三通
		控制件	水表
			阀门
			压力表
		保护件	进气阀
			排气阀
			减压阀
			稳压器

5.3.2　滴灌系统规划原则与内容

规划是滴灌系统设计的前提，它制约着滴灌工程投资、效益和运行管理等多方面指标，关系整个滴灌工程的质量优劣及其合理性，是决定滴灌工程成败的重要工作之一。因此，一个滴灌工程在实施之前应进行细致的研究和精心的规划。滴灌工程规划的主要内容：在工程规模和灌区范围确定的情况下，根据水源位置（一处或多处）、地形地貌、作物情况，通过方案比选，合理布置引水、提水、蓄水工程，确定首部枢纽（一个或多个）位置和管网布置。

1. 规划的基本原则

（1）滴灌工程的规划应与农田基本建设规划相结合。因此，必须与当地农业区划、农业发展计划、水利规划及农田基本建设规划相适应，特别是应与低压管道输水灌溉等灌水技术相结合统筹安排。综合考虑与规划区域内沟、渠、林、路、输电线路、水源等布置的关系，考虑多目标综合利用，充分发挥已有水利工程的作用。

（2）近期需要与远景发展规划相结合。根据当前经济状况和今后农业发展需要，把近期安排与长远发展规划结合起来，讲求实效，量力而行。根据人、财、物，做出分期开发计划。

（3）滴灌工程规划应综合考虑工程的经济、社会和生态效益。滴灌工程的最终用户是农民，目前我国农村经济相对落后，能否为农民带来实效应是滴灌工程建设的基本出发点。同时，为了水资源的可持续利用和农业的可持续发展，滴灌工程的社会和生态效益也是至关重要的。因此，充分发挥滴灌技术节水、节支、增效、节约劳力的作用，提高劳动生产率，减轻农民的劳动强度，增加农产品产量，改善产品品质等优势，把滴灌的经济效益、社会效益和生态效益很好地结合起来，使滴灌工程的综合效益最大，是滴灌工程规划的目标。

2. 规划的内容

（1）勘测收集基本资料。

（2）论证工程的必要性和可行性。

（3）确定工程的控制范围和规模。

（4）选择适当的取水方式。根据水源条件，选择引水到高位水池、提水到高位水池、机井直接加压、地面蓄水池配机泵加压等滴灌取水方式。

（5）滴灌系统选型。要根据当地自然条件和经济条件，因地制宜地从技术可行性和经济合理性方面选择系统形式、灌水器类型。

（6）工程布置。在综合分析水源加压形式、地块形状、土壤质地、作物种植密度、种植方向、地面坡度等因素的基础上，确定滴灌系统的总体布置方案。

（7）做出工程概算。

3. 资料的收集

（1）地理位置与地形资料。该部分资料应包括系统所在地区经纬度、海拔高度、自然地理特征、总体灌区图、地形图，图（比例尺一般用1/1000～1/5000）上应标明灌区内水源、电源、动力、道路等主要工程的地理位置。

（2）土地与工程地质资料。土地与工程地质资料包括土壤类别及容重、土层厚度、土壤pH值、田间持水量、饱和含水量、凋萎系数、渗透系数、土壤结构、含盐量（总盐与成分）及肥力（有机质、氮、磷、钾含量、肥分）等情况、地下水埋深和矿化度。

（3）水文与气象资料。水文与气象资料包括年降水量及分配情况，多年平均蒸发量、月蒸发量、平均气温、最高气温、最低气温、湿度、风速、风向、无霜期，日照时间、平均积温、冻土层深度等。

（4）农作物资料。收集灌区种植作物的种类、种植比例、株行距、种植方向、日最大耗水量、生长期、种植面积、原有的高产农业技术措施、产量及灌溉制度等。

（5）水源与动力情况。河流、水库、机井等均可作为滴灌水源，但滴灌对水质要求很高，选择滴灌水源时，首先应分析水源种类（井、河、库、渠）、可供水量及年内分配、水资源的可开发程度，并对水质进行分析，以了解水源的泥沙、污物、水生物、含盐量、悬浮物情况和pH值大小，以便针对水源的水质情况，采取相应的过滤措施，防止滴灌系统堵塞。其次必须调查水源平、枯、丰不同水文年的水量及机井的动静水位、现有动力、电力及水利机械设备等情况，以确定滴灌规模。

（6）社会经济状况及农业发展规划方面的基本资料。

5.3.3 滴灌系统规划布置

1. 滴灌系统工程规模确定

设计时应该首先进行水量平衡计算，以确定合理的控制面积。滴灌系统面积确定详见第3章。

2. 滴灌系统规划布置

（1）首部枢纽。

1）滴灌系统的首部枢纽通常与水源工程布置在一起，若水源工程距离灌区较远，也可以单独布置在灌区附近或灌区中间，以便于操作和管理。

2）当有几个可以利用的水源时，应根据水源的水量、水位、水质及灌溉工程的用水要求进行综合考虑。通常在满足滴灌用水水量和水质要求的情况下，选择距离灌区最近的水源，以便减少输水工程投资。在平原地区利用井水作为灌溉水源时，应当尽可能地将井打在灌区中心，并在其上修建井房，内部安装机泵、施肥、过滤、压力流量控制及电气设备。

3）首部枢纽及其相连的蓄水和供水构筑物的位置，应当根据地形、地质、田间具体情况确定，必须有稳固的地质条件，并尽可能使输水距离最短。在需建沉淀池的灌区，可以与蓄水池结合修建。

4）规模较大的首部枢纽，除应按照有关标准合理布设泵房、闸门及其附属构筑物外，还应布设管理人员专用的工作及生活用房及其他设施，并与周围环境相协调。

（2）滴灌管网。

1）滴灌管网应根据水源位置、地形、地块等情况分级，一般应该由干管、支管和毛管三级组成。灌溉面积大的可增设总干管、分干管或分支管，面积小的也可以只设置支管和毛管两级。

2）管网布置应使管道总长度短，少穿越其他障碍物。输、配水管道沿地势较高位置布置。支管垂直于作物种植布置，毛管顺作物种植行布置。管道的纵剖面应力求平顺。移动式管道应根据作物种植方向、机耕要求等铺设，避免穿越道路。

3）地形平坦时，根据水源位置应尽可能采取双向分水布置形式；垂直于等高线布置的干管，也尽可能对下一级管道双向分水。

4）干管布置应尽量顺直，总长度最短，在平面和立面上尽量减少转折。

5）在需要与可能的情况下，输水总干管可以兼顾其他用水要求。

6）支管长度不宜过长，应根据支管铺设方向的地块长度合理调整决定，一般以不超过 100m 为宜。

7）支管的间距取决于毛管的铺设长度，在可能情况下尽可能增加毛管长度，以加大支管间距。毛管单向长度一般不宜超过 100m。

8）地面支管宜选用薄壁 PE 管材。

9）采用 PVC 或 PVC-U 的支管应当埋入地下，并满足有关防止冻胀和排水的要求。

10）均匀坡双向毛管布置情况下，支管布设在能使上、下坡毛管上的最小压力水头相等的位置上。

11）支管以上各级管道的首段宜设置控制阀，在地埋管道的闸阀处应当设置闸阀井。在管道起伏的高处、顺坡管道上端阀门的下游、逆止阀的上游，均应该设置进气阀、排气阀。在干、支管的末端应设置冲洗排水阀。

12）在直径大于 50mm 的管道末端、变坡、转弯、分叉和阀门处，应该设置镇墩。当地面坡度大于 20%或管径大于 65mm 时，宜每隔一定距离增设镇墩。

13）管道埋深应根据土壤冻土深度、地面荷载和机耕要求确定。干管、支管埋深应不小于 60mm，地下滴灌毛管埋深不宜小于 30mm。

（3）毛管和滴头布置。

1）滴头选择是否恰当，直接影响工程的投资和灌水质量。设计者应熟悉各种灌水器的性能和适用条件，考虑以下因素选择适宜的灌水器。

① 作物种类和种植模式。不同的作物对灌水的要求不同，相同作物不同的种植模式对灌水的要求也不同。如条播作物，要求沿带状湿润土壤，湿润比高，可选用线源滴头；而对于果树等高大的林木，株、行距大，一棵树需要绕树湿润土壤，可用点源滴头。作物不同的株、行距种植模式，对滴头流量、间距等的要求也不同。

② 土壤性质。土壤质地对滴灌入渗的影响很大，对于沙土，可选用大流量的滴头，以增大土壤水的横向扩散范围。对于黏性土壤应用流量小的滴头，以免造成地面径流。

③ 工作压力及范围。任何滴头都有其适宜的工作压力和范围，应尽可能选用工作压力小、范围大的滴头，以减少能耗及提高系统的适应性。滴头设计水头，可以根据灌水小区田面平整程度情况在 5～7m 范围内灵活选取，田面平整的取较小值，反之则取较大值。

④ 流量压力关系。滴头流量对压力变化的敏感程度直接影响灌水的质量和水的利用率，应尽可能选用流态指数小的滴头。

⑤ 灌水器的制造精度。滴灌的均匀度与灌水器的精度密切相关，在许多情况下，灌水器的制造偏差所引起的流量变化，超过水力学引起的流量变化，应选用制造偏差系数小的滴头。

⑥ 对温度变化的敏感性。灌水器流量对水温的敏感程度取决于两个因素：灌水器的流态，层流型灌水器的流量随水温的变化而变化，而紊流型灌水器的流量受水温的影响小，因此在温度变化大的地区，宜选用紊流型灌水器。灌水器某些零件的尺寸和性能易受水温的影响，如压力补偿滴头所用的人造橡胶片的弹性，可能随水温而变化，从而

影响滴头的流量。

⑦ 对堵塞、淤积、沉淀的敏感性。抗堵塞能力差的滴头，要求高精度的过滤系统，往往造成滴灌系统的造价及能耗大幅度增加，甚至会导致滴灌工程的报废。实践证明，单翼迷宫式薄壁非复用型滴灌带，抗堵塞能力较强，也避免了滴灌带重复使用造成的堵塞累加问题。

⑧ 成本与价格。一个滴灌系统有成千上万的灌水器，其价格的高低对工程投资的影响很大。设计时，应尽可能选择价格低廉的灌水器。

大田膜下滴灌一般均采用工厂定型生产的毛管和滴头合为一体的一次性薄壁滴灌带，滴头通常 20～40cm 等间距布设。

2）滴头流量选择。滴头流量主要依据土壤质地，为了降低系统投资，在尽可能的情况下应该选用小流量滴头；在毛管和滴头布置方式确定的情况下，多选满足滴头对土壤湿润比的要求，满足作物灌溉制度的要求。滴头设计流量一般控制在 2L/h 以下，最大不超过 3L/h。滴头应当选择正规生产厂家生产、制造偏差小、抗堵塞性能强的滴头。

3）滴灌带布置主要取决于滴灌作物栽培模式，铺设方向必须顺延作物种植方向。毛管间距由作物种植结构、土壤性质及毛管自身的水力特性决定。滴灌带一般铺设于地表地膜下，也可将毛管浅埋（≤5cm）。

4）作物栽培应突破地面情况下的传统栽培模式，尽可能采用宽窄行，适当调整株、行距，加大滴灌带铺设间距。

5）实施科学合理的栽培模式和灌溉制度，在中壤土和黏土上一条滴灌带可向四行作物供水。轻质土壤情况下，一般设计成一条滴灌带向两行作物供水。

6）目前大量采用的机采棉种植模式，致使棉花行距已经固定无法改变，故只能在其行间距上布置毛管。新疆棉花膜下滴灌采用农用薄膜宽 1.2～2.3m，在膜上点播，宽窄行种植，棉花的播种模式一般有宽行 40～60cm，窄行 10～20cm 等，机采棉 10＋66＋10cm 配置，由于滴灌毛管大多布置在棉花行之间，靠近滴灌带的棉花长势好，远离滴灌带的棉花长势差，形成高低行、超宽膜模式（一膜 6 行，3 窄 2 宽），在一定程度上可以减少这种影响。相关参数参见表 5-3～表 5-6 和图 5-2～图 5-8 所示。

表 5-3　膜下滴灌棉花参考毛管间距和滴头间距

作物	土壤质地	栽培模式（cm）		毛管间距（cm）	滴头间距（cm）	备注
		宽窄行	株距			
早熟陆地棉	沙土	30＋60	9～10	90	30～40	1 管 2 行
	沙土	10＋66＋10＋66		76	40～50	1 管 2 行
	壤土～黏土	20＋40＋20＋60		140	40～50	1 管 4 行
	壤土～黏土	10＋66＋10＋66		152	40～50	1 管 4 行

续表

作物	土壤质地	栽培模式（cm）		毛管间距（cm）	滴头间距（cm）	备注
		宽窄行	株距			
中晚熟陆地棉	沙土	30＋60	10～12	90	30～40	1管2行
	沙土	10＋66＋10＋66		76	40～50	1管2行
	壤土～黏土	20＋40＋20＋60		140	40～50	1管4行
	壤土～黏土	10＋66＋10＋66		152	40～50	1管4行
长绒棉	沙土	30＋60	9～10	90	30～40	1管2行
	沙土	10＋66＋10＋66		76	40～50	1管2行
	壤土～黏土	20＋40＋20＋60		140	40～50	1管4行
	壤土～黏土	10＋66＋10＋66		152	40～50	1管4行

表 5-4　膜下滴灌加工番茄参考毛管间距和滴头间距

作物	土壤质地	栽培模式（cm）		毛管间距（cm）	滴头间距（cm）	备注
		宽窄行	株距			
早熟品种：红杂10号、立厚8号	沙土	40＋90	35～40	130	35～40	1膜1管2行
	壤土～黏土	50＋80		130	40～50	
	壤土～黏土	50＋90		140	45～50	
中晚熟品种：新番4号、13号	沙土	40＋90	35～40	130	35～40	
	壤土～黏土	50＋80		130	40～50	
	壤土～黏土	50＋90		140	45～50	

表 5-5　膜下滴灌玉米参考毛管间距和滴头间距

作物及品种特性		土壤质地	栽培模式（cm）		毛管间距（cm）	滴头间距（cm）	备注
			宽窄行	株距			
复播玉米	紧凑型	沙土	30＋70	24～30	100	35～40	1膜1管2行
		壤土、黏土	20＋40＋20＋80	30～35	160	40～50	1膜1管4行
	中间型	沙土	30＋80	25～30	110	35～40	1膜1管2行
		壤土、黏土	20＋45＋20＋85	35～40	170	40～50	1膜1管4行
正播玉米	紧凑型	沙土	30＋70	30～35	100	35～40	1膜1管2行
		壤土、黏土	20＋40＋20＋80	35～40	160	40～50	1膜1管4行
	中间型	沙土	30＋80	25～30	110	35～40	1膜1管2行
		壤土、黏土	20＋45＋20＋85	38～42	170	40～50	1膜1管4行
	平展型	沙土	30＋80	25～30	110	35～40	1膜1管2行
		壤土、黏土	20＋45＋20＋90	40～45	170	40～50	1膜1管4行
青储玉米	独杆型	沙土	30＋80	25～30	110	35～40	1膜1管2行
		壤土、黏土	20＋45＋20＋85	35～40	170	40～50	1膜1管4行
	分枝型	沙土	30＋80	30～35	110	35～40	1膜1管2行
		壤土、黏土	20＋45＋20＋90	38～42	170	40～50	1膜1管4行

表 5-6　膜下滴灌蔬菜参考毛管间距和滴头间距

作物	品种	行距（cm）		株距（cm）	毛管间距（cm）	滴头间距（cm）
		窄行	宽行			
黄瓜	长春密刺	30	70	25	100	30～40
黄瓜	津春 2 号	40	80	25	120	30～40
黄瓜	津绿 4 号	30	70	25	100	30～40
番茄	金棚 1 号	30	50	25	80	30～40
番茄	金棚 3 号	30	50	25	80	30～40
番茄	毛粉 802	40	80	30	120	30～40
番茄	加州大粉	40	80	30	120	30～40
辣椒	茄红甜椒	30	60	30	90	30～40
辣椒	矮树早椒	30	60	25	90	30～40
豆角	双季豆	30	70	20	100	30～40
豆角	丰收 1 号	30	70	20	100	30～40

注：滴头间距视土壤质地而定，质地轻取小值，质地黏重取大值。

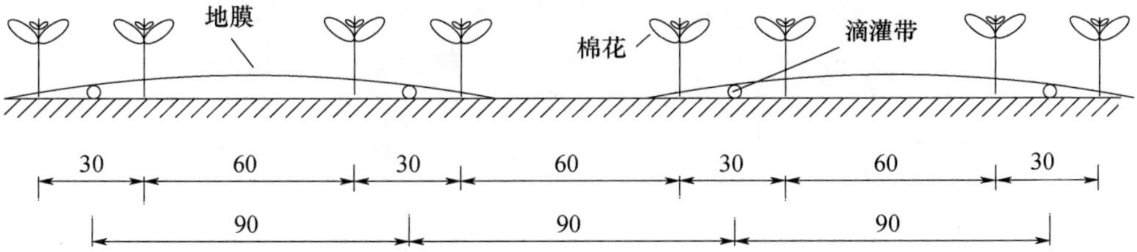

图 5-2　膜下滴灌棉花“1 膜 2 带 4 行”种植模式（单位：cm）

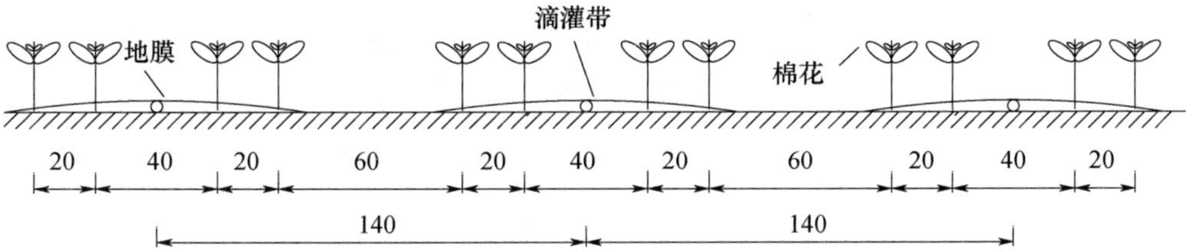

图 5-3　膜下滴灌棉花“1 膜 1 带 4 行”种植模式（单位：cm）

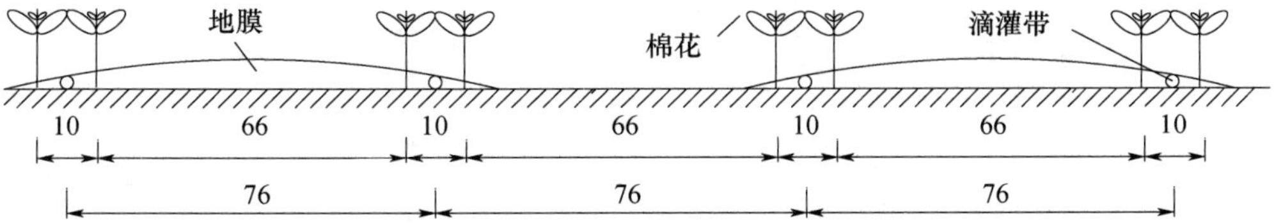

图 5-4　机采膜下滴灌棉花“1 膜 2 带 4 行”种植模式（单位：cm）

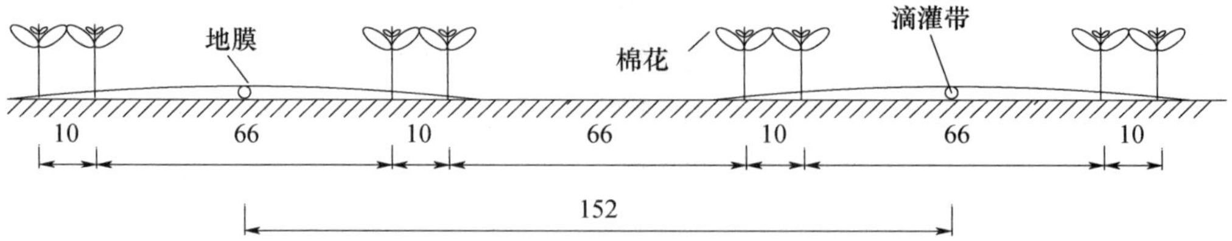

图 5-5 机采膜下滴灌棉花“1 膜 1 带 4 行”种植模式（单位：cm）

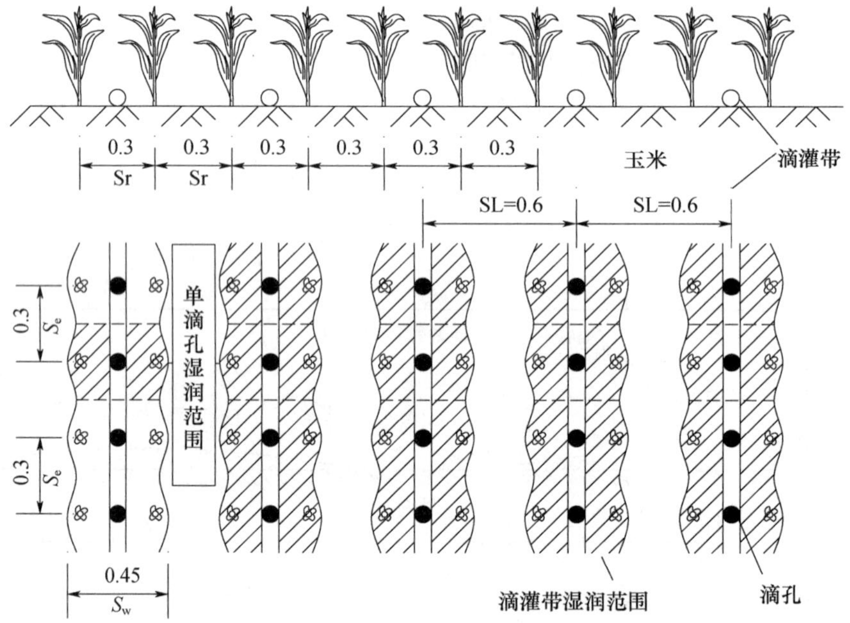

图 5-6 玉米滴灌湿润带及种植模式示意图（单位：m）

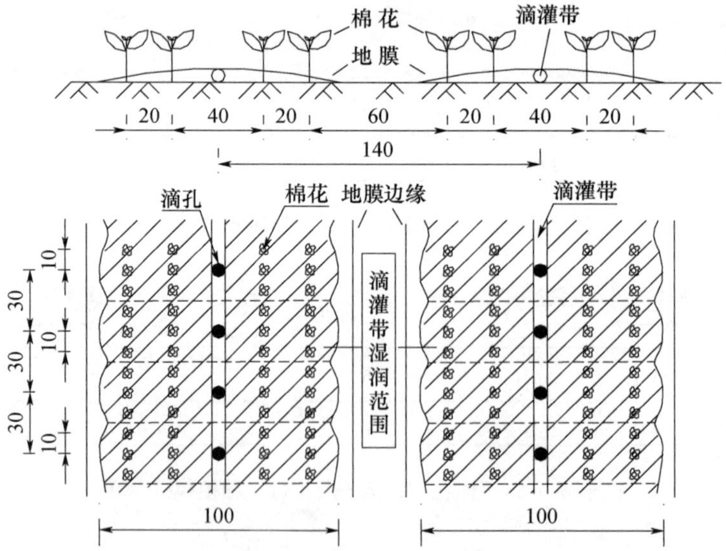

图 5-7 “1 膜 1 带 4 行”膜下滴灌棉花湿润带及种植模式示意图（单位：cm）

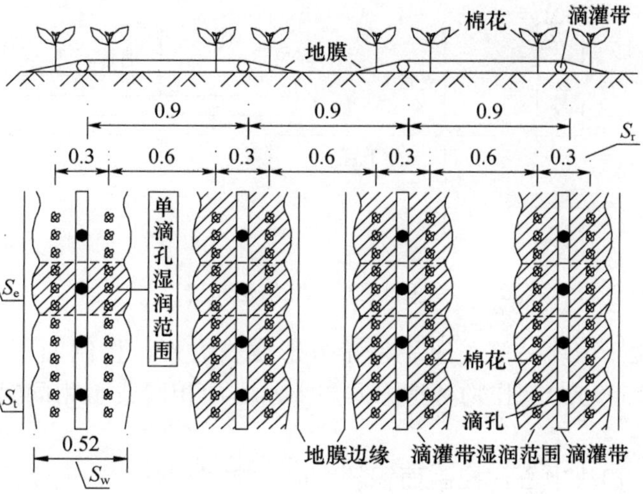

图 5-8　“1 膜 2 带 4 行”膜下滴灌湿润带及种植模式示意图（单位：m）

（4）膜下滴灌系统地下管网结构形式。一般滴灌系统输水管网采用固定式管网，其布置形式主要采用树状管网，依据水源的种类和位置以及管网类型不同，其布置一般有以下几种：

1）水源位于田块一侧。树状管网一般呈“一”字形、“T”形和“L”形。这三种布置形式主要适用于控制面积较小的井灌区，一般控制面积为 10～33.3hm^2（150～500 亩），如图 5-9、图 5-10、图 5-11 所示。

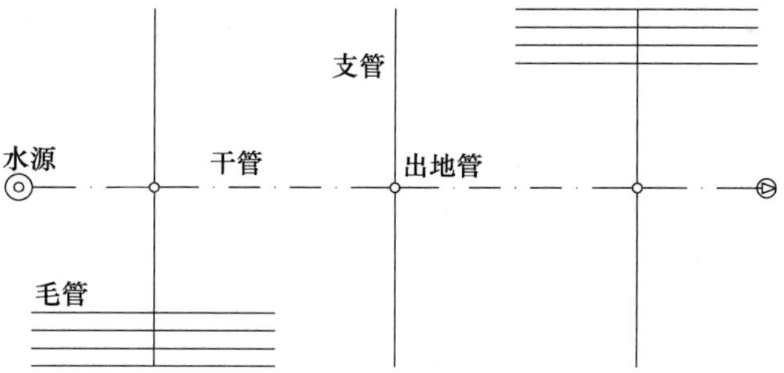

图 5-9　“一”字形布置

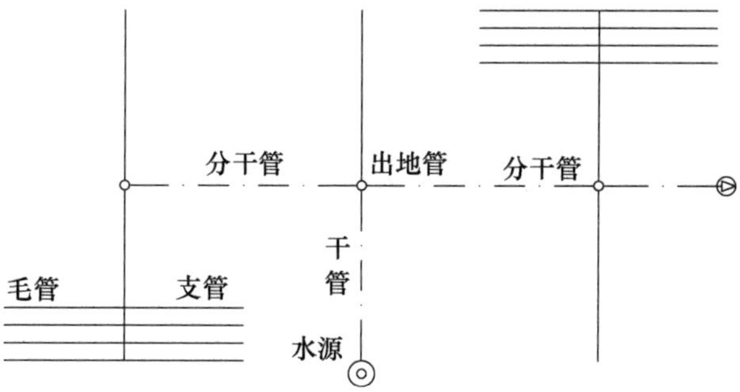

图 5-10　“T”形布置

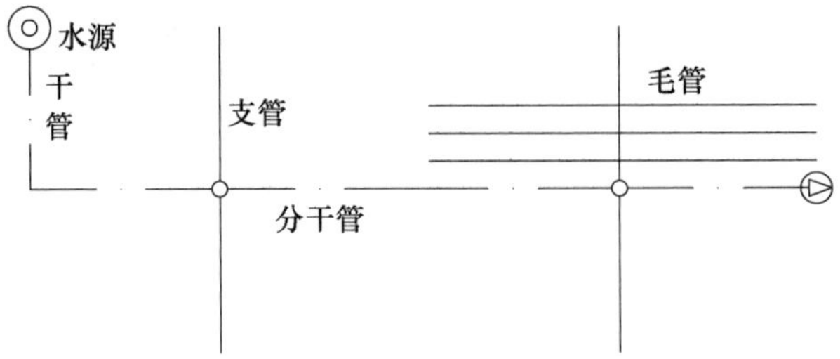

图 5-11 “L”形布置

2）当水源位于田块一侧，地块呈正方形或长方形，控制面积较大，一般为 40～100hm²（600～1500 亩）。作物种植方向与灌水方向相同或不相同时可布置成梳齿形或“丰”字形。

3）水源位于田块中心，控制面积较大时，常采用长“一”字形和“工”字形树枝状管网布置（图 5-12）。

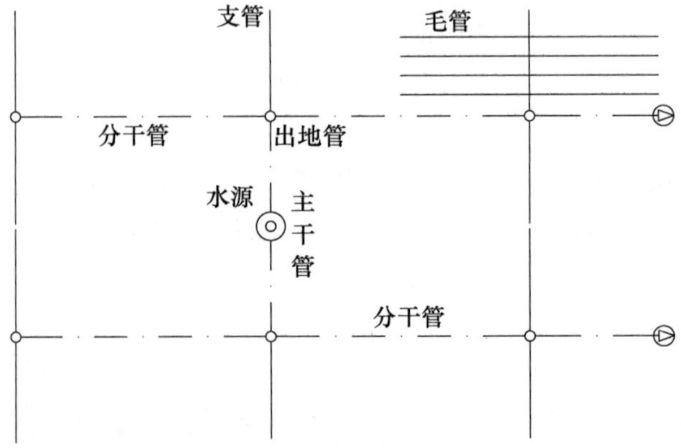

图 5-12 “工”字形布置

4）地下管网环状布置。当水量有限时，可以利用地埋管网将多个水源点连通供水，保证滴灌系统的正常运行。

（5）膜下滴灌系统地面管道结构形式。早期大田膜下滴灌系统地面管道一般由薄（厚）壁支管、大、小辅管和毛管（滴灌带）组成。随着机采棉和自动化灌溉模式的推广应用，“支管＋辅管＋毛管”方式（图 5-13）应用面积在逐步减少。

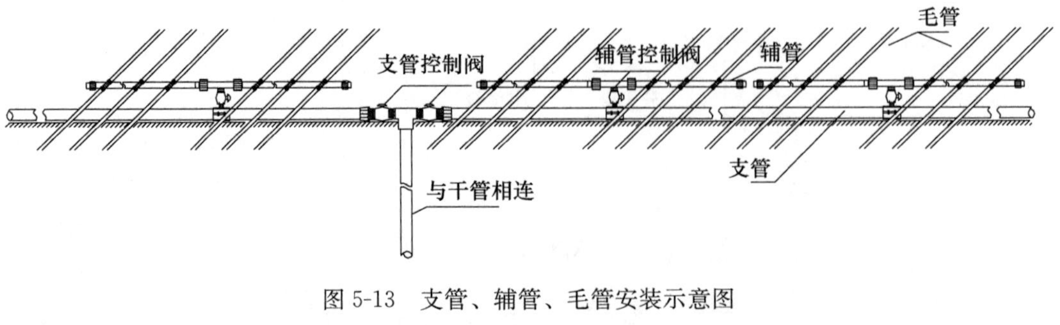

图 5-13 支管、辅管、毛管安装示意图

目前，膜下滴灌系统地面管道结构形式主要是“薄壁支管＋按扣三通＋毛管”模式为主。支管选用 De125、De110、De90 或 De75 的 PE 薄壁输水软管，工作压力为 0.25MPa。支管与毛管采用按扣三通直接连接，支管可单向铺设也可双向铺设。该模式系统的运行管理方便，灌水小区面积可增加到 15～20 亩，系统也可安装稳流三通毛管调压管件，减少系统中“分干管”“支管”等调压材料的使用，形成“稳流三通调压”滴灌系统，在系统运行时，通过稳流三通的调压能力，使各个毛管入口处的压力、水量均匀一致，从而提高系统的灌水均匀性（图 5-14）。

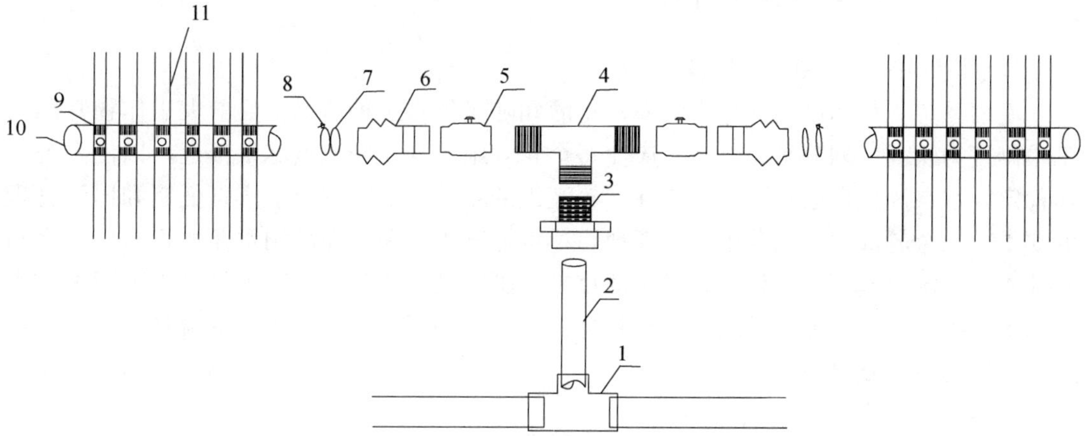

图 5-14　干、支、毛管安装示意图

1—变径三通；2—De90PVC 出地管；3—De90 内丝；4—De90 阳三通；5—De90 球阀；6—De90 阳纹承插直通；7—De90 止水胶圈；8—De90 钢卡；9—按扣三通；10—De90PE 管；11—滴灌管（带）

5.3.4　滴灌系统设计参数的确定

1. 基本参数

（1）设计保证率。应根据自然条件和经济条件确定，滴灌应不低于 85%。

（2）灌溉水的利用率应不低于 0.90。

（3）设计系统的日工作小时应根据不同水源和农业技术条件确定，一般不宜大于 22h。

（4）滴头设计工作水头应取所选滴头的额定工作水头，或由滴头压力与流量关系曲线确定。灌水器的工作水头越高，灌水均匀度越高，但系统的运行费用越大。灌水器的设计工作水头应根据地形和所选用的灌水器的水力性能决定。单翼迷宫式滴灌带的工作压力最好在 0.05～0.1MPa。

（5）滴灌设计土壤湿润比（P）。

（6）设计耗水强度（E_α）。对于干旱、半干旱地区，一般都没有可靠降水、根层土壤水或地下水补给，设计耗水强度等于设计供水强度（或设计补充灌溉强度），即 $I_\alpha = E_\alpha$。

（7）计划土壤湿润层深度（Z）。不同作物不同生育阶段的计划湿润层深度不一样，根据各地的经验，各种作物的适宜土壤湿润层深度：蔬菜 0.2～0.3 m，大田作物 0.3～

0.6 m，果树 1.0～1.2m。一般而言，常规灌溉条件下上述作物的根系深度大于上述经验值，但其绝大多数的毛根分布于此深度内，因此没有必要根据主根深度来确定滴灌条件下的湿润深度。

2. 灌溉制度

滴灌灌溉制度包括：最大净灌水定额 m_{max}；设计灌水定额 m；一次灌水延续时间 t；设计灌水周期 T；灌水次数和灌溉定额等参数计算。具体计算见第 3 章。

5.3.5 滴灌系统水力计算

1. 滴灌系统工作制度

滴灌系统工作制度通常分为续灌、轮灌和随机供水三种情况。目前大田作物常用的工作制度为轮灌。划分轮灌组时，应使每个轮灌组的面积和流量尽量接近，以使系统工作稳定，水泵高效率运行，减少能耗。轮灌组的划分应照顾农业生产责任制和田间管理的要求。一个轮灌组包括若干片责任地，尽可能减少农民之间的用水矛盾，并使灌水与其他农业技术措施配合良好。轮灌组的控制范围宜集中连片，顺序最好是由下而上或由上而下分组轮灌，以方便系统的运行管理。有时，为了减少输水干管的流量，也可采用插花操作的方法划分轮灌组。

2. 滴灌系统设计流量的确定

（1）毛管设计流量。可将滴头设计流量视为滴头平均流量计算毛管流量。毛管的流量等于毛管上各滴头流量之和。

$$Q_{毛}=\sum_{i=1}^{n}q_i\approx N_d q_d \tag{5-1}$$

式中　$Q_{毛}$——单侧毛管的总流量，m^3/h；

N_d——毛管滴头个数，个；

q_d——滴头设计流量，m^3/h。

（2）支管设计流量。按照支管单向分水和支管双向分水分别进行计算：

① 单向分水支管流量按照式 5-2 计算：

$$Q_{支}=\sum_{i=1}^{n}Q_{i毛} \tag{5-2}$$

② 双向分水支管流量按照式 5-3 计算：

$$Q_{支}=\sum_{i=1}^{n}Q_{i毛左}+\sum_{j=1}^{n}Q_{i毛右} \tag{5-3}$$

式中　$Q_{支}$——支管设计流量，m^3/h；

$\sum_{i=1}^{n}Q_{i毛左}$——支管左侧设计流量，m^3/h；

$\sum_{j=1}^{n}Q_{i毛右}$——支管右侧设计流量，m^3/h；

（3）干管设计流量。轮灌方式确定后，干管流量等于轮灌组中支管流量之和最大的一组，当干管较长时，应逐段取不同的设计流量。

$$Q_{干}=N_{支}\ Q_{支} \tag{5-4}$$

式中　$N_{支}$——干管上同时工作的支管数目。

3．管网水力计算及设计

（1）毛管设计。

1）毛管铺设方向必须顺延作物种植方向。

2）毛管间距（S_l）。毛管间距由作物种植结构——株距和行距及其需水要求，结合土壤性质及毛管自身的水力特性决定。

3）毛管每亩或每公顷用量计算。

$$L_{亩}=\frac{666.7}{S_l}\ (\text{m/亩})\ 或\ L_{公顷}=\frac{10000}{S_l}\ (\text{m/hm}^2)$$

4）水平毛管极限分流孔数（滴头个数）按照式（5-5）确定：

$$N_m=INT\left[\frac{5.446[\Delta h_2]d^{4.75}}{kS_e q_d^{1.75}}\right]^{0.364} \tag{5-5}$$

式中　N_m——毛管的极限分流孔数；

$[\Delta h_2]$——毛管的允许水头差，$[\Delta h_2]=\beta_2[\Delta h]$，$\beta_2$应经过技术经济比较确定，对于平地$\beta_2$可取 0.55，m；$[\Delta h]$ 为灌水小区允许水头差，m；

d——毛管内经，mm；

k——水头损失扩大系数，一般为 1.1～1.2；

S_e——滴头间距，m；

q_d——滴头设计流量，L/h。

5）均匀坡毛管极限滴头个数的确定。坡地铺设的毛管极限滴头个数计算比较复杂，可参照《滴灌工程设计图集》所介绍的方法及公式进行计算确定。

6）确定毛管极限长度（L_m）。

$$L_m=S_e(N_m-1)+S_0$$

式中　S_0——毛管进口至首孔的距离，m。

S_e——滴头间距，m。

根据毛管极限长度及条田的实际情况可确定毛管的实际铺设长度，但不能超过极限长度。

7）确定毛管的沿程水头损失 $h_{毛}$：

$$h_{毛}=\frac{fS_e q_d{}^m}{d^b}\left[\frac{(N+0.48)^{m+1}}{m+1}-N^m\left(1-\frac{S_0}{S_e}\right)\right] \tag{5-6}$$

式中　f、m、b——摩阻系数、流量指数和管径指数，查第 3 章表 3-15；

N——出水孔个数（一条毛管上滴头个数）；

d——滴灌带直径，mm；

q_d——滴头设计流量，L/h；

S_0——进口至首孔的间距，m；

8）确定毛管的局部水头损失。计算毛管局部水头损失。当参数缺乏时，毛管局部水头损失可按沿程水头损失的 10%～20%计算。

（2）支管设计。

1）支管的选型。可根据条田宽度和地形坡度等因素，选择合理的支管规格。一般对于坡度较小的条田，可选用薄壁支管，对于坡度较大的条田，可选用厚壁支管。

2）支管管径确定。

① 灌水小区允许水头偏差[Δh]。

《微灌工程技术规范》（GB/T 50485—2009）定义为灌水小区是独立的灌水均匀性单元，可以是一条毛管、一个支管单元或一个轮灌组。其包括下列三种情况：ⓐ毛管入口安装压力调节器时，一条毛管构成灌水单元即为一个灌水小区（图 5-15）；ⓑ支管入口安装压力调节器时，支管及其所控制的毛管所构成的灌水单元为一个灌水小区（图 5-16）；ⓒ毛管和支管入口均没有安装压力调节器时，由一条或多条支管构成的同时工作的灌水单元（或轮灌组）为一个灌水小区（图 5-17）。根据第 3 章式（3-46）计算灌水小区允许水头偏差率[h_v]，计算灌水小区允许水头偏差[Δh]=[h_v]h_d，当灌水小区由毛管和支管构成时，分配给毛管的允许水头偏差为［Δh_2］= 0.55[Δh]，分配给支管的允许水头偏差为［Δh_1］=0.45[Δh]，也可以分别按照 0.50 进行分配。

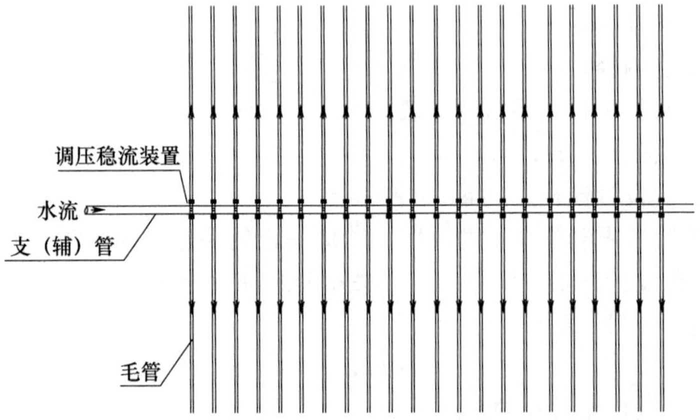

图 5-15　“一条毛管”视作一个灌水小区（在毛管进口段调压，使各毛管进口水头相等）

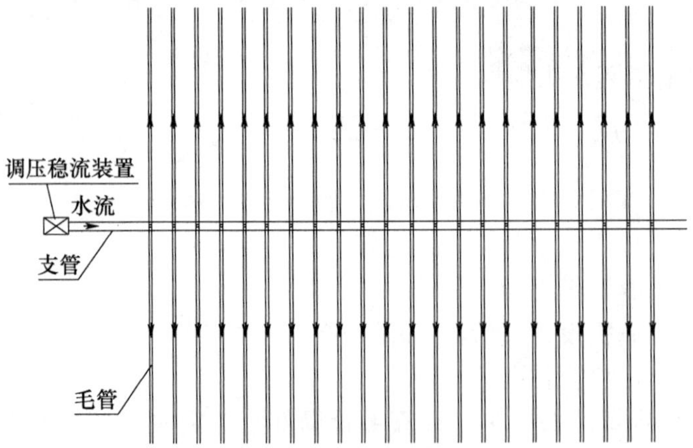

图 5-16　“支管+毛管”视作一个灌水小区（在支管进口段调压）

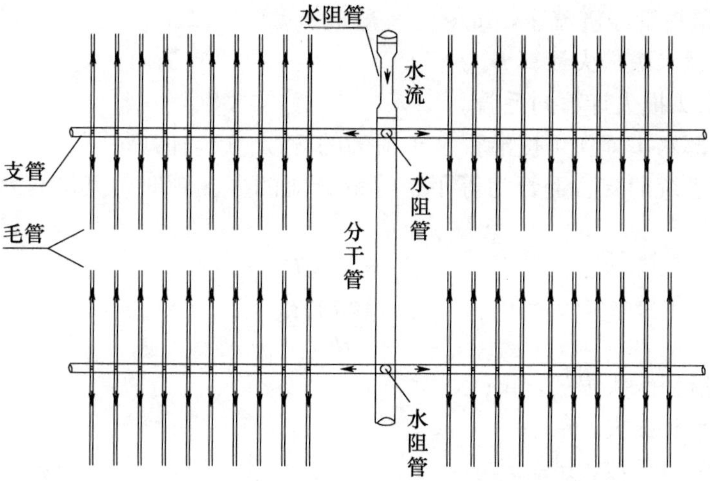

图 5-17　“支管＋毛管”视作一个灌水小区

② 支管管径 $d_{支}$。

支管长度给定、灌水小区允许水头偏差和分配给支管的比例确定的情况下，支管内径按照式（5-7）计算确定：

$$d_{支}=\left(\frac{1.47\upsilon^{0.25}Q_{支}{}^{1.75}}{[\Delta h_1]}L_{支j}\cdot F\right)^{\frac{1}{4.75}} \tag{5-7}$$

$$F=\frac{N\left(\frac{1}{m+1}+\frac{1}{2N}+\frac{\sqrt{m-1}}{6N^2}\right)-1+x}{N-1+x} \tag{5-8}$$

式中　$d_{支}$——支管内径，mm；

υ——水的运动黏度（运动黏滞系数），见表 5-7，cm^2/s；

$Q_{支}$——支管进口流量，L/h；

$L_{支j}$——考虑了局部水头损失的支管计算长度，一般 $1.1L_{支}$，m；

F——多口系数；

N——管道上出水口数目；

m——流量指数，层流＝1，光滑紊流层流＝1.75，完全紊流＝2；

x——进口端至第一个出水口的距离与孔口间距之比。

表 5-7　水的运动黏度 υ 值

温度（℃）	10	12	14	16	18	20	22	24
υ（cm^2/s）	0.0131	0.0124	0.0118	0.0112	0.0106	0.0101	0.0096	0.0091

支管管径也可按照管道经济流速计算，其中按经济流速计算支管直径偏小，计算公式为：

$$d_{支}=1000\sqrt{\frac{4Q_{支}}{3600\pi\upsilon}} \tag{5-9}$$

式中　$d_{支}$——支管内径，mm；

$Q_{支}$——支管进口流量，m^3/h；

v——塑料管经济流速，m/s，一般取 $v=1.2\sim1.8$m/s。

3）支管沿程水头损失计算 $h_{支}$。

支管沿程水头损失计算同毛管。

4）支管局部水头损失可按沿程水头损失的5%～10%估算。

5）当微灌系统的支、毛管为等距、等量分流的多孔管时，其沿程水头损失可按照下式计算：

$$h'_f=h_f\times F \tag{5-10}$$

$$h_f=F\frac{1.47v^{0.25}Q^{1.75}}{d^{4.75}}L$$

式中 h'_f——沿程水头损失，m；

h_f——水头损失，m；

F——多口系数，m；

v——水的运动黏度（运动黏滞系数），cm^2/s；

Q——管道流量，L/h；

L——管道长度，m；

d——管道内径，mm。

（3）干管设计。

1）干管管径的确定。

一般情况下，干管管径可以根据经济流速进行确定，计算见式（5-11）。

$$d=1000\sqrt{\frac{4Q}{3600v\pi}} \tag{5-11}$$

式中 d——干道管径，mm；

Q——管道流量，m^3/h；

v——干管的经济流速，一般 $v\leqslant2$m/s。

2）干管水头损失计算。

干管的作用是将灌溉水输送并分配给支管。其水头损失包括沿程和局部水头损失。其水力计算按两个阶段进行，首先按最不利的轮灌组从下而上计算水头损失，以确定各段干管的直径和干管进口水头。由于干管上的分水口间距大，以分水口分段，自下而上逐段按沿程无分流管计算水头损失。干管局部损失可根据各个部件类型的局部水头损失逐个计算，待系统水泵型号选定、确定干管入口的工作水头后，再由上而下逐段计算其他轮灌组工作条件下支管分水口处的干管压力。

沿程水损：

$$h_{干}=\frac{fQ^m}{d^b}L \tag{5-12}$$

局部水损：

$$h_{干}'=\frac{\sum\xi v^2}{2g} \tag{5-13}$$

式中，ζ 为局部水头损失系数，可参考水力学或有关手册选定。

计算时局部水头损失可取沿程水头损失的5%～10%。

（4）水锤压力验算与防护。滴灌专用PVC管材可不进行水锤压力验算。其他管材当关阀历时大于 20 倍水锤时，也可不验算关阀水锤。直接水锤的压力水头增加值应按下式计算：

$$\Delta H = C\Delta V/g \tag{5-14}$$

$$C = \frac{1435}{\sqrt{1 + \frac{2100\ (D_0 - e)}{E_s e}}} \tag{5-15}$$

式中 ΔH——直接水锤的压力水头增加值，m；

C——水锤波在管中的传播速度，m/s；

g——重力加速度，m/s^2；

ΔV——管中流速变化值，为初流速减去末流速，m/s；

D_0——管道外径，mm；

e——管壁厚度，mm；

E_s——管材的弹性摸量（MPa），聚氯乙烯管取 2500～3000MPa，钢管取 206000MPa。

当计入水锤后的管道工作压力不大于塑料管道 1.5 倍允许压力或超过其他管材的试验压力时，应采取水锤防护措施。

4. 首部枢纽设计

（1）水源过滤及施肥设备选型。应根据水源水质和滴头抗堵塞能力选择过滤设备型号，由于流道设计上的差异，各种灌水器对水质的要求不同。根据天业技术中心的试验，几种常用滴灌带对水源的物理过滤精度要求如下：

单翼迷宫式滴灌带≥120 目；

内镶式滴头≥200 目；

压力补偿式滴头（锥型阀芯）≥180 目。

不同的水质处理方式也不同，一般而言，井水较清澈，用一级筛网过滤器即可，若有涌沙现象，可加一级离心过滤器。含有水藻、鱼卵、漂浮物的地表水，一般选用沙石过滤器+筛网过滤器的两级过滤方式。含有较多泥沙的地表水除配置过滤器外，还应修建沉淀池。化学堵塞是比较难处理的，特别是硬质水，在高温条件下钙、镁离子会吸附、沉积在流道内，造成堵塞，处理费用较高。一般大田使用的滴灌带最好选用薄壁型的一年一次性使用产品，一方面初期一次性工程造价低，另一方面避免多次重复使用累积形成的长期沉积、沉淀堵塞问题，同时也避免因重复使用、接头太多而造成的机械铺设困难。

（2）施肥罐选择。根据设计流量和灌溉面积的大小，灌溉作物所需肥料和化学药物的性质，选择合适的施肥罐。

5. 水泵选型及动力配套

滴灌系统所需要的水泵型号应根据滴灌系统的设计流量和系统总扬程确定。滴灌系统设计流量等于同时工作的毛管流量之和，即：

$$Q_{总} = \sum_{i=1}^{n} Q_{毛} \tag{5-16}$$

系统的总扬程可由下式确定：

$$H_{总} = H_{滴} + \sum \Delta h_i + \sum \Delta h + \Delta Z \tag{5-17}$$

式中 $H_{总}$——系统总扬程，m；

$H_{滴}$——滴头工作压力水头，m；

$\sum \Delta h_i$——水泵、阀门、施肥罐、过滤器、监控仪表的局部水头损失之和，m；

$\sum \Delta h$——设计参考点至干管进口处各级管道水头损失之和，m；

ΔZ——设计参考点高程与水源水面高程之差，m。

根据计算出的滴灌系统设计流量和扬程，查选定的水泵生产厂家的水泵技术参数表，选出合适的水泵及配套动力。

5.4 滴灌自动控制系统

5.4.1 滴灌自动控制系统特性

滴灌自动控制系统是将电子技术和灌溉节水技术、农作物栽培技术结合起来，系统在不需要人为控制的情况可以自动开启灌溉，也可以自动关闭灌溉。灌溉自动化控制系统主要特性如下：

1. 精准性

与传统的灌溉靠经验判断灌水时间相比，自动化控制可以实现整个系统的各个灌水小区精确的启动时间控制，从时间上保证了整个区域的灌水均匀性和时间的准确控制。

2. 高效性

用自动化控制系统管理灌区，系统会按照编好的轮灌组、轮灌顺序、灌溉量和灌溉周期自动开启和关闭阀门，与传统的人工灌溉相比，没有人为因素影响，管理效率高，节省了人力和时间，降低了劳动强度。

3. 节水性

自动化控制系统可以连接智能型的传感器，可根据当时的气象条件或土壤的含水量，当达到设置的条件时自动进行灌溉，做到作物或植物需要多少水就灌多少水，适时、适量灌水，提高了水的利用率。

5.4.2 滴灌自动控制系统类型

自动化控制系统按照不同的分类方式其种类很多，根据控制系统运行的方式，可分为半自动控制和全自动控制；根据系统通信方式，可分为有线通信控制系统、无线通信控制系统、田间独立控制系统；根据控制器的控制线布线方式，可分为传统信号线方式、两线制解码器方式；根据设备组成方式，可分为基于可编程逻辑控制器或计算机编程的控制系统、基于物联网的灌溉控制系统等。本节主要介绍全自动控制系统和半自动控制系统。

1. 半自动控制系统

半自动控制系统通常也可称为时序控制灌溉系统，系统将灌水开始时间、灌水延续时间和灌水周期作为控制参量，实现整个系统的自动灌水。系统工作时灌溉管理人员可根据需要将灌水开始时间、灌水延续时间、灌水周期等设置到控制器的程序中，当达到设定的时间时，控制器通过向电磁阀发出信号，开启或关闭灌溉系统。半自动控制系统中也可以选配一些传感器，如土壤水分传感器设备。

2. 全自动控制系统

全自动控制系统是一种智能灌溉系统，通常由信息采集系统，将与植物需水相关的参量（温度、降雨量、土壤含水量等）通过传感器收集起来反馈到中央计算机，计算机通过软件分析会自动决策所需灌水量，并通知相关的执行设备，开启或关闭灌溉系统。半自动灌溉系统可作为全自动灌溉系统的子系统。

不管是半自动还是全自动控制系统，都是需要人为参与的，人的作用是调整控制程序和检修控制设备。在系统出现意外情况时，可手动进行电磁阀开启，以保证连续灌溉不会中断，不误农时。

5.4.3　滴灌自动控制系统构成

滴灌自动控制系统由灌溉系统和自动控制系统两部分组成。灌溉系统的组成与一般灌溉系统的组成完全相同，主要包括首部、田间管网、灌水器等。自动控制系统根据实际需求的不同，全自动控制系统和半自动控制系统由不同的设备组成，半自动控制系统一般由控制器，电磁阀组成，控制器有大有小，小的控制器只控制单个电磁阀，而大的控制器可控制多个电磁阀；全自动控制系统一般由中央控制系统、控制器、电磁阀、田间信息采集或监控设备、通信系统和电源等组成。

1. 中央控制系统

中央主控系统根据灌溉管理人员输入的灌溉程序将采集到的灌溉区域的信息进行处理，判断是否需要进行灌溉和灌溉的时长，向阀门控制器发出电信号，开启及关闭灌溉系统。

2. 控制器

阀门控制器是与电磁阀装置配套使用的产品，用以控制电磁阀的开启和关闭，可以是只有简单的定时功能，也可以是编程功能的控制器。

3. 电磁阀

电磁阀是自动化灌溉系统的执行元件，通过接收阀门控制系统传递的信号开启和关闭。

4. 田间信息采集或监控设备

田间信息采集主要依赖传感设备，传感设备就是能够感受规定的被测量物并按照一定规律转换成可能输出信号的器件或装置。

5. 通信系统和电源

通信系统作用是将田间信息采集的信息传送到中央控制器和将中央控制器下达的指令传送到阀门控制器。通常对于较大型的灌区多采用无线通信，对于小型灌区多采用有线通信也可采用无线通信。随着技术的发展，现在逐步发展成无线通信；电源主要是维持设备的正常工作。

5.4.4　自动化控制设备

1. 中央控制系统

中央控制系统是全自动化灌溉系统的核心，主要由微机等设备及控制系统软件组成。微机设备与计算机一样，由电源控制箱、主控计算机和显示器等设备组成。控制系统软件是安装于微机设备上的，对各类信息分析判断是否开始和结束灌溉，并发送指令给控制器。

2. 控制器

控制器是灌溉自动化控制系统的主要设备。根据自动化程度的不同选用的控制器也不相同，同一种控制系统根据功能实用要求的不同，采用的控制器也不相同，目前使用较多的是时间控制器。控制器是一种可编程的存储器，可以利用其内部存储程序，执行逻辑运算、顺序控制、定时、计数与算数操作等面向用户的指令，并通过数字或模拟式输入、输出控制闸门，能根据用户要求设定各灌区的灌溉顺序和灌溉时间。

3. 电磁阀

电磁阀从原理上分为三大类：直动式电磁阀、先导式电磁阀、先导直动式电磁阀，一般自动化灌溉系统使用先导式电磁阀。

（1）直动式电磁阀。通电时，电磁线圈产生电磁力把关闭件从阀座上提起，阀门打开；断电时，电磁力消失，弹簧把关闭件压在阀座上，阀门关闭。其特点是在真空、负压、零压时能正常工作，但通径一般不超过 25mm。

（2）先导式电磁阀。通电时，电磁力把先导孔打开，上腔室压力迅速下降，在关闭件周围形成上低下高的压差，流体压力推动关闭件向上移动，阀门打开；断电时，弹簧力把先导孔关闭，入口压力通过旁通孔迅速关闭腔室，在关闭件周围形成下低上高的压差，流体压力推动关闭件向下移动，关闭阀门。其特点是流体压力范围上限较高，可任意安装但必须满足流体的压差条件。

（3）先导直动式电磁阀。先导直动式电磁阀，在设计上巧妙地运用了先导式与直动式电磁阀的特有优点，使其达到了用途广泛、开闭快速、零压力开启及通径大等特点，但功率较大，通常要求必须水平安装。

控制器与电磁阀的连接方式有两种，一种是较为传统的连接方式，即控制器到每个电磁阀均需一根信号线；另一种是解码器的连接方式，控制器与所有电磁阀仅需一根 2 芯双绞线，电磁阀与双绞线之间需另外增加为电磁阀分配地址码的解码器。解码器控制系统相对于原有的有线控制系统有着更大的站点数、更远的铺设距离。为方便有线控制系统的日常管理，可在原有的有线控制器上增加无线遥控设置。在日常管理当中，直接拿遥控器就可开启指定阀门或阀门组，管理更加方便灵活。

4. 田间信息采集系统

田间信息采集系统可实时采集灌区的空气温度、湿度、光照强度、风速风向、降雨量、土壤水分含量等参数，实现对设施农业综合生态信息进行自动监控，对环境进行自动控制和智能化管理田间。田间采集系统主要由核心板、传感器、通信模板块、电源组成，可选用太阳能供电或者系统供电。

田间信息采集系统主要靠传感器收集信息。不同参数的传感器也不相同，主要有温（湿）度传感器、气压传感器、光照强度传感器、光合有效辐射传感器、风向传感器、雨量传感器、地温传感器、土壤水分传感器等。一般自动化灌溉系统中主要用土壤水分传感器。

5.4.5　变频调节装置

变频调节装置就是变频调节器，是应用变频技术与微电子技术，通过改变电动机工作电源频率的方式来控制交流电动机的电力控制设备。通常地说，变频调节器是利用半导体器件的通断作用将工频电源变换为另一频率的电能控制装置。

1. 变频器的主要作用

（1）变频节能。使用变频调速，当流量要求需要改变时，通过降低泵的转速即可满足要求。

（2）功率因数补偿节能。使用变频调速装置后，变频器内部滤波电容发挥作用，无功损耗减少了，电网的有功功率增加。无功功率不但增加线损和设备的发热，功率因数的降低还会导致电网有功功率的降低，大量的无功电能消耗在线路中，设备使用效率低下，浪费严重。

（3）软启动功能。电动机硬启动对电网造成严重的冲击，而且还会对电网容量要求过高，启动时产生的大电流和振动对挡板和阀门的损害极大，对设备、管路的使用寿命极为不利。而使用变频节能装置后，变频器的软启动功能将使启动电流从零开始，最大值也不超过额定电流，从而减轻了对电网的冲击和对供电容量的要求，延长了设备和阀门的使用寿命，节省了设备的维护费用。

2. 变频器分类

变频器分类方式不同，按变换的环节分为交-交变频器、交-直-交变频器；按直流环节的储能方式分为电压源型变频器、电流源型变频器；按照运行方式分为 VVVF（即变压变频）和 CVCF（即恒压恒频）。交-直-交变频器频率调节范围宽，变换的环节容易实现，目前广泛采用，通用变频器一般都采用交-直-交变频器。

3. 交-直-交变频器

交-直-交变频器，先把工频交流电通过整流器变成直流电，然后把直流电变换成频率、电压均可控制的交流电，它又称为间接式变频器。

（1）变频器的组成。交-直-交变频器工作流程如图 5-18 所示，由主电路（包括整流器、中间电路、逆变器）和控制电路组成，各部分作用如下：

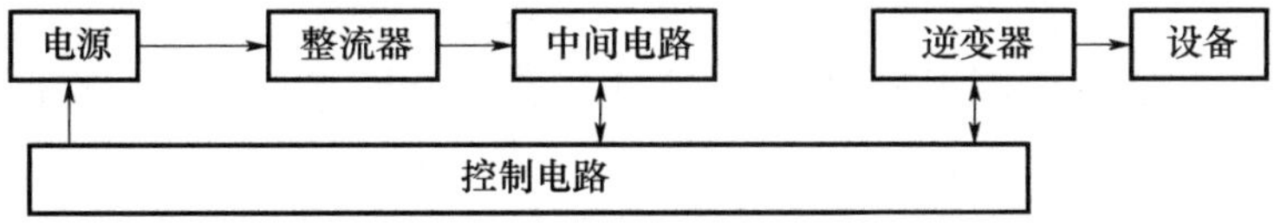

图 5-18　交-直-交变频器工作流程图

1）整流器。将工作频率固定的交流电转换为直流电的装置为整流器。整流器有两种基本类型——可控的和不可控的。

2）中间电路。可看作是一个能量的存储装置，电动机可以通过逆变器从中间电路获得能量。它有三种类型：将整流电压变换成直流电流，使脉动的直流电压变得稳定或平滑，供逆变器使用，将整流后固定的直流电压变换成可变的直流电压。

3）逆变器。逆变器是变频器的核心，由大功率开关晶体管阵列组成电子开关，将直流电转化成不同频率、宽度、幅度的方波，它产生电动机电压的频率。另外，一些逆变器还可以将固定的直流电压变换成可变的交流电压。

4）控制电路。它将信号传送给整流器、中间电路和逆变器，同时也接收来自这部分的信号。按设定的程序工作，控制输出方波的幅度与脉宽，使其叠加为近似正弦波的交流电，驱动交流电动机。具体被控制的部分取决于各个变频器的设计。

（2）变频器的变压方式。

1）可控整流器调压。根据负载对变频器输出电压的要求，通过可控整流器实现对变频器输出电压的调节。

2）直流斩波器调压。采用不可控整流器，保证变频器电源侧有较高的功率因数，在直流环节中设置直流斩波器完成电压调节。

3）逆变器自身调压。采用不可控整流器，通过逆变器自身的电子开关进行斩波控制，使输出电压为脉冲列。改变输出电压脉冲列的脉冲宽度，便可达到调解输出电压的目的，这种方法称为脉宽调制（Pulse Width Modulation，PWM）。

（3）变频器特点。

交-直-交变频器优点：效率高，调速过程中没有附加损耗；应用范围广；调速范围广，特性硬，精度高。其缺点：造价高，维护检修困难。其适用于要求精度高、调速性能较好场合。

5.5 滴灌系统工程图绘制

5.5.1 滴灌系统设计图件

滴灌工程图重点是描述工程管网的布置，更注重反映系统的整体性、结构性，主要图件包括工程规划图、工程平面布置图、管道纵剖面图、节点压力图、系统运行图（轮灌顺序图）、管道系统结构示意图、滴灌首部示意图、工程构筑物设计图等。

1. 工程规划图

工程规划图需在地形图上绘制，主要反映项目区地理位置、地形、地貌、水源工程、泵站等主要建筑物和骨干管（渠）道的初步布置。如果图面大小允许，还可以反映与工程有关的河流、道路、重要的建筑物和居民点等，一般采用示意法表示。为使图幅大小适用，所用地形图比例尺要适当，项目区面积在 333hm^2 以下的宜为 1：2000～1：5000；项目区面积在 333hm^2 以上的可为 1：5000～1：10000。如果项目区面积较小，灌溉系统较简单，工程规划图可与工程平面布置图合并。

2. 工程平面布置图

滴灌工程平面布置图在地形图上绘出，其比例尺宜为 1：1000～1：2000。图中应标明系统边界及内部分区线，水源及水源工程的位置，各类闸阀、给水栓以及其他附属设施的位置，并且还应标明管道（或渠道）的名称及编号、节点编号等。还可以用箭头标明地形的坡降方向、河流水系的流向等。

3. 管道纵剖面图

管道纵剖面图应绘出地面线、管底线（开挖线与管底线不一致时还需标出开挖线），标出各种管件（如阀门、三通、四通、异径接头和镇墩）的位置，底栏应包括桩号、地面高程、管底高程、挖深、纵坡和管径等栏目。

4. 节点压力图

节点压力图反映单个系统某一组轮灌时，管道各节点的压力变化情况。节点压力图的内容一般包括：节点位置、符号，节点压力水头，调压装置进口压力，调压装置出口压力，管道管径、管长、流量、水头损失，必要说明等。

5. 系统运行图

系统运行图反映系统运行时的轮灌情况，一般包括轮灌图和轮灌表两部分，轮灌图是轮灌表的具体反映，轮灌图中一般包括管道的名称、编号、轮灌组编号、用箭头表示的轮灌方向等内容。

6. 管道系统结构示意图

管道系统结构示意图是绘制节点图的基础图件，以透视图形式绘出固定管道系统的结构示意，标出管道的材质、长度、管径以及各种管件的规格型号。绘制管道系统结构示意图时，应该与系统的平面布置以及固定管道纵断面互相核对，无误后再进行下一步工作。如果滴灌系统的结构较简单，管道结构示意图可以与平面布置图合并。

管道系统结构示意图和工程平面布置图由于比例尺较小而表示不清楚或不便于表示管道的局部结构，特别是管道节点处的结构，可将管道系统结构示意图和平面布置图中的节点单独用较大的比例画出，做成节点图，以表示其细部结构，节点图一般需标出管道的材质、管径、管件名称、规格型号。

7. 滴灌首部示意图

滴灌首部示意图属于节点图的一部分，滴灌首部枢纽是滴灌系统的加压、调节、控制、净化、施肥、保护及量测等设备的场所。滴灌首部示意图包括水泵、各种阀门、压力表、水表、过滤器、排气阀、施肥罐等设备。根据水源和水质的不同，微灌系统首部的结构有一定的区别，主要体现在过滤系统和水泵选型上。

8. 工程建筑物设计图

工程建筑物设计图包括泵房平面图、立面图，输变电工程设计图，以及蓄水池、阀门井、排水井、镇墩和渠系建筑物的设计图等。

5.5.2　滴灌系统设计图制图要求

1. 图幅

为了阅读方便，滴灌工程图一般以 2 号图和 3 号图为主，图框尺寸为：2 号图（420×594）mm；3 号图（297×420）mm。必要时可以对图框进行加长，加长尺寸依图面大小而定，可不依基本幅面的整数倍增加。无论图纸是否装订，都应画出图框，图框左边距图纸边缘 25mm，图框其余三边距边缘尺寸：2 号图为 10mm；3 号图为 5mm。

2. 标题栏

在图框的右下角，应画一个标题栏，标题栏内的项目、格式按水利工程的标题栏标准制定。

3. 比例

当整张图中只用一种比例时，应统一注写在标题栏内，否则应分别注写，如×××图 1：200。

4. 字体

图中的汉字、数字、字母等均应字体端正，笔画清楚，排列整齐，间隔均匀，汉字应选用宋体或仿宋体，在同一图件中只允许选用一种形式的字体；字号大小是指字体的高度，字号分为：20，14，10，7，5，3.5，2.5等七种，汉字的高度应不小于3.5mm；斜体字的字头向右倾斜，与水平线约成75°角；用作指数、分数、极限偏差、注脚等的数字和字母，一般采用小一号字体。

5. 图线及画法

为了保证图件所表示的内容主次分明、清晰易看，采用各种不同形式和粗细的线，分别表示不同的意义和用途。滴灌工程的管道一般分为主干管、干管、支管、辅助支管、毛管五级，图线分粗、中、细三种，图线宽度推荐系列为：0.18，0.25，0.35，0.5，0.7，1.0，1.4，2.0mm。地埋管道用虚线表示，地面管道用实线表示。如果图件为彩图，还可以用不同颜色来区分，以便更好地看图。管道颜色一般用蓝色和绿色。

6. 尺寸注法

（1）基本要求。

图样的真实大小和距离应以图样上所注的尺寸数值为依据，与图形的大小及绘图的准确度无关；图样中的尺寸单位必须在图纸中加以说明。

（2）尺寸界线、尺寸线、尺寸箭头和尺寸数字。

1）尺寸界线用细实线绘制，一般自图形的轮廓线、轴线或中心线处引出，轮廓线、轴线或中心线也可以作为尺寸界线。绘出尺寸界线时，引出线与轮廓线之间一般留有2～3mm间隙。

2）尺寸线用细实线绘制，其两端箭头应指到尺寸界线。

3）尺寸起止符号采用箭头，必要时可以用45°的细短划线表示，其倾斜方向应与尺寸界线成45°角，短划线长度为2～3mm。

4）标注圆弧半径、直径、角度、弧长时，一律采用箭头。

5）尺寸数字不可被任何图线或符号所通过，当无法避免时，必须将其他图线或符号断开。

（3）注法。

1）尺寸界线一般应垂直于尺寸线，必要时可以不垂直。

2）尺寸数字一般注写在尺寸线上方的中部。

3）对于非水平方向的尺寸，其数字可以水平地注写在尺寸线的中断处。

4）互相平行的尺寸线之间的距离应大于7mm，且使小尺寸注内层，大尺寸注外层，避免尺寸线交叉。

5.6 滴灌系统的施工及运行管理

5.6.1 施工安装

1. 工程施工

（1）施工前的准备。

1）应检查图纸、文件等是否齐全，并校对是否与灌区水源、地形、作物种植及首部位置相符，发现问题应及时与设计部门协商，提出合理修改方案。

2）应检查现场，制定必要的安全措施，并严格按工期要求编制施工计划。建立施工组织，拟定放样、定线等各项施工顺序，编制劳力、工种、材料、设备、工程进度计划，制定质量检查方法。

3）施工前应按设计要求检查工程设备器材、准备好施工工具。严格按照工期要求制定计划，确保工程质量，并按期完成。

（2）施工基本要求。

1）施工必须严格按设计进行，若修改设计应征得设计部门同意。

2）施工中必须随时检查质量，发现不符合要求的应坚决返工，不留隐患。对隐蔽工程必须填写《隐蔽工程记录》才能进入下道工序施工。

3）施工过程中应做好施工记录，施工结束后编制竣工图，编写竣工报告。

4）施工中应注意防洪排水，保护农田和林草植被，做好弃土处理。

5）工程施工完成应及时编制竣工报告。

（3）施工程序。

1）施工放样，现场应设测量控制网，并保留到施工完毕。放样包括首部枢纽和干、支管的管线测量。

2）基坑开挖，排水及基础处理。

3）建筑物施工应符合现行国家标准《砌体结构工程施工质量验收规范》（GB 50203—2011）、《混凝土结构工程施工质量验收规范》（GB 50204—2015）、《地下防水工程质量验收规范》（GB 50208—2011）和《建筑地面工程施工质量验收规范》（GB 50209—2010）的有关规定。

4）回填土应干湿适宜、分层夯实，与管道及附属建筑物应接触紧密。

（4）管线施工。

1）在入冬前能保证干管不存水的要求下，干管顶端埋深应大于 60cm，管沟底宽不宜小于 60cm，基槽应平直，并应按规定进行放坡，管沟纵坡应大于 0.2%，以便将管中余水排入排水井或排水渠。

2）在直径大于 50mm 的管道末端以及变坡、转弯、分岔和阀门处应设镇墩。当地面坡度大于 20%或管径大于 65mm 时，宜每隔一定距离增设支墩。

3）干管及管件安装过程中，应在管段无接缝处先覆土固定，待安装完毕，经冲洗试压，全面检查质量合格后，方可回填。

4）回填前应清除槽内一切杂物，并排净积水；在管壁四周 10cm 内的填土不应有直径大于 2.5cm 的石块或直径大于 5cm 的土块。回填应分层轻夯或踩实，并应预留沉陷超高。回填必须在管道两侧同时进行，严禁单侧回填。

（5）施工暂停时应采取的保护措施。

管件、阀门、压力表等设备应放在室内，严禁暴晒、雨淋和积水浸泡。存放在室外的塑料管及管件应加盖防护，正在施工安装的管道敞开端应临时封闭，以防杂物进入管道。应切断施工电源，妥善保管安装工具。

2. 系统安装

（1）安装准备。

1）安装前工作人员应全面了解各种设备性能，熟练掌握施工安装技术的要求和方法。

2）检查管沟的沟底标高、底宽、砾石地段的回填厚度是否达到施工要求。

3）检查管件、管材、胶圈、胶粘剂的质量是否合格。

4）检查安装工具手锯、板锉、打孔器、扳手、管钳、手钳、棉纱毛刷、润滑剂（通常用肥皂水或洗洁净）、连接工具（手扳葫芦、紧绳器、钢丝绳套，ϕ200mm 以下可用 5cm×25cm×40cm 的木板和 8 磅①的铁锤代替）、检查工具（塞尺或锯条）、测试仪表（压力表）等是否齐备。

5）确定与设备安装有关的土建工程已经验收合格，并按设计文件要求，全面核对设备规格、型号、数量和质量，严禁使用不合格产品。

（2）首部枢纽设备安装。

1）机电设备安装应符合现行国家标准《机械设备安装工程施工及验收通用规范》（GB 50231—2009）和《电气装置安装工程 低压电器施工及验收规范》（GB 50254—2014）的有关规定。

2）水泵安装应符合国家现行标准《泵站设备安装及验收规范》（SL 317—2015）和《风机、压缩机、泵安装工程施工及验收规范》（GB 50275—2010）的有关规定。

3）过滤器也应按产品说明书所提供的安装图进行安装，并应注意按输水流向标记安装，不得反向。

4）施肥设备应安装在网式过滤的前面，其进、出水管与灌溉管道连接应牢固，如使用软管，应严禁扭曲打折。

5）测量仪表和保护设备安装应按设计要求和流向标记进行。

（3）干管安装。

1）干管管网铺设前检查。

① 对塑料管规格和尺寸进行复查，管内必须保持清洁。

② 管材、管件、胶圈、胶粘剂的质量是否合格。

2）一般敷设过程：管材放入沟槽→连接→部分回填→试压→全部回填。

3）塑料管如采用胶圈连接，其放入沟槽时，扩口应在水流的上游。

4）在沟槽内铺设 PVC、UPVC 干管，如设计未规定采用其他材料的基础，应铺设在未经扰动的原地上。管道安装后，敷设管道时所用的垫块应及时拆除。

5）管道不得铺设在冻土上，冬季施工应清完沟底（未有冻层）后及时安装并回填，防止在敷设管道和管道试压过程中沟底冻结。

6）在昼夜温差较大地区，应采用胶圈（柔性）连接，如采用胶粘剂连接，应采取措施防止因温差产生的应力破坏管道及接口。

7）施工温度要求：

① 胶粘剂施工不得在 5℃以下施工；

② 胶圈连接不得在－10℃以下施工。

8）当 UPVC 给水管道上的法兰直接与阀门和管道连接时，应采取柔性连接或预留量等措施，防止产生外加拉应力对管道系统的影响，口径大于 100mm 的阀门下应设

① 1 磅＝0.453 千克（kg）。

支墩。

9）管道上的三通、四通、弯头、异径接头和闸阀处均不应设在冻土上，如无条件采取措施保证支墩的稳定，支墩与管道之间应设塑料或橡胶垫片，以防止管道的破坏。

10）支墩一般采用混凝土浇筑的重力式结构，其尺寸及形式应按沟槽形状、土质及支撑强度等条件计算确定。管道系统不同部位止推墩的形式可参照槽形状、土质及支撑强度等条件计算确定。

11）管道在敷设过程中可以有适当的弯曲，可利用管材的弯曲转弯；但幅度不能过大，曲率半径不得小于管径的 300 倍，并应浇筑固定管道弧度的混凝土或砖砌固定支墩。

12）当管道坡度大于 1∶6 时应浇筑防止管道下滑的混凝土防滑墩。防滑墩基础必须浇筑在管道基础下的原状土内，并将管道锚固在防滑墩上。

① 混凝土防滑墩宽度不得小于管外径加 300mm；长度不得小于 500mm。

② 防滑墩与上部管道的锚固可采用管箍，或浇筑在防滑墩混凝土内。管箍必须固定在墩内的锚固件上。采用钢制管箍时应做相应的防腐处理。

13）管道若在地面连接好后放入沟槽则要求。

① 管径口径小于 160mm；

② 柔性连接（粘结管道放入沟槽必须固化后保证不移动粘结部位）；

③ 沟槽浅；

④ 靠管材的弯曲转弯；

⑤ 因特殊原因沟宽达不到要求，无法在沟内施工；

⑥ 安装直管无节点。

14）管道安装和敷设中断时，应用木塞封闭管口，防止杂物、动物等进入管道，导致管道堵塞或影响管道卫生。

15）塑料管套接时，其套管与密封胶圈规格应匹配，密封圈装入套管槽内不得扭曲和卷边。插头外缘应涂匀润滑剂，对正止水胶圈，另一端用木槌轻轻敲打，用紧绳器或手（电）动葫芦将管道插至规定深度（表 5-8）。

表 5-8　管子接头最小插入长度表

公称外径（mm）	63	75	90	110	125	140	160	180	200	225	280	315
插入深度（mm）	64	67	70	75	78	81	86	90	94	100	112	113

16）承插管安装轴线应对直重合，承插深度应为管外径的 1～1.5 倍，胶粘剂应与管材匹配。插头应先用锉刀打毛，然后用胶粘剂涂匀承插口和插头，并适时承插，转动管端使胶粘剂填满空隙，粘结后 24h 内不得移动管道。

（4）支管安装。

目前滴灌系统中使用的支管有薄壁和厚壁两种，无论是哪种，支管在敷设时都不宜拉的过紧，应铺设 1～2d 后使其呈自由弯曲状态，并在早 8 时前后测量打孔或截断位置。当支管是薄壁支管时，要保证支管截断处平齐，然后将钢卡套在薄壁支管上，再将薄壁支管按照该承插到的深度套在带有矩形止水胶圈的承插三通或承插直通两端，最后将钢卡卡紧。当支管是厚壁支管时，首先也要保证支管截断处的平直。厚壁支管与出地快接三通连接时应当用弓形扳手加以紧固。对于厚壁支管的末端还须用堵头，薄壁支管末端可以将其折叠后用铁丝扎紧。厚壁支管与辅管连接时需要打孔，打孔要求如下：

1）应按设计要求在支管上标出孔位。

2）用手摇钻或专用打孔器打孔，钻头直径应小于管件外径 2.5～3mm，钻孔不能倾斜，钻头钻入深度不得超过 1/2 管径。

（5）毛管的敷设安装。

一般来说，针对不同的滴灌系统，所用毛管的种类不同，滴灌系统中常用的毛管有三种：单翼迷宫式滴灌带、管上式滴灌管以及内镶式滴灌管。

对于大田棉花膜下滴灌系统，毛管（迷宫式滴灌带）的敷设是与棉花的播种同时进行的，因而毛管安装质量的好坏很大一部分因素在于整个播种过程，所以播种机的改装是重点。总的说来，应注意以下几点：

1）敷设毛管的播种机应改装正确，导向轮转动灵活，导向环应光滑，最好用薄膜缠住，使毛管在敷设中不被挂伤或磨损。

2）播种时播种张力应适当。

3）迷宫式滴灌带敷设时应将流道凸起面向上。

4）毛管连接应紧固、密封，两支管间毛管应用尼龙绳扎紧。

旁通是毛管与支管连接专用构件，施工精度要求高，对于一般滴灌系统而言，其关键是要在支管上钻好安装旁通的孔眼。安装旁通孔眼的位置、方向和大小对滴灌系统的运行管理影响很大，必须从严要求。施工时应注意以下几点：

① 孔眼位置：要与毛管敷设位置对准，毛管敷设位置应按设计要求与作物种植行相对应。

② 孔眼方向：固定式支管埋设较深，孔眼朝上，一年生作物如采用季节固定式支管，由于埋设较浅，要求支管上所有孔眼方向务必与地面平行。施工时首先要检查支管是否有“拗劲”现象，如有务必放松。然后将支管拉直用粉笔标出开孔点后对准标记点钻孔。

双向控制支管，须用按扣三通或两侧装旁通，按扣三通的安装同上，这里主要介绍旁通的安装，安装旁通时，钻孔须逐一进行，不要一孔打穿成两孔，这样做容易使孔眼扩大，待装旁通后漏水。

③ 孔眼大小：孔眼的大小决定着与旁通插头结合的严密。过大漏水，过小不但安装困难，同时易造成旁通损坏，同样也漏水。

④ 孔眼打好后，将旁通插入支管，旁通另一端与毛管连接，如是绑扎带式旁通，注意旁通插入支管前检查是否有止水胶圈；如是承插式旁通，在旁通与支管连接好之后与毛管（内镶式滴灌管、管上式滴灌管）连接时，最好将该毛管连接端在暖水瓶里泡一下，然后与旁通连接，也可在旁通与毛管插上后用小木板敲打旁通使毛管进入旁通的二台，然后将另一端插入支管中。

（6）阀门、管件安装。

1）检查安装的管件配件如螺栓、止水胶垫、丝口等是否完好。

2）法兰中心线应与管件轴线重合，紧固螺栓齐全，能自由穿入孔内，止水垫不得阻挡过水断面。

3）安装三通、球阀等丝口件时，用生料带或塑料薄膜缠绕，确保连接牢固不漏水。

4）管件及连接处不得有污物、油迹和毛刺。

5）不得使用老化和直径不合规格的管件。

3. 管道冲洗和试运行

（1）管道冲洗。

1）管道冲洗应由上至下逐级进行，支管和毛管应按轮灌组冲洗，冲洗过程中应随时检查管道情况，并做好冲洗记录。

2）应先打开枢纽总控制阀和待冲洗的阀门，关闭其他阀门，启动水泵对干管进行冲洗，直到干管末端出水清洁。然后关闭干管末端阀门，进行支管冲洗，直到支管末端出水清洁。最后关闭支管末端阀门冲洗毛管，直到毛管末端出水清洁为止。

（2）系统试运行。

1）系统试运行应按设计要求，分轮灌组进行。

2）初检合格后，关闭管道所有开口部分的阀门，利用控制阀门逐段试压，试验压力可取管道设计压力，即水泵正常运行时的最大扬程，保压时间为 1h。试压后对管道、接头、管件等渗水、漏水处进行处理，如漏水严重须重新安装，待装好后再试压。要连续运行 4h，全系统运转正常，指标达到设计规定值后，才能进行管道回填。

3）管道允许最大渗漏水量应按下式计算：

$$[q_s]=K_s\sqrt{d} \tag{5-18}$$

式中　$[q_s]$——1000m 长管道允许最大渗漏量，L/min；

K_s——渗漏系数，硬聚乙烯管、聚丙烯管取 0.08，聚乙烯管取 0.12；

d——管道内径。mm。

5.6.2　滴灌系统的运行及管理

1. 组织管理

根据滴灌系统所有权的性质，应建立相应的经营管理机构，实行统一领导、分级管理或集中管理，具体实行工程、机泵，用水、用电等项目管理。为提高滴灌工程的管理水平，应加强技术培训，明确工作职责和任务，建立健全各项规章制度，实行滴灌产业化管理。

2. 运行管理

（1）管网的运行管理。

1）系统每次工作前先进行冲洗，在运行过程中，要检查系统水质情况，视水质情况对系统进行冲洗。

2）定期对管网进行巡视，检查管网运行情况，如有漏水要立即处理。

3）灌水时每次开启一个轮灌组，当一个轮灌组结束后，先开启下一个轮灌组，再关闭上一个轮灌组，严禁先关后开。

4）系统运行时，必须严格控制压力表读数，应将系统控制在设计压力下运行，以保证系统能安全有效地运行。

5）每年灌溉季节应对地埋管进行检查，灌溉季节结束后，应对损坏处进行维修，冲净泥沙，排净积水。

6）系统第一次运行时，需进行调压。可通过调整球阀的开启度来进行调压，使系统各支管进口的压力大致相等。薄壁毛管压力可维持在1kg左右，调试完后，在球阀相应位置做好标记，以保证在其以后的运行中，其开启度能维持在该水平。

7）应教育、指导、监督田间管理人员在放苗、定苗、锄草时要认真、仔细，不要将滴管带损坏。

（2）首部枢纽的运行管理。

1）水泵应严格按照其操作手册的规定进行操作与维护。

2）每次工作前要对过滤器进行清洗。

3）在运行过程中若过滤器进出口压力差超过正常压差的25%～30%，要对过滤器进行反冲洗或清洗。

4）应严格按过滤器设计流量与压力进行操作，不得超压、超流量运行。

5）施肥罐中注入的固体颗粒不得超过施肥罐容积的2/3。

6）每次施肥完毕后，对过滤器进行冲洗。

7）系统运行过程中，应认真做好记录。

5.6.3 系统的操作要点

1. 沉淀池

（1）开启水泵前认真检查沉淀池中各级过滤筛网是否干净，有无杂物或泥堵塞筛网网眼的现象，以及筛网是否有破损现象，如有需及时更换。

（2）检查过滤筛网边框与沉淀池边壁是否结合紧密，如有缝隙较大现象，应采取措施堵住。

（3）水泵泵头需用50～80目筛笼罩住，筛笼直径不小于泵头直径的2倍。

（4）系统运行前先清除池中脏物，当水质较混浊时，应关闭进水口，待水清后再进入沉淀池，以免沉淀池过滤负担过重。

（5）系统运行时，对于积在过滤筛网前的漂浮物、杂物应及时捞出，以免影响筛网过水能力，对于较密（如30～80目）筛网被泥颗粒糊住，导致筛网两侧水位差达到10～15cm时，应换洗筛网。

（6）换洗方法：将脏网提起，将干净的网沿槽放下，脏网需用刷子和清水刷洗干净。停泵后应用清水冲洗各级筛网。

2. 水泵

（1）离心泵。

1）启动前准备。试验电动机转向是否正确。从电动机顶部看泵为顺时针旋转，试验时间要短，以免使机械密封干磨损。打开排气阀使液体充满整个泵体，待满后关闭排气阀。检查各部位是否正确。用手盘动泵以使润滑液进入机械密封端面。

2）操作程序及要求。合上柜内空气开关ZK（该开关设有短路过流保护）。通过面板切换开关CKT和电压表检查三相电压是否平衡，且均为380V（如不平衡可检查3只RD是否熔断），否则严禁启动设备。

泵体是否充满水（排气检查），严禁无水运行。

电流检查及水泵充水正常，可将“手动、自动”切换开关切换到“自动”。

按“启动”按钮，注意观察柜体表计的变化和水泵的工作状态。当水泵“启动”运转10～12s渐平稳时，由时间继电器SJ自动将“启动”转为“运行”工况，此时，若无用水量，压力表应指示为0.5MPa，“手动”运行时也应遵循这一原则。

如果一次“启动”失败，则需经过7min左右的时间后方可进行第二次“启动”操作，否则易造成变压器损坏。

应时常检查电动机温度和异常噪声，如发现异常可按“停止”或“急停”按钮，禁止电动机运转时拉闸。

应注意电压过低运行时，电动机会过流运行（$I_g \leqslant 0.5\%$），其连续运行时间$t \leqslant 4h$，待冷却一段时间再投入运行。

检查轴封渗漏情况，正常时机械密封渗露应小于3滴/min。

检查电动机轴承处温度≤70℃。

非经专业人员及设备管理人员指导和许可，严禁他人擅自改变设备参数及操作设备。

设备管理人员应逐步熟知设备工作原理及熟悉各项操作。

3）维护要求。进口管道必须充满液体，禁止泵在气蚀状态下长期运行。

定期检查电动机电流值不得超过电动机额定电流。

泵进行长期运行之后，由于机械磨损，使机组的噪声及振动增大时，应停机检查，必要时可更换易损零件及轴承，机组大修期一般为一年。

应保持电动机及电控柜内外的清洁和干燥。

定期给电动机加黄油（一般为4个月左右，且应为钙基或钙钠基黄油）。

经常启动设备会造成接触“动、静”触头烧损，应不定期检查并用砂纸打磨，触头接触面严重烧损的，触头应该及时更换（3周至2个月）。

机械密封润滑应无固体颗粒。

严禁机械密封在干磨情况下工作。

启动前应盘动（电动机）几圈，以免突然启动造成石墨环断裂损坏。

停机维修时，检查设备接线是否松动或掉线，并加以固定。所有以上操作及维护工作都必须严格执行国家有关电气设备工作安全的组织措施和技术措施的规定，确保自身和他人及电气设备不受损害。

（2）潜水泵启动、运转和停车。

1）下水以后用500V遥表测电动机对地电阻不低于5MΩ。

2）查三相电源电压是否符合规定，各种仪表、保护设备及接线正确无误后方可开闸启动。电动机启动后慢慢打开阀门调整到额定流量，观察电流、电压应在铭牌规定的范围内，听其运动声有无异常及振动现象，若存在不正常现象应立即停机，找出原因处理后方可继续开机。

3）电泵第一次投入运转4h后，停机立即测试热态绝缘电阻。

4）电泵停车后，第二次启动要隔5min，防止电动机升温过高和管内水锤发生。

3. 过滤器

（1）各级过滤器的性能及使用须知。

1）砂石过滤器（内装离心式过滤器）的工作原理及使用须知。砂石过滤器是利用过滤器内的介质间隙过滤的，其介质层厚度是经过严格计算的，所以不得任意更改介质粒度和厚度，介质之间的空隙分布情况决定过滤效果的优劣。在使用该类过滤器时应注意如下事项：

必须严格按过滤器的设计流量操作，不得超流量运行，因为过多地超出使用范围，沙床的空隙会被压力击穿，形成空洞效应，使过滤效果丧失。

由于过滤器的基理是介质层的空隙过滤，所被过滤的混浊水中的污物、泥沙会堵塞空隙，所以应密切注意压力表的指示情况，当下流压力表压力下降，而上流压力表摆针上升时，就应进行反冲洗，其反冲洗理论界线为超过原压力差 0.02MPa。

反冲洗方法：在系统工作时，可关闭一组过滤器进水中的一个蝶阀，同时打开相应排水蝶阀排污口，使由另一只过滤器过滤后的水由过滤器下体向上流入介质层进行反冲洗，泥沙、污物可顺排沙口排出，直到排出水为净水无混浊物为止。（每次可对一组两罐进行反冲洗）。反冲洗的时间和次数依当地水源情况自定。反冲洗完毕后，应先关闭排污口，缓慢打开蝶阀使沙床稳定压实。稍后对另一个过滤器进行反冲洗。

对于悬浮在介质表面的污染层，可待灌水完毕后清除，过污的介质，应用干净的介质代替，视水质情况应对介质进行每年 1～4 次彻底清洗，对于存在的有机物和藻类，可能会将沙子堵塞，这时应按一定的比例加入氯或酸，把过滤器浸泡 24h，然后反冲洗直到放出清水。

过滤器使用到一定时间（沙子损失过大，粒度减小或过碎），应更换或添加过滤介质。

2）网式过滤器的工作原理及使用须知。网式过滤器结构比较简单，当水中悬浮的颗粒尺寸大于过滤网孔的尺寸，就会被截流，但当网上积聚了一定量的污物后，过滤器进出口间会产生压力差，当进出口压力差超过原压差 0.02MPa 时，就应对网芯进行清洗。

先将网芯抽出清洗，两端保护密封圈用清水冲洗，也可用软毛刷刷净，但不可用硬物。当网芯内外都清干净后，再将过滤器金属壳内的污物用清水冲净，由排污口排出。按要求装配好，重新装入过滤器。工作时应注意，过滤器的网芯为不锈钢网，很薄，所以在保养、保存、运输时应格外小心，不得碰破，一旦破损应立即更换过滤网，严禁筛网破损使用。

3）离心过滤器的工作原理及使用要求。

① 工作原理。由水泵供水经水管切向进入罐内，旋转产生离心力，推动泥沙及其他密度较高的固体颗粒向管壁移动，形成旋流，促使泥沙进入集沙罐，清水则顺流进入出水口。完成第一级水沙分离，清水经出水口、弯管、三通，进入网式过滤器罐内，再进行后面的过滤。

② 使用要求。离心过滤器集沙罐设有排沙口，工作时要经常检查集沙罐，定时排沙，以免罐中沙量太多，使离心过滤器不能正常工作。滴灌系统不工作时，水泵停机，清洗集沙罐。进入冬季，为防止整个系统冻裂，要打开所有阀门，把水排干净。

（2）运行前的准备。

1）开启水泵前认真检查过滤器各部位是否正常，抽出网式过滤器网芯检查，有无沙子和破损。各个阀门此时都应处于关闭状态，确认无误后再启动水泵。

2）在系统运行前，必须首先将过滤网抽出，对过滤器系统进行冲洗。

3）检查网式过滤器网芯，确认网面无破损后装入壳内，不得与任何坚硬物质碰撞。

4）水泵开启后，先运转 3～5min，使系统中空气由排气阀排出，待完全排空后打开压力表旋塞，检查系统压力是否在额定的排气压力范围内，当压力表指针不再上下摆动，无噪声时，可视为正常，过滤器可进入工作状态。

（3）运行操作程序。

1）打开通向各个沙石罐进水的阀门。

2）缓慢开启泵与沙石过滤器之间的控制阀，使阀门开启到一定位置，不要完全打开，以保证沙床稳定，提高过滤精度。

3）缓慢开启沙石过滤器后边的控制阀门与前一阀门处于同一开启程度，使沙床稳定压实，检查过滤器两压力表之间的压差是否正常，确认无误后，开启管道进口闸阀将流量控制在设计流量的 60%～80%，待一切正常后方可按设计流量运行。

4）过滤器在运行中，应对其仪表进行认真检查，并对运行情况做好记录。

5）过滤器在运行中，出现意外事故，应立即关泵检查，对异常声响应检查原因后再工作。

6）过滤器工作完毕后，应缓慢关闭沙石过滤器后边的控制阀门，再关水泵以保持沙床的稳定，也可在灌溉完毕后进行反复的反冲洗，每组中的两罐交替进行，直到过滤器冲洗干净，以备下次再用。如过滤介质需要更换或部分更换也应在此时进行，沙石过滤器冲洗干净后在不冻情况下应充满干净水。

7）当过滤器两端压力差超过 0.03MPa 时，应抽出网芯清洗污物后，封好封盖。但封盖不可压得过紧，以延长橡胶使用寿命。

8）停灌后，应将过滤器所有设备打扫干净，进行保养。冬季应将过滤器中的水放净。

（4）注意事项。

1）过滤器按设计水处理能力运行，以保证过滤器的使用性能。

2）过滤器安装前，应按过滤器的外形尺寸做好基础处理，保证地面平整、坚实，并留有排沙及冲洗水流道。

3）应有熟知操作规程的人负责过滤器的操作，以保证过滤器设备的正常运行。

4）露天安装的过滤器，在冬季不工作时必须排掉站内的所有积水，以防止冻裂，压力表等仪表装置应卸掉妥善保管。

5）为保证过滤器的外观整洁，安装时应尽可能防止损坏喷漆表面。

6）沙石过滤器安装好后，有条件的应先将过滤介质冲洗干净后再装入过滤器内，其冲洗标准以在容器内冲洗后无混浊水为准。无此条件的先将介质装入过滤器，但使用前应关闭后边的阀门，对介质进行反冲洗，每组两罐交替进行，每次反冲洗最多清洗两罐，以无混浊水排出为准。

4. 施肥罐

（1）操作程序。

1）打开施肥罐，将所需滴施的肥（药）倒入施肥罐中。

2）打开进水球阀，进水至罐容量的 1/2 后停止进水，并将施肥罐上盖拧紧。

3）滴施肥（药）时，先开施肥罐出水球阀，再打开其进水球阀，稍后缓慢关闭两球阀间的闸阀，使其前后压力差比原压力差增加约0.05MPa，通过增加的压力差将罐中肥料带入系统管网中。

4）滴肥（药）20～40min即可完毕，具体情况根据经验以及罐体容积大小和肥（药）量的多少判定。

5）滴施完一轮灌组后，将两侧球阀关闭，先关进水阀后关出水阀，将罐底球阀打开，把水放尽，再进行下一轮灌组施滴。

（2）注意事项。

1）罐体内肥料必须溶解充分，否则影响滴施效果、堵塞罐体。

2）滴施肥（药）应在每个轮灌小区滴水1/3时间后才可滴施，并且在滴水结束前0.5h必须停止施肥（药）。

3）轮灌组更换前应有0.5h的管网冲洗时间，即进行0.5h滴纯水冲洗，以免肥料在管内沉积。

5. 系统管网

（1）检查水泵、闸阀是否正常，各级过滤器是否合乎要求。

（2）每次运行前必须将干管、支管冲洗干净，方可使用。

（3）根据轮灌方案，打开相应干管闸阀及相应支管的球阀和对应灌水小区的球阀，当一个轮灌小区结束后，先开启下一个轮灌组，再关闭当前轮灌组，先开后关，严禁先关后开。

（4）启动水泵，待系统总控制闸阀前的压力表读数达到设计压力后，开启闸阀使水流进入管网，并使闸阀后的压力表达到设计压力。

（5）检查支管和毛管运行情况。如毛管辅管漏水先开启邻近一个球阀，再关闭对应球阀处理，支管漏水需关闭其控制球阀进行处理。

（6）系统应严格按照设计压力要求运行，以保证系统安全有效地运行。

5.7 棉花膜下滴灌工程设计示例

5.7.1 基本资料

基本资料见表5-9。

表5-9 棉花膜下滴灌系统基本资料

序号	分项	内容	
1	地块	面积A：1015亩（67.7hm^2）	
		地理位置：新疆第三师43团	地形：西南低东北高，坡度在1/5000～1/3000
2	土壤	土壤类型：砂质壤土	土壤干容重γ：1.5 g/cm^3
		田间持水量（质量）$\theta_田$（%）：25	土层厚度：200 cm

续表

序号	分项	内容	
3	气象	年均蒸发量：2161mm	有效降雨强度 P_0：0mm/d
		年平均降水量：37mm	初霜期：10 月中旬，终霜期：2 月上旬。最大冻土深：70cm
4	作物	棉花作物耗水强度 E_a：6.2mm/d	栽种方式：1 膜 3 带 6 行，宽窄行种植，(10+66+10)+66cm，株距 10 cm
5	水源	水源类型：渠水地下水直接补给作物水量 S：0mm/d	水质：悬移质泥沙，悬移质泥沙平均粒径在 0.0029 ～ 0.19mm，平均粒径为 0.06mm，最大粒径为 0.972mm
6	电力	配有动力电源，使用方便	

5.7.2 工程设计

1. 设计依据

《灌溉与排水工程设计标准》(GB 50288—2018)

《节水灌溉工程技术规范》(GB/T 50363—2018)

《微灌工程技术规范》(GB/T 50485—2009)

《农田灌溉水质标准》(GB 5084—2005)

《节水灌溉工程验收规范》(GB/T 50769—2012)

《大田膜下滴灌工程规划设计规范》(DB65/T 3055—2010)

2. 系统规划布置及参数确定

(1) 水源工程。本滴灌系统的水源为渠水，水质(采用沉淀池进行初级处理去除大量泥沙后)符合农田灌溉水质标准，水量可满足总的灌水量要求。

(2) 首部枢纽。首部枢纽设备分别采用离心过滤器+网式(200 目)二级过滤，压差式施肥罐 1 套，压力表、水表及各种闸阀。

(3) 输配水管网。采用主干管、分干管、支管、毛管的管网结构。一条支管构成一个灌水小区。毛管沿作物种植方向敷设，各级管道相互垂直布置，主干管、分干管采用 PVC-U 管，埋设在地下；支管、毛管采用 PE 管，均敷设于地面。

(4) 滴水器。本系统毛管选用单翼迷宫式滴灌带，滴灌带沿作物种植方向敷设，棉花种植模式为 1 膜 3 带 6 行，株行距为(10+66+10)+66cm，则毛管间距 S_l 为 0.76m，滴头间距 S_e 为 0.4 m。滴灌带参数见表 5-10。

表 5-10 滴灌带参数表

型 号	WDF16/1.8—100	滴头间距 S_e (m)	0.4
额定工作水头 h (m)	10	毛管敷设间距 S_l (m)	0.76
额定流量 q (L/h)	1.8	压力流量关系	$q=0.432h^{0.62}$
毛管内径 d (mm)	16	制造偏差 C_v	0.03

（5）初定参数。

1）系统总供水流量 Q

$E_a=6.2\text{mm/d}$，$P_0=0\text{mm/d}$，$S=0\text{mm/d}$，则灌溉补充强度 $I_a=E_a-P_0-S=6.2\text{mm/d}$，$A=67.7\text{hm}^2$，$C=22\text{h/d}$，灌溉水利用率 η 取 0.93，求出满足作物需水高峰期供水流量：

$$Q=\frac{10I_aA}{\eta C}=\frac{10\times6.2\times67.7}{0.93\times22}=205.15\ (\text{m}^3/\text{h})$$

2）灌水小区允许水头（流量）偏差率：

① 流量偏差率 q_v 不应大于允许流量偏差率$[q_v]$，而$[q_v]=20\%$，本设计取 $q_v=20\%$。

② 允许水头偏差率$[h_v]$：

$$[h_v]=\frac{[q_v]}{x}\left(1+0.15\frac{1-x}{x}[q_v]\right)=\frac{[0.2]}{0.62}\times\left(1+0.15\times\frac{1-0.62}{0.62}\times0.2\right)=0.33$$

3）灌水小区允许水头偏差：

$$[\Delta h]=[h_v]h_d=0.33\times10=3.3\ (\text{m})$$

4）灌水小区允许水头偏差在毛管和支管上的分配：

① 毛管允许水头偏差$[\Delta h_2]=0.50\times3.3=1.65$（m）。

② 支管允许水头偏差$[\Delta h_1]=0.50\times3.3=1.65$（m）。

5）土壤湿润比 P。毛管单行直线布置，其土壤湿润比 P 为：

$P=\dfrac{0.785D_w^2}{S_eS_l}\times100\%$，其中 D_w取 0.5m，S_e取 0.4m，S_l取 0.76m，则 $P=64.6\%$（图 5-19）。

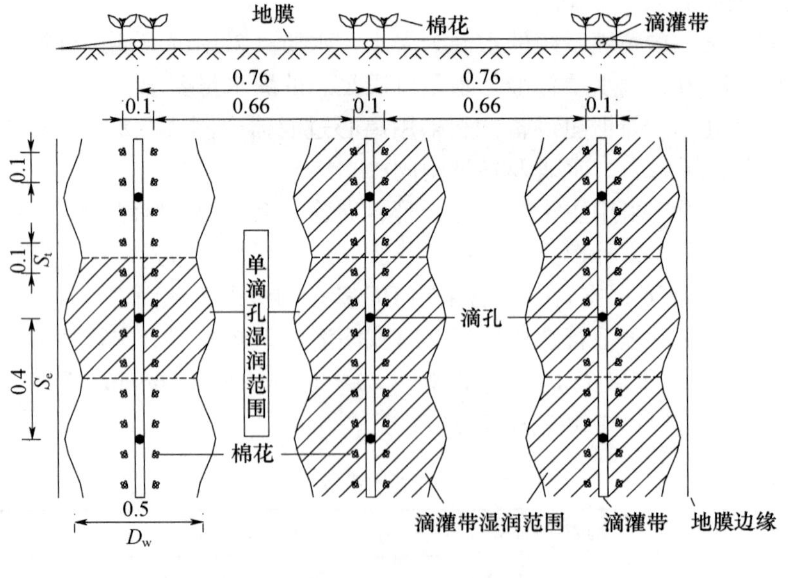

图 5-19 “1 膜 3 带 6 行”膜下滴灌湿润比计算图（单位：m）

6）设计灌水定额 m_d。

① 最大净灌水定额 $m_{\max}$。土壤容重 $\gamma=1.5\text{g/cm}^3$，计划湿溶层深度取 $z=0.5\text{m}=$

50cm，土壤湿润比 P=64.6%，灌溉水利用效率 η=0.93。棉花需水高峰期土壤适宜含水量的上下限分别为田间持水量（质量）的 78%和 62%，即：

θ_{max}=78%×25%=19.5%，θ_{min}=62%×25%=15.5%。则作物需水高峰期最大净灌水定额 m_{max}：

$$m_{max}=0.001\gamma zP\ (\theta_{max}-\theta_{min})=0.001\times1.5\times0.5\times64.6\times(19.5-15.5)=19.38\ (mm)$$

② 设计灌水定额 m_d。

$$m_d=m_{max}/\eta=19.38/0.93=20.84\ (mm)$$

7）设计灌水周期 T

① 最大灌水周期 T_{max}。$T_{max}=m_{max}/I_a=19.38/6.2=3.13$（d）。

② 设计灌水周期 T。$T=(m/I_a)\ \eta=(20.84/6.2)\times0.93\approx3\ (d)\leqslant T_{max}$。设计灌水周期取 3d，此值为棉花需水高峰期灌水周期。

8）初定一次灌水时间 t。

$$t=\frac{20.84\times0.4\times0.76}{1.8}=3.5\ (h)$$

（6）毛管水力计算。

1）毛管的极限孔数 N_m：

毛管的极限孔数，$N_m=\mathrm{INT}\left[\frac{5.446[\Delta h_2]d^{4.75}}{kS_eq_d^{1.75}}\right]^{0.364}$，其中 $[\Delta h_2]$=1.65m，d=16mm，k=1.1，S_e=0.4m，q_d=1.8L/h，$N_m=\mathrm{INT}\left[\frac{5.446\times1.65\times16^{4.75}}{1.1\times0.4\times1.8^{1.75}}\right]^{0.364}$=249（个）。

2）毛管的极限长度 L_m：

$$L_m=S_e(N_m-1)+S_0,\ L_m=0.4\times(249-1)+0.2=99.4\ (m)$$

（7）管网布置与系统工作制度的确定。

1）管网布置。管网布置采用“丰”字形布置。支管垂直于毛管布置，间距由毛管的实际敷设长度确定。根据地块长度，每块条田敷设 3 列支管，毛管双向敷设，支管间距 176.6m，则毛管长度为 88.3m，小于极限长度 99.4m。支管长度 77.5m。

2）系统工作制度。滴灌系统最大轮灌组 $N\leqslant N_{max}=\frac{CT}{t}=\frac{22\times3}{3.5}$=18（组），考虑到管理和轮作需要，本工程轮灌组编组方式采用每次同时开启两块条田的 2 条分干管上的 4 条支管。本系统共 8 条分干管，48 条支管，则正好分为 12 个轮灌组。

3）各级管道设计流量的确定。大田滴灌用离心泵扬程一般在 25～45m，系统初算流量为 205.15m^3/h，初选水泵型号为 KQW200/315-55/4 的离心泵，其额定流量为 280m^3/h，扬程为 36m。系统运行时同时开启 4 条支管，一条支管的毛管对数为 77.5/0.76=102（对），一对毛管的滴头数为（88.3/0.4）×2=440，则一次轮灌时同时工作的滴头数为 102×440×4=179520（个），每个滴头流量为 280 m^3/h /179520=1.56（L/h）。将此流量作为滴头设计流量。根据流量关系 $q=0.432h^{0.62}$，此时滴头设计工作水头为 7.9m，满足单翼迷宫式滴灌带滴头 5～10m 工作水头。

滴头（出水孔）设计流量 q_d=1.56L/h，一对毛管的滴头数为（88.3/0.4）×2=440，则一对毛管流量为 1.56×440=686.4（L/h），一条支管的毛管对数为 102 对，其流量为 686.4×102=70012.8（L/h）=70（m^3/h）。

按照系统设计运行情况，出现水泵出口压力最大的水力线路为“O—A—B—B_1—B_2—B_3”推算 B_2B_3 段的流量为 $2\times70m^3/h=140m^3/h$，B_2—B_1—B 段的流量均为 $70m^3/h\times2=140$（m^3/h），B—A—O 段的流量为 $140m^3/h\times2=280$（m^3/h）。以主干管流量 $280m^3/h$ 作为系统的设计流量。

（8）最终设计参数的确定。

由于滴头设计流量（1.56L/h）和初选滴头额定流量（1.8 L/h）值不同，因此，滴头的平均工作水头、灌水小区允许水头偏差、一次灌水延续时间需要重新确定。

1）滴头平均设计工作水头 h_d，当滴头设计流量为 1.56 L/h 时，根据滴头压力-流量关系 $q=0.432h^{0.62}$可得：$h_d=7.9m$。

2）灌水小区允许水头偏差$[\Delta h]$，$[\Delta h]=[h_v]h_d=0.33\times7.9=2.61$（m）。

3）灌水小区允许水头偏差在毛管和支管上的分配

① 毛管允许水头偏差$[\Delta h_2]=0.50\times2.61=1.305$（m）。

② 支管允许水头偏差$[\Delta h_1]=0.50\times2.61=1.305$（m）。

4）毛管极限孔数和极限长度：

① 毛管的极限孔数 $N_m=250.44$（个）。

② 毛管的极限长度 L_m：

$L_m=S_e(N_m-1)+S_0$，$L_m=0.4\times(250.44-1)+0.2=99.98$（m）。则毛管实际敷设长度不变。

5）一次灌水延续时间 t，$t=\dfrac{20.84\times0.4\times0.76}{1.56}=4$（h）。

6）轮灌组数的校核。滴灌系统最大轮灌组 $N\leqslant N_{max}=\dfrac{CT}{t}=\dfrac{22\times3}{4}=16.5$（组），考虑管理和轮作需要，使轮灌灌水小区满足流量和水头偏差率，灌水更均匀，本设计轮灌组编组方式采用每次同时开启主干管两侧同一块条田的 1 条分干管上对称的 2 条支管。本系统共 8 条分干管，48 条支管，则正好分为 12 个轮灌组，轮灌组和初始轮灌组数一样，取 12 个轮灌组。

（9）管网水力计算和干、支管管径的确定。

1）毛管水力计算。

① 毛管水头损失 $h_{毛}$。$k=1.1$（局部水头损失取沿程水头损失的 10%），$f=0.505$，$m=1.75$，$b=4.75$，$S_e=0.4m$，$q_d=1.56$ L/h，$d=16mm$，$N=220$，$S_0=0.2m$。

$$\begin{aligned}h_{毛}&=\frac{kfSeq_d{}^m}{d^b}\left[\frac{(N+0.48)^{m+1}}{m+1}-N^m\left(1-\frac{S_0}{S_e}\right)\right]\\&=\frac{1.1\times0.505\times0.4\times1.56^{1.75}}{16^{4.75}}\left[\frac{(220+0.48)^{2.75}}{2.75}-220^{1.75}\times\left(1-\frac{0.2}{0.4}\right)\right]\\&=0.93\text{（m）}\end{aligned}$$

② 毛管进口工作压力水头 $h_{0毛}$。$h_d=7.9m$，$R=0.73$，$k=1.1$，$f=0.505$，$m=1.75$，$b=4.75$，$S_e=0.4m$，$q_d=1.56L/h$，$d=16mm$，$N=220$，$S_0=0.2m$，带入公式：

$$h_{0毛}=h_d+R\times\frac{kfS_eq_d{}^{1.75}(N-0.52)^{2.75}}{2.75d^{4.75}}+\frac{kfS_0(Nq_d)^{1.75}}{d^{4.75}}$$

$$=7.9+0.73\times\frac{1.1\times0.505\times0.4\times1.56^{1.75}\times(220-0.52)^{2.75}}{2.75\times16^{4.75}}+$$

$$\frac{1.1\times0.505\times0.2\times(220\times1.56)^{1.75}}{16^{4.75}}$$

$$=8.58\ (m)$$

当滴头流量为 1.56 L/h 时，毛管平均进口压力水头为 8.58m。

2）支管直径计算 $d_{支}$按照经济流速进行计算。

$$d_{支}=1000\sqrt{\frac{4Q_{支}}{3600\pi v}}=1000\times0.117=117\ (mm)$$

结合 PE 软管参数规格，选取直径为 110mm，壁厚 1.6mm，内径 106.8mm，额定压力为 0.25MPa。

3）支管水头损失计算 $h_{支}$。$k=1.1$（局部水头损失取沿程水头损失的 10%），$f=0.505$，$m=1.75$，$b=4.75$，$S_e=0.76$m，$q_d=686.4$L/h，$d=106.8$mm，$N=102$，$S_0=0.38$m

$$h_{支}=\frac{kfS_eq_d{}^m}{d^b}\left[\frac{(N+0.48)^{m+1}}{m+1}-N^m\left(1-\frac{S_0}{S_e}\right)\right]$$

$$=\frac{1.1\times0.505\times0.76\times686.4^{1.75}}{106.8^{4.75}}\left[\frac{(102+0.48)^{2.75}}{2.75}-102^{1.75}\times\left(1-\frac{0.38}{0.76}\right)\right]$$

$$=1.09\ (m)$$

4）干管管径的确定与水头损失计算：

① 干管直径根据公式：$D=1000\sqrt{\frac{4Q}{3600v\pi}}$ 计算确定。根据经验，干管的经济流速一般 $V\leqslant2$m/s。干管管径计算结果与初选管径见表 5-11。

表 5-11　管径计算与选用表

管段		流量（m^3/h）	长度（m）	计算管道内径（mm）	选用管道外径（mm）	选用管道内径（mm）	公称压力（MPa）
主干管	OA	280	90.0	222.59	250	236.4	0.6
	AB	280	155.0	222.59	250	236.4	0.6
分干管	BB_1	140	88.3	157.40	160	152.6	0.4
	B_1B_2	140	176.6	157.40	160	152.6	0.4
	B_2B_3	140	176.6	157.40	160	152.6	0.4

② 干管水头损失的计算：根据公式 $h_{干}=k\frac{fQ^m}{d^b}L$ 计算。其中 $k=1.1$，干管为 UPVC硬质塑料管，$f=0.464$，$m=1.77$，$b=4.77$，Q 为干管流量（L/h），L 为干管长度（m）。出地管及干管各段的计算结果见表 5-12。

表 5-12　水泵出口压力最大时系统的水头损失计算汇总表

项目			管外径（mm）	管内径（mm）	管段长（m）	流量（m^3/h）	总水头损失（m）
毛管				16	88.3	0.343	0.93
毛管进口压力水头（m）			8.58				
支管			110	106.8	77.5	70	1.09
出地管			110	105	1.0	140	0.15
干管	分干管	B_2B_3	160	152.6	176.6	140	4.45
		B_1B_2	160	152.6	176.6	140	4.45
		BB_1	160	152.6	113.3	140	2.85
	主干管	AB	250	236.4	155	280	1.65
		OA	250	236.4	90	280	0.96
	合计						14.36
主干管进口压力水头（m）			8.58+1.09+0.15+14.36=24.18				
首部枢纽水头损失初估（m）			10				
水泵出口压力水头（m）			34.18				

3. 首部枢纽设计

（1）水泵与动力选型。水泵的确定是根据设计工况需要的扬程和流量选择，水泵扬程根据公式 $H_{总}=H_{滴}+\sum\Delta h_i+\sum\Delta h+\Delta Z$ 计算，由于进口段较短，水头损失忽略不记。

$$H_{总}=h_{泵}+\Delta Z=34.18+0.5=34.68\text{（m）}$$

KQW200/315-55/4，其额定流量为 $280m^3/h$，扬程为 36m，其配套电动机功率为 55kW。

（2）过滤器。根据水质采用“沙+筛网（200 目）”过滤器，其型号选择应根据其过水流量确定。初选 S250A-W200A 型。

（3）施肥罐。本系统的灌溉面积为 $67.7hm^2$（1015 亩），选用 SFG-300 的施肥罐。

（4）控制量测设施和保护装置。本系统不设变频调速设备，在网筛过滤器和沙石过滤器之间设有施肥罐和相应的闸阀，网筛过滤器后设置水表，水泵与过滤器之间设逆止阀，过滤器进出口设置压力表，首部枢纽连接管最高处设置排气阀。

4. 节点压力均衡验算

由于分干管在主干管两侧对称布置，地形坡度平缓，不考虑地形落差。轮灌中开启分干管上对称位置的两条支管，如第一条分干管上的 1-1 支、1-4 支和第二条分干管上的 2-3 支和 2-6 支为同一个轮灌组。灌水小区毛管最小压力（流量）在 2-3 支或 2-6 支管上所带最后一条毛管的最后一个滴头，而最大压力（流量）出现在 2-6 支管上最近的一条滴灌带上的第一个滴头处。

1-1 支、1-4 支、2-3 支和 2-6 支为一个轮灌组且为最不利轮灌组，灌水小区中滴头最大压力出现在支管进水口上第一对毛管上的第一个滴头，由于第一个滴头距离支管进口位置近，水头损失不考虑，则最大水头为干管进口水头减去 $O—A—B—B_1—B_2—B_3$ 各段水头水头损失及出地管水头损失，h_{max}＝34.18－10－14.36－0.15＝9.67m；最小压力出现在支管末端最后一个滴灌带上面的最后一个滴头处，其最小压力为支管进水口压力减去支管水头损失和毛管水头损失，h_{min}＝9.67－1.09－0.93＝7.65 m。根据滴头压力和流量关系 $q=0.432h^{0.62}$，计算出 q_{max} 和 q_{min} 分别为 q_{max}＝1.76L/h，q_{min}＝1.53L/h。则灌水小区水头偏差率为（9.67－7.65）/7.9＝0.26＜$[h_v]$＝0.33；流量偏差率为（1.76－1.53）/1.56＝14.74%＜$[q_v]$＝20%。

5. 沉淀池设计

（1）设计参数的选用。表面负荷率 υ_0＝0.3mm/s＝1.08m/h；停留时间 $T_{停留}$＝1.25h；水平流速 υ＝10mm/s＝36m/h。

（2）沉淀池设计计算。

沉淀池选用矩形断面结构。

沉淀池表面积 $A=Q/\upsilon_0$＝280 /1.08＝259.3（m^2）

沉淀池长度 $L=\upsilon T_{停留}$＝36×1.25＝45（m）

沉淀池宽度 $B=A/L$＝259.3/45＝5.76（m）

沉淀池的有效深度 $H=QT_{停留}/A$＝1.35（m）

（3）沉淀池水力条件复核：

水流截面 $W=B\times H$＝5.76×1.35＝7.78（m^2）

水流湿周 $X=B+2H$＝5.76＋2×1.35＝8.46（m）

水力半径 $R=W/X$＝7.78/8.46＝0.92（m）

雷诺数 $Re=\upsilon R/\nu$＝0.01×0.92/1.01×10^{-6}＝9108＞500，为紊流状态。（其中 υ 是水的运动黏滞系数，水温在 20℃时为 1.01×$10^{-6}$$m^2$/s）。

弗劳德数 $Fr=\upsilon^2/Rg$＝0.01^2/（0.92×9.81）＝1.04×10^{-5}＞1×10^{-5}

满足水流稳定性条件。沉淀池详细结构设计可参考有关专业书籍。

6. 水锤压力验算及防护

主干管外径 D 为 250mm，壁厚 e＝6.8mm，材料为 UPVC，其弹性模量 E_s 为 2500～3000MPa。

$$C=\frac{1435}{\sqrt{1+\frac{2100(D_0-e)}{E_s e}}}=\frac{1435}{\sqrt{1+\frac{2100\times(250-6.8)}{2500\times6.8}}}=261.1\ \text{m/s}。\Delta V=\frac{Q}{A}=1.18。$$

$\Delta H=C\Delta V/g$＝31.56m，则记如水锤后的管道工作压力水头为 31.56＋24.18＝55.74（m），小于管道允许压力水头的 1.5 倍（60×1.5＝90m），故可以不采取水锤防护措施。

7. 系统土建设计

系统土建设计包括镇墩、闸门井、排水井、泵房、管槽等。详细结构设计可参考有关专业书籍。

8. 材料设备用量

对易耗材料增加 5%损耗量，滴灌带增加 10%损耗量。所需材料及设备见表 5-13。

9. 滴灌项目总投资（略）

表 5-13　棉花膜下滴灌工程主要材料设备

序号	分项	材料名称	规格	单位	材料设备用量
1	首部	离心泵	KQW200/315-55/4	台	1
2		离心＋网筛过滤器	LW-200	台	1
3		施肥罐	300L	套	1
4		配电柜	与水泵配套	套	1
5		挠性接头	与水泵配套	套	1
6		水表	与水泵配套	个	1
7		空气阀	KQ42X-10（20）	套	1
8		其他设备	见首部示意图		
9	地下管道及管件	UPVC 管	De250，0.4MPa，L=10m	根	49
10			De160，0.4MPa，L=10m	根	91
11			De63，0.4MPa，L=6m	根	117
12		PVC 出地管	De110，0.6MPa，L=10m	根	3
13		止水胶圈	ϕ250	个	25
14			ϕ160	个	182
15			ϕ63	个	117
16		法兰	ϕ250	套	2
17			ϕ160	套	16
18		闸阀	DN160	套	8
19		90°弯头	ϕ250	个	2
20		正三通	ϕ160	个	3
21		异径三通	ϕ250×160	个	4
22		异径接头	ϕ250×160	个	11
23			ϕ160×63	个	8
24		PVC 胶	1kg/瓶	瓶	8
25		增接口	ϕ200×110	套	16
26			ϕ160×63	套	8
27		堵头	ϕ160	个	8
28		外丝	4″	个	48
29			3″	个	1
30	地面管道及管件	阴三通	$4''_{阳}\times4''_{阴}\times4''_{阳}$	套	25
31		球阀	4″	套	50
32			3″	套	1
33		阳纹直通	ϕ110	套	50
34		堵头	ϕ110	套	50
35		按扣三通	ϕ16	套	6451
36		按扣堵头	ϕ16	套	25
37		直通	ϕ110	套	82
38			ϕ16	套	3906
39		PE 管	De110×1.6/0.25MPa	m	4919
40		滴灌带	WDF16/1.8-100	万 m	119.7

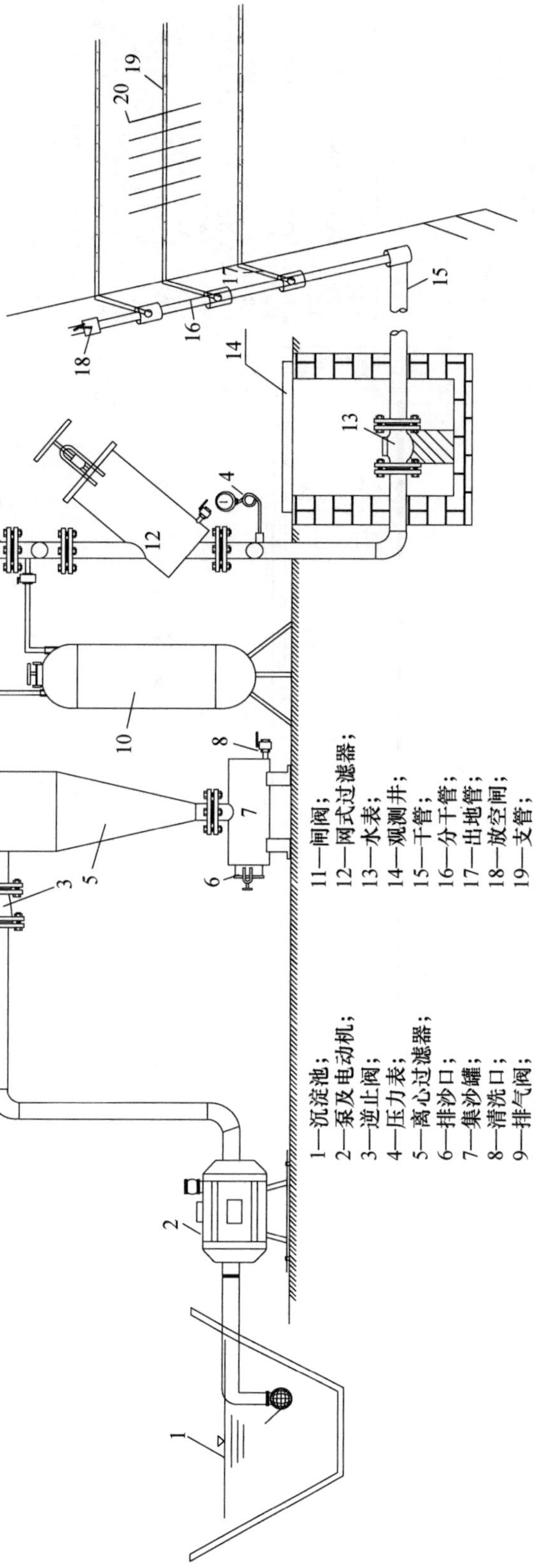

1—沉淀池；2—泵及电动机；3—逆止阀；4—压力表；5—离心过滤器；6—排沙口；7—集沙罐；8—清洗口；9—排气阀；10—肥料罐；11—闸阀；12—网式过滤器；13—水表；14—观测井；15—干管；16—分干管；17—出地管；18—放空闸；19—支管；20—毛管

图 5—20　系统首部示意图

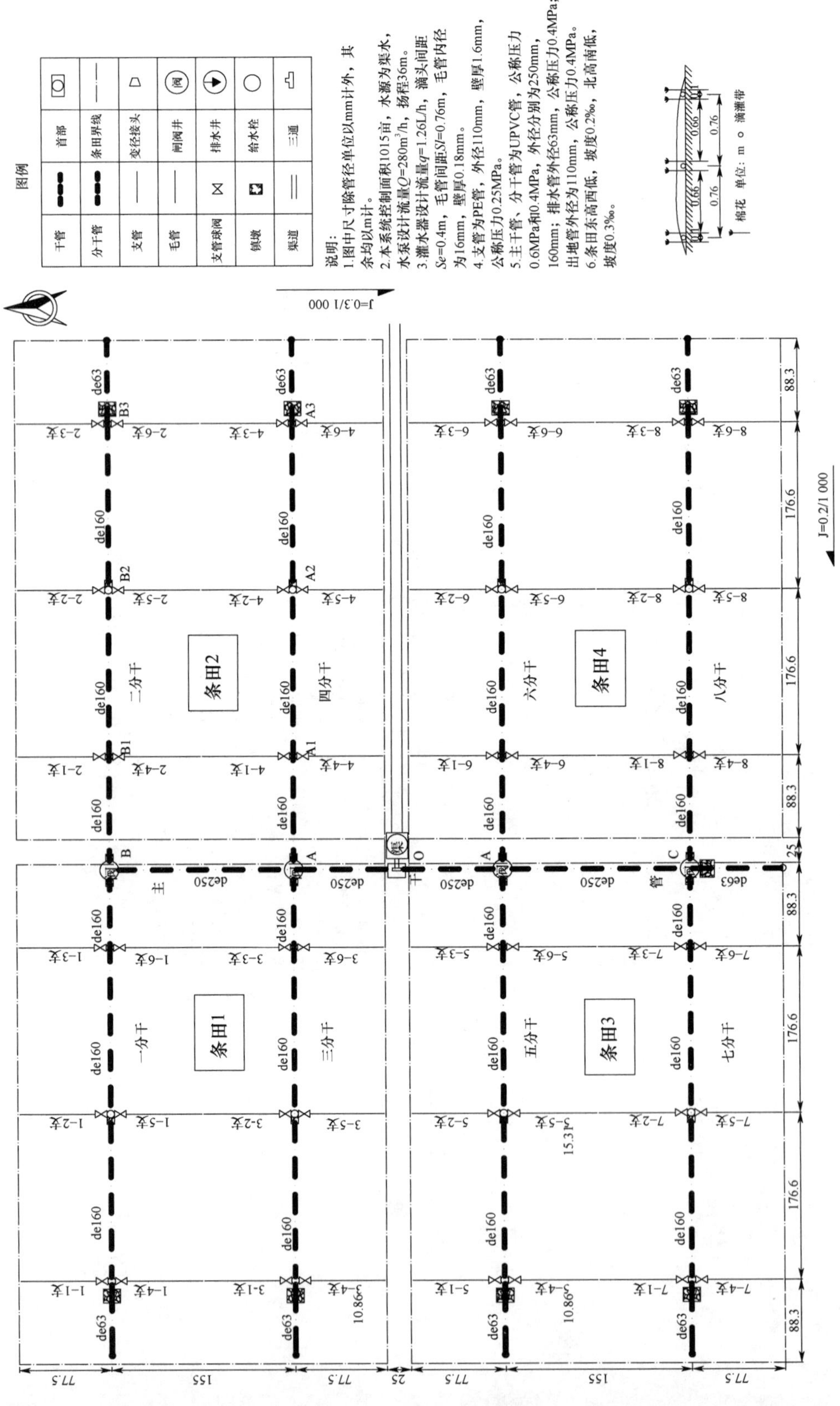

图 5-21 系统平面布置图

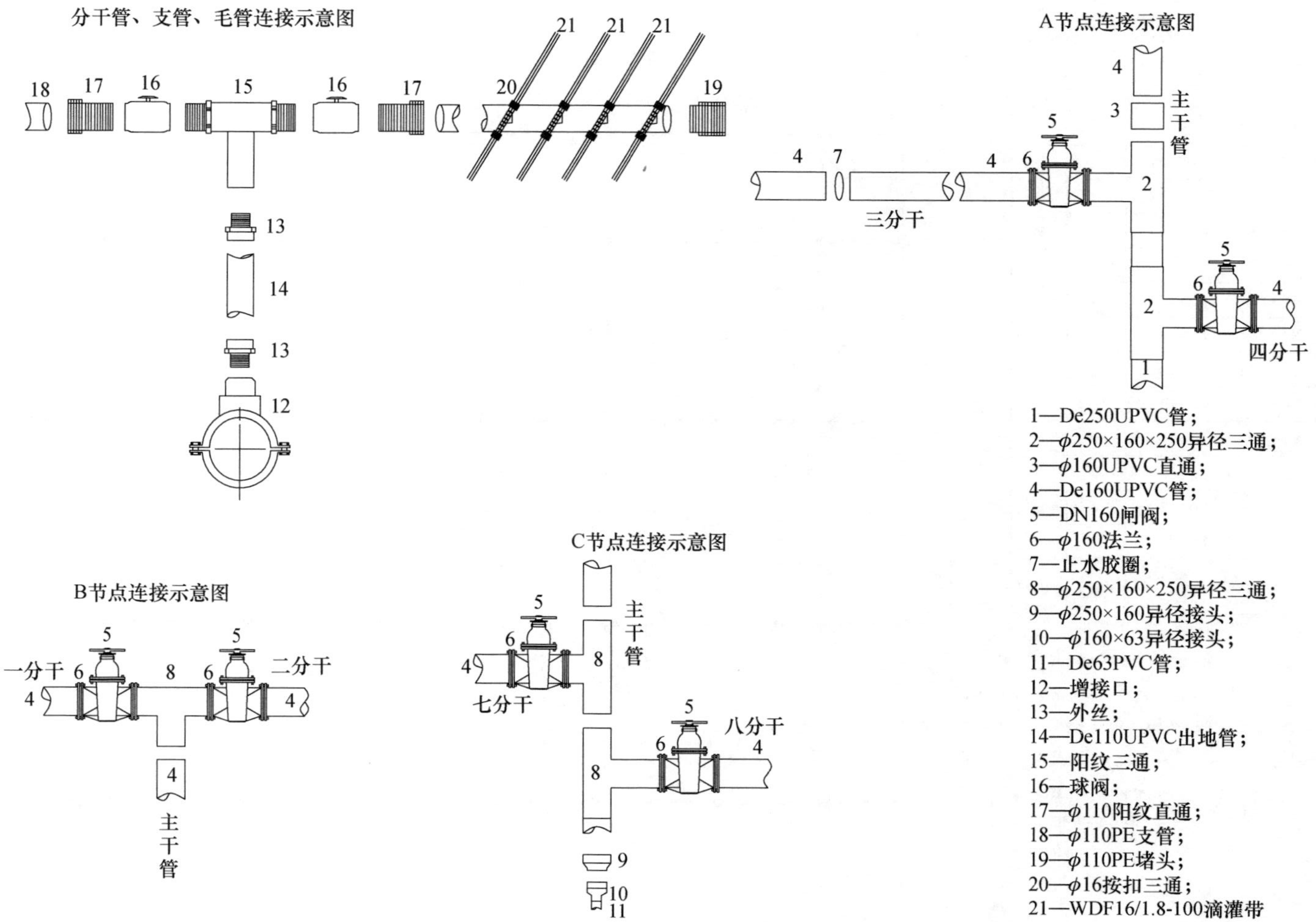

图 5-22　节点连接示意图

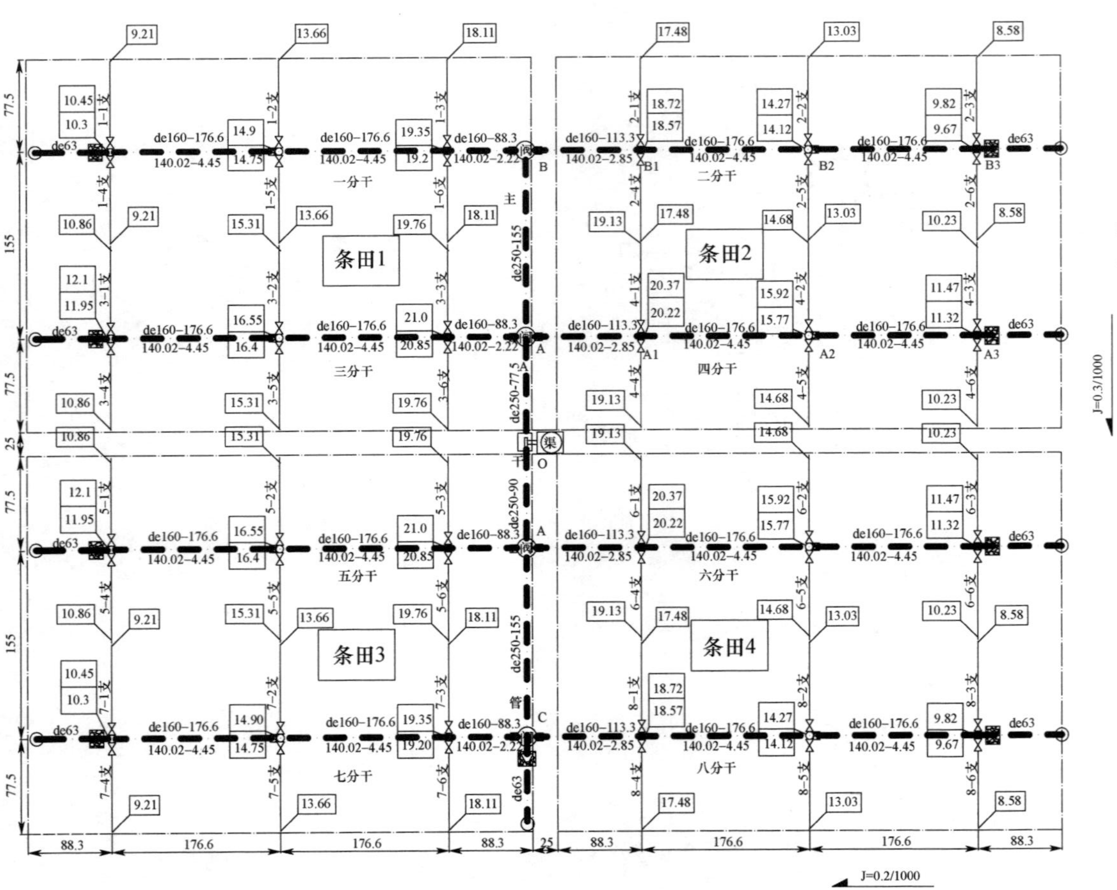

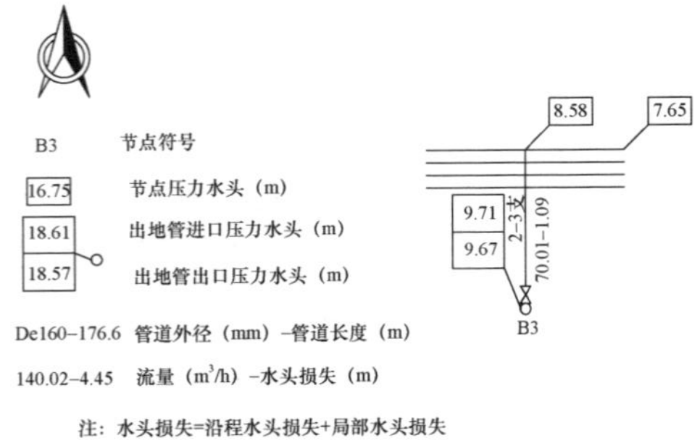

轮灌组运行表

工作日期	轮灌组编号	工作支管编号	设计工作时间
第一天	1	1-1支，1-4支，2-3支，2-6支	0：00-4：00
	2	1-2支，1-5支，2-2支，2-5支	4：00-8：00
	3	1-3支，1-6支，2-1支，2-4支	8：00-12：00
	4	3-1支，3-4支，4-3支，4-6支	12：00-16：00
第二天	5	3-2支，3-5支，4-2支，4-5支	0：00-4：00
	6	3-3支，3-6支，4-1支，4-4支	4：00-8：00
	7	5-1支，5-4支，6-3支，6-6支	8：00-12：00
	8	5-2支，5-5支，6-2支，6-5支	12：00-16：00
第三天	9	5-3支，5-6支，6-1支，6-4支	0：00-4：00
	10	7-1支，7-4支，8-3支，8-6支	4：00-8：00
	11	7-2支，7-5支，8-2支，8-5支	8：00-12：00
	12	7-3支，7-6支，8-1支，8-4支	12：00-16：00

图 5-23　系统节点压力图

附　　录

附录1　国内外主要厂家滴灌带或滴头应用参数

序号	产品名称	内径（mm）	壁厚（mm）	滴头间距（mm）	量水器公称流量（L/h）	工作压力（MPa）	备注
1	单翼迷宫式滴灌带	16	0.18	200	2.5	0.05～0.1	①
2	单翼迷宫式滴灌带	16	0.18	300	1.8	0.05～0.1	①
3	单翼迷宫式滴灌带	16	0.18	300	2.1	0.05～0.1	①
4	单翼迷宫式滴灌带	16	0.18	300	2.4	0.05～0.1	①
5	单翼迷宫式滴灌带	16	0.18	300	2.6	0.05～0.1	①
6	单翼迷宫式滴灌带	16	0.18	300	2.8	0.05～0.1	①
7	单翼迷宫式滴灌带	16	0.18	300	3.2	0.05～0.1	①
8	单翼迷宫式滴灌带	16	0.18	400	1.8	0.05～0.1	①
9	单翼迷宫式滴灌带	16	0.18	400	2.5	0.05～0.1	①
10	内镶式滴灌带（管）	16	0.2，0.4	可调	2.3，2.5	0.05～0.12	①
11	内镶式滴灌带（管）	20	0.2，0.4	可调	2.3，2.5	0.05～0.12	①
12	内镶式滴灌带（管）	11.2	0.4	可调	1.38，2.75	≤0.25	②
13	内镶式滴灌带（管）	15.6	0.2	可调	1.38，2.75	≤0.10	②
14	内镶式滴灌带（管）	15.2	0.4	可调	1.38，2.75	≤0.20	②
15	内镶式滴灌带（管）	14.8	0.6	可调	1.38，2.75	≤0.25	②
16	内镶式滴灌带（管）	16	0.15	可调	0.72，1.05，1.6	≤0.065	③
17	内镶式滴灌带（管）	16	0.2	可调	0.72，1.05，1.6	≤0.085	③
18	内镶式滴灌带（管）	16	0.25	可调	0.72，1.05，1.6	≤0.10	③
19	内镶式滴灌带（管）	16	0.31	可调	0.72，1.05，1.6	≤0.14	③

注：1. 表中备注栏中的①、②、③代表产品的生产厂家，分别为新疆天业节水股份有限公司、北京绿源公司、以色列耐特菲姆公司。

2. 表中产品相关参数是由生产单位提供或查阅生产单位的产品资料得出，或有变动，仅供参考。

附录2　国内外主要厂家滴灌管

序号	产品名称	内径（mm）	壁厚（mm）	滴头间距（mm）	灌水器公称流量（L/h）	工作压力（MPa）	生产厂家
1	压力补偿式滴灌管	13.8	1.1	可调	4，6	0.1～0.4	①
2	压力补偿式滴灌管	15.6	1.2	可调	4，6，8	0.05～0.4	①
3	压力补偿式滴灌管	17.3	1.3	可调	4，6，8	0.05～0.4	①
4	压力补偿式滴灌管	9.6	1.2	可调	2.3，3.75	0.1～0.3	②

续表

序号	产品名称	内径（mm）	壁厚（mm）	滴头间距（mm）	灌水器公称流量（L/h）	工作压力（MPa）	生产厂家
5	压力补偿式滴灌管	13.6	1.2	可调	2.3，3.75	0.1～0.3	②
6	压力补偿式滴灌管	8/10	1	可调	4	≤0.40	③
7	压力补偿式滴灌管	12.4	1.3	可调	4	≤0.40	③
8	压力补偿式滴灌管	16.8	1.6	可调	4	≤0.40	③
9	压力补偿式滴灌管	13.7	1.15	300～1000	1.6，2.2，3.4	0.06～0.4	④
10	压力补偿式滴灌管	14	1	可调	1.2，1.6，2.3，3.5	≤0.35	⑤
11	压力补偿式滴灌管	13.6	1.2	可调	1.2，1.6，2.3，3.5	≤0.4	⑤
12	压力补偿式滴灌管	16.16	0.42	可调	1.2，1.6，2.3，3.5	≤0.2	⑤
13	压力补偿式滴灌管	16.8	0.6	可调	1.2，1.6，2.3，3.5	≤0.3	⑤
14	压力补偿式滴灌管	15	1	可调	1.2，1.6，2.3，3.5	≤0.35	⑤
15	压力补偿式滴灌管	14.6	1.2	可调	1.2，1.6，2.3，3.5	≤0.4	⑤

注：1. 表中备注栏中的①、②、③、④、⑤代表产品的生产厂家，分别为新疆天业节水股份有限公司、北京绿源公司、以色列耐特菲姆公司、美国雨鸟公司、新疆屯河节水科技有限公司。

2. 表中产品相关参数是由生产单位提供或查阅生产单位的产品资料得出，或有变动，仅供参考。

附录 3 滴灌常用过滤器技术参数

过滤器主要有网式过滤器、离心过滤器、砂石过滤器以及叠片过滤器 4 种，在工程应用中，根据灌溉水源水质情况与所选滴灌灌水器的抗堵塞性能，组合而成两级或三级进行水处理。国产过滤器主要有网式过滤器、离心过滤器、砂石过滤器，各种过滤器型号说明如下。滴灌常用过滤器技术参数表。见附表 3-1。

1.铁质网式过滤器

W（WS）（WSZ）-80-1或A

- 1或A：同种规格不同型号编号
- 80：进出水口直径（mm）
- W（WS）（WSZ）：网式过滤器或网式组合过滤器

2.塑料网式过滤器

SG—25

- 25：进出水口直径（mm）
- SG：塑料网式过滤器

3.离心过滤器

L（LX）-50-1或A

- 1或A：同种规格不同型号编号
- 50：进出水口直径（mm）
- L（LX）：离心过滤器

4.砂石过滤器

S（SS）-50-1或A

- 1或A：同种规格不同型号编号
- 50：进出水口直径（mm）
- S（SS）：砂石过滤器

5.组合过滤器

SD-100-（2+3）-I

- I：过滤器型号
- （2+3）：过滤器罐体数
- 100：进出水口直径（mm）
- SD：过滤器组合形式

注：SD表示砂石加叠片两级组合过滤器；SW表示砂石加网式两级组合过滤器；LD表示离心加叠片两级组合过滤器；LW表示离心加网式两级组合过滤器。

附表 3-1　滴灌常用过滤器技术参数表

序号	产品名称	产品规格	产品型号	外形尺寸（mm）	最大过流量（m^3/h）	备注
1	筛网过滤器	1″（DG25）	WS-25	100×160×260	1～7	①、②
2		2″（DG50）	WS-50	580×250×350	5～20	①、②
3		3″（DG80）	WS-80	850×250×450	10～40	①、②
4		3″（120 目）	SS6-1		45.4	③
5		4″（DG100）	W-100-1	625×435×250	60	④
6		4″（DG100）	W-100-2	625×350×250	60	④
7		4″（140 目）	MFS6-2（自动反冲洗）		57	③
8		4″（200 目）	SS6-2（自动或手动直冲洗）		90.8	③
9		4″（200 目）	SS8-1		90.8	③
10		6″（140 目）	MSF8-2（自动反冲洗）		102	③
11		6″（140 目）	MSF8-3（自动反冲洗）		170	③
12		6″（200 目）	SS8-2		181.7	③
13		8″（140 目）	MFS10-2（自动反冲洗）		227	③
14		8″（200 目）	SS8-3（自动或手动直冲洗）		272.5	③
15		3″（DG80）	WSZ-80		10～40	①、②
16		4″（DG100）	WSZ-100	1200×650×450	30～70	①、②
17		6″（DG150）	WSZ-150	1400×1000×500	50～100	①、②
18		6″（DG150）	WSZ-150A	2000×1200×1500	40～80	①、②
19		8″（DG200）	SWZ-200	2300×1200×1500	100～210	①、②
20		8″（DG200）	WSZ-200A	2500×1200×1500	160～280	①、②
21		10″（DG250）	WSZ-250	2800×1200×1500	200～350	①、②
22		2″（DG25）	SG-25		30	④
23		3″（DG80）	SG-80		50	④
24		4″（DG25）	SG-100		70	④
25	离心过滤器	1″（DG25）	LX-25	420×250×550	1～10	①、②
26		2″（DG50）	LX-50	400×300×830	5～20	④
27		2″（DG50）	LX-50	500×300×830	5～20	①、②
28		2.5″（DG65）	LX-65	800×500×1220	7～30	①、②
29		3″（DG80）	LX-80	800×500×1320	10～40	①、②
30		3″（DG80）	L-80	500×400×1100	40～80	①、②
31		4″（DG100）	LX-100	950×600×1700	30～80	①、②
32		4″（DG100）	L-100	600×500×1500	40～80	④
33		4″	R40LA		46～120	③

续表

序号	产品名称	产品规格	产品型号	外形尺寸（mm）	最大过流量（m³/h）	备注
34	离心过滤器	6″（DG150）	L-150	700×600×1900	80～180	④
35		6″（DG150）	LX-150	1350×1000×2400	60～120	①、②
36		6″A（DG150）	LX-150A	1400×1000×2600	80～160	①、②
37		6″	R60LA		84～220	③
38		8″（DG200）	L-200	900×800×2350	180～240	④
39	砂石过滤器	2″（DG50）	S(L)-50	600×800×1226	20	④
40		2″（DG50）	SS-50	600×800×1520	5～20	①、②
41		3″（DG80）	S(L)-80	750×960×1350	30	④
42		3″（DG80）	S(L)-80	900×1100×1425	40	④
43		3″（DG80）	SS-80	950×2200×2100	10～40	①、②
44		4″（DG100）	S(w)-100	1640×1121×1414	83	④
45		4″（DG100）	SS-100	1900×2200×2100	30～70	①、②
46		4″	3616-2、36SWW-2		58～85	③
47		5″（DG125）	S(W)-125	210×1121×1414	110	④
48		6″（DG150）	S(W)-150	2560×1121×1414	137	④
49		6″（DG150）	S(W)-150	3020×1121×1414	165	④
50		6″（DG150）	SS-150	2600×2200×2100	50～100	①、②
51		6″（DG150）	SS-150A	2200×2400×2450	80～140	①、②
52		6″	3616-3、36SWW-3		81～119	③
53		6″	4816-2、48SWW-2		96.5～142	③
54		6″	4816-3、48SWW-3		145～213	③
55		8″（DG200）	S（W）-200	3020×1280×1214	195	④
56		8″（DG200）	SS-200	3600×2500×2650	100～210	①、②
57		8″（DG200）	SS-200A	4600×2500×2650	120～280	①、②
58		10″（DG250）	SS-250	6000×2600×2650	200～350	①、②
59	叠片过滤器	2″（75 目、120 目、150 目）	2YR、2YV	550×437×201	30	⑤
60		3″（75 目、120 目、151 目）	3LV、3LB/3YB、3YV	646×331×164/700×496×270	50	⑤
61		4″（75 目、120 目、152 目）	4LV、4LB/4YB、4YV	891×468×154/967×798×374	80	⑤
62		1″	R1000		5	③
63		2″	R2000		25	③
64		2″	S2000		20	③
65		3″	S3000		40	③

续表

序号	产品名称	产品规格	产品型号	外形尺寸(mm)	最大过流量(m^3/h)	备注
66	砂石加叠片组合过滤器	80～120 目	SD-100-(2+3)-Ⅰ		80	⑥
67			SD-125-(3+4)-Ⅰ		125	
68			SD-150-(3+5)-Ⅰ		140	
69			SD-150-(4+6)-Ⅰ		160	
70			SD-200-(4+7)-Ⅰ		180	
71			SD-200-(4+8)-Ⅰ		200	
72			SD-200-(2+2)-Ⅱ		200	
73			SD-250-(3+3)-Ⅱ		300	
74			SD-300-(4+4)-Ⅱ		400	
75			SD-300-(5+5)-Ⅱ		500	
76			SD-250-(2+3)-Ⅲ		265	
77			SD-300-(3+4)-Ⅲ		400	
78			SD-300-(4+6)-Ⅲ		530	
79	砂石+筛网组合过滤器	80～120 目	SW-100-(2+3)-Ⅰ		80	
80			SW-125-(3+4)-Ⅰ		125	
81			SW-150-(3+5)-Ⅰ		140	
82			SW-150-(4+6)-Ⅰ		160	
83			SW-200-(4+7)-Ⅰ		180	
84			SW-200-(4+8)-Ⅰ		200	
85			SW-200-(2+2)-Ⅱ		200	
86			SW-250-(3+3)-Ⅱ		300	
87			SW-300-(4+4)-Ⅱ		400	
88			SW-300-(5+5)-Ⅱ		500	
89			SW-250-(2+3)-Ⅲ		265	
90			SW-300-(3+4)-Ⅲ		400	
91			SW-300-(4+6)-Ⅲ		530	
92	离心+叠片组合过滤器	80～120 目	LD-80-(1+2)		50	
93			LD-100-(2+3)		80	
94			LD-125-(3+4)		125	
95			LD-150-(4+5)		140	
96			LD-150-(4+6)		160	
97			LD-200-(5+7)		180	
98			LD-200-(5+8)		200	
99	离心+筛网组合过滤器	80～120 目	LW-80-(1+2)		50	
100			LW-100-(2+3)		80	
101			LW-125-(3+4)		125	

续表

序号	产品名称	产品规格	产品型号	外形尺寸（mm）	最大过流量（m^3/h）	备注
102	离心＋筛网组合过滤器	80～120 目	LW-150-(4＋5)		140	⑥
103			LW-150-(4＋6)		160	
104			LW-200-(5＋7)		180	
105			LW-200-(5＋8)		200	

注：1. 表中备注栏中的①、②、③、④、⑤、⑥的生产厂家，分别为北京通捷机电有限责任公司、新疆湖光粮油机械厂、新疆石河子天露节水设备厂、美国雨鸟公司、西班牙阿速德公司、新疆水利水电科学研究院。

2. 表中产品相关参数是由生产单位提供或查阅生产单位的产品资料得出，或有变动，仅供参考。

附录 4　滴灌常用施肥罐技术参数

序号	名称	规格	型号	流量范围（m^3/h）	外形尺寸（mm）	备注
1	施肥罐	10L（塑料）	SFG-10L×10	10～20(min)*	200×200×620	①、②
2	施肥罐	16L（塑料）	SFG-16L×10	20～30(min)	240×240×630	
3	施肥罐	30L	SFG-30L×10	20～40(min)	380×410×750	
4	施肥罐		SFG-30L×16	20～40(min)		
5	施肥罐		SFGA-30L×10	20～40(min)	500×410×1000	
6	施肥罐		SFGB-30L×16	20～40(min)		
7	施肥罐	30L	SFG-30	30	240×250×1100	③
8	施肥罐	50L	SFG-50	50	320×320×1440	
9	施肥罐	50L	SFG-50L×16	50～70(min)	420×420×1100	①、②
10	施肥罐		SFG-50L×16	50～70(min)	580×520×1450	
11	施肥罐	100L	SFG-100L×16	40～100(min)	500×500×1450	
12	施肥罐	100L	SFG-100L	100(min)	420×420×1440	
13	施肥罐	150L	SFG-150L×16	50～120(min)	610×610×1550	
14	施肥罐	150L	SFG-150L	150	515×515×1420	③
15	施肥罐	200L	SFG-200	200	200×200×630	
16	施肥罐	300L	SFG-300L×20	80～180(min)	920×920×1650	①、②
17	施肥罐	300L	SFG-300	300	820×820×1650	
18	施肥罐	1″(Dg25)	SFG-25×10	1～4		①、②
19	施肥罐	1.5″(Dg40)	SFG-40×10	3～10		
20	施肥罐	2″(Dg50)	SFG-50×10	5～20		
21	施肥罐	2″(Dg50)	SFG-50×16	5～20		
22	施肥罐	2.5″(Dg60)	SFG-60×16	7～30		
23	施肥罐	3″(Dg25)	SFG-80×16	10～40		
24	施肥罐	4″	SFG-100×16	30～70		
25	文丘里施肥器	2″(塑料)				④

注：1. 备注栏中的①、②、③、④代表产品生产厂家，分别为北京通捷机电有限责任公司、新疆湖光粮油机械厂、新疆石河子天露节水设备厂和天津英特泰克灌溉技术有限公司。

2. 表中“*”处（min）表示该栏数字也可为施肥时间，其余（min）处均与此相同。

3. 表中产品未注明材质的均为钢制，型号栏字母 SFG 表示施肥阀，A、B 表示同种规格的不同型号。

附录 5 塑料管道规格参数

滴灌常用 PVC-U 管材规格参数表和滴灌常用 PE 管材规格参数表见附表 5-1 和附表 5-2。

附表 5-1 滴灌常用 PVC-U 管材规格参数表

序号	外径（mm）	工作压力等级（MPa）									
		0.4		0.6		0.8		1.0		1.25	
		壁厚及公差（mm）	近似重量（kg/m）	壁厚及公差（mm）	近似重量（kg/m）	壁厚及公差（mm）	近似重量（kg/m）	壁厚及公差（mm）	近似重量（kg/m）	壁厚及公差（mm）	近似重量（kg/m）
1	20									$2.0^{+0.4}$	0.18
2	25									$2.0^{+0.4}$	0.23
3	32									$2.0^{+0.4}$	0.301
4	40							$2.0^{+0.4}$	0.381	$2.4^{+0.5}$	0.454
5	50					$2.0^{+0.4}$	0.482	$2.4^{+0.5}$	0.575	$3.0^{+0.5}$	0.697
6	63	$1.4^{+0.4}$	0.43	$2.0^{+0.4}$	0.613	$2.5^{+0.5}$	0.76	$3.0^{+0.5}$	0.89	$3.8^{+0.6}$	1.107
7	75	$1.7^{+0.4}$	0.61	$2.2^{+0.5}$	0.815	$2.9^{+0.5}$	1.038	$3.6^{+0.6}$	1.271	$4.5^{+0.7}$	1.56
8	90	$2.0^{+0.4}$	0.935	$2.7^{+0.5}$	1.177	$3.5^{+0.6}$	1.502	$4.3^{+0.7}$	1.819	$5.4^{+0.9}$	2.257
9	110	$2.5^{+0.5}$	1.3	$3.2^{+0.6}$	1.709	$3.9^{+0.6}$	2.037	$4.8^{+0.8}$	2.498	$5.7^{+0.9}$	2.928
10	125	$2.9^{+0.6}$	1.71	$3.7^{+0.6}$	2.219	$4.4^{+0.7}$	2.619	$5.4^{+0.9}$	3.195	$6.0^{+1.0}$	3.531
11	160	$3.7^{+0.7}$	2.78	$4.7^{+0.8}$	3.622	$5.6^{+0.9}$	4.27	$7.0^{+1.1}$	5.277	$7.7^{+1.2}$	5.772
12	200	$4.6^{+0.8}$	4.29	$5.9^{+0.9}$	5.637	$7.3^{+1.1}$	6.915	$8.7^{+1.4}$	8.214	$9.6^{+1.5}$	8.999
13	250	$6.8^{+1.2}$	7.89	$7.3^{+1.1}$	8.714	$8.8^{+1.4}$	10.474	$10.9^{+1.7}$	12.833	$11.9^{+1.8}$	13.919
14	280			$8.2^{+1.2}$	10.941	$9.8^{+1.5}$	13.032	$12.2^{+1.9}$	16.087	$13.4^{+2.1}$	17.591
15	315	$7.6^{+1.2}$	11.533	$9.2^{+1.5}$	13.847	$11.0^{+1.7}$	16.469	$13.7^{+2.1}$	20.303	$15.0^{+2.3}$	22.126
16	355			$9.4^{+1.5}$	14.046	$12.5^{+1.9}$	21.06	$14.8^{+2.3}$	24.792	$16.9^{+2.6}$	28.101
17	400			$10.6^{+1.6}$	20.309	$14.0^{+2.1}$	26.56	$15.3^{+2.3}$	28.925	$19.1^{2.9}$	35.748

注：本表由新疆屯河节水科技有限公司提供（引用标准：GB/T 10002.1—2006《给水用硬聚氯乙烯（PVC-U 管材》）。

附表 5-2 滴灌常用 PE 管材规格参数表

序号	外径（mm）	壁厚（mm）	压力等级（MPa）	近似重量（kg/m）	执行标准
1	20	2	0.6	0.119	GB/T 3803—1999
2	20	1.5	0.4	0.096	SL/T 96.2—1994
3	20	1	0.25	0.0682	SL/T 96.2—1994
4	25	1.2	0.25	0.108	SL/T 96.2—1994

续表

序号	外径（mm）	壁厚（mm）	压力等级（MPa）	近似重量（kg/m）	执行标准
5	25	1.9	0.4	0.142	SL/T 96.2—1994
6	25	2.3	0.6	0.151	GB/T 3803—1999
7	32	1.6	0.25	0.162	SL/T 96.2—1994
8	32	2	0.4	0.199	GB/T 3803—1999
9	32	2.9	0.6	0.276	GB/T 3803—1999
10	40	1.9	0.25	0.265	SL/T 96.2—1994
11	40	2.4	0.4	0.29	GB/T 3803—1999
12	40	3.7	0.6	0.438	GB/T 3803—1999
13	50	2.4	0.25	0.4	SL/T 96.2—1994
14	50	3	0.4	0.461	GB/T 3803—1999
15	50	4.6	0.6	0.679	GB/T 3803—1999
16	63	0.9	0.25	0.19	Q/SSZ 0219—2000
17	63	3	0.25	0.592	SL/T 96.2—1994
18	63	3.8	0.4	0.72	GB/T 3803—1999
19	63	5.8	0.6	1.073	GB/T 3803—1999
20	75	1.1	0.25	0.255	Q/SSZ 0219—2000
21	75	3.6	0.25	0.851	SL/T 96.2—1994
22	75	4.5	0.4	1	GB/T 3803—1999
23	75	6.9	0.6	1.515	GB/T 3803—1999
24	90	1.6	0.25	0.41	Q/SSZ 0219—2000
25	110	1.8～2.4	0.25～0.4		

注：表中所列产品参数为新疆天业节水股份有限公司提供。

附录 6　滴灌常用量测装置规格参数

弹簧管压力表规格参数、LXS 大型口径旋翼式水表主要技术参数及水平螺翼式水表主要技术参数见附表 6-1～附表 6-3。

附表 6-1　弹簧管压力表规格参数

型号	表圆直径（mm）	接头螺纹尺寸（mm）	精度等级	量程范围（MPa）	使用环境条件
Y-60	ϕ600	M14×1.5	1.0、1.5	0～0.16 0～0.25 0～0.4 0～0.6	−40～70℃
Y-100	ϕ100	M20×1.5	1.0、1.5		
Y-150	ϕ150	M20×1.5	1.0、1.5		
Y-200	ϕ200	M20×1.5	1.0、1.5		

附表 6-2　LXS 大型口径旋翼式水表主要技术参数

型号	公称口径 (mm)	流量参数（m^3/h）			灵敏度	示值范围（m^3）	
		最大流量	额定流量	最小流量		最小	最大
LXS-50	50	15	10	0.40	≤0.09	0.01	100000
LXS-80	80	35	22	1.10	≤0.30	0.01	100000
LXS-100	100	50	32	1.40	≤0.40	0.01	100000
LXS-150	150	100	63	2.40	≤0.55	0.01	100000

注：特征流量指水头损失为 10m 时通过的流量。

附表 6-3　水平螺翼式水表主要技术参数

公称口径 (mm)	流量参数（m^3/h）			示值范围（m^3）	
	通过能力	额定流量	最小流量	最小	最大
80	65	60	2	0.01	100000
100	110	100	3	0.01	100000
150	275	200	5	0.01	1000000
200	500	400	10	0.01	1000000

注：通过能力指水头损失 1m 时通过水表的水量。

附录 7　滴灌常用单位及单位换算

各换算表见附表 7-1～附表 7-6。

附表 7-1　面积单位换算表

公里²（km^2）	公顷（hm^2）	亩	英亩（ac）
1	100	1500	247.12
0.01	1	15	2.47
0.0007	0.0667	1	0.165
0.004	0.405	6.07	1

附表 7-2　流量单位换算表

米³/秒（m^3/s）	升/秒（L/s）	米³/小时（m^3/h）	升/小时（L/h）
1	1000	3600	3.6×10^6
0.001	1	3.6	3600
0.0003	0.278	1	1000
2.78×10^{-7}	0.000278	0.001	1

附表 7-3　压力单位换算表

单位	帕 (Pa)	千帕 (kPa)	兆帕 (MPa)	毫巴 (mb)	巴 (bar)	标准大气压 (atm)	公斤力/厘米^2 (kgf/cm^2)	汞柱高 (mmHg)	水柱高 (mH_2O)
1帕 (Pa)	1	0.001	0.000001	0.01	0.00001	9.87×10^{-6}	1.02×10^{-5}	0.00768	0.000102
1毫帕 (mb)	10	0.01	0.00001	1	0.001	9.87×10^{-4}	0.00102	0.768	0.012
1巴 (br)	100000	100	0.1	1000	1	0.987	1.02	768.6	10.2
1标准大气压 (atm)	101326	101.326	0.101326	1013.25	1.01325	1	1.0333	760	10.333
1公斤力/厘米^2 (kgf/cm^2)	98100	98.1	0.0981	981	0.981	0.9678	1	735.56	10
1汞柱高 (mmHg)	133.32	0.13332	0.00013332	1.3332	0.00133	0.00132	0.00136	1	0.0136
1水柱高 (mH_2O)	9810	9.81	0.00981	98.1	0.0981	0.0981	0.1	73.556	1

附表 7-4　长度单位换算表

单位	微米 (μm)	毫米 (mm)	厘米 (cm)	分米 (dm)	米 (m)	百米 (hm)	千米 (km)
1微米 (μm)	1	0.001	0.0001	10^{-5}	10^{-6}	10^{-8}	10^{-9}
1毫米 (mm)	1000	1	0.1	0.01	0.001	10^{-5}	10^{-6}
1厘米 (cm)	10^4	10	1	0.1	0.01	0.0001	10^{-5}
1分米 (dm)	10^5	100	10	1	0.1	0.001	10^{-4}
1米 (m)	10^6	1000	100	10	1	0.01	0.001
1百米 (hm)	10^8	10^5	10000	1000	100	1	0.1
1千米 (km)	10^9	10^6	10^5	10000	1000	10	1

附表 7-5　电导率（电导度）单位换算表

单位	西门子/米 (S/m)	分西门子/米 (dS/m)	毫欧姆/厘米 (mmho/cm)
1西门子/米 (S/m)	1	10	10
1分西门子/米 (dS/m)	0.1	1	1
1毫欧姆/厘米 (mmho/cm)	0.1	1	1

附表 7-6　浓度单位换算表

单位	克/千克 (g/kg)	毫克/千克 (mg/kg)	ppm
1克/千克 (g/kg)	1	1000	1000
1毫克/千克 (mg/kg)	0.001	1	1
1ppm	0.001	1	1

附录 8　滴灌设计常用公式

<table>
<tr><th>序号</th><th>公式</th><th>符号说明</th></tr>
<tr><td>1</td><td>$A=\frac{\eta QC}{10I_a}$</td><td rowspan="14">A——可灌面积，hm^2；
Q——可供流量，m^3/h；
I_a——设计灌溉补充强度，mm/d，$I_a=E_a-P_0-S$，E_a为设计耗水强度，mm/d；
P_0——有效降雨量，mm/d；
S——根层土壤或地下水补给的水量，mm/d；
C——系统每日工作小时数，h/d；
η——灌溉水利用系数；
m——设计毛灌水定额，mm；
K——塘坝复蓄系数，$K=1.0\sim1.4$；
$\eta_{蓄}$——蓄水利用系数，$\eta_{蓄}=0.6\sim0.7$；
V——蓄水工程容积，m^3；
I_i——灌溉季节各月的毛供水强度，mm/d；
T_i——灌溉季节各月的供水天数，d；
x——灌水器的流态指数；
q_v——流量偏差率，%；
$[h_v]$——允许水头偏差率，%；
θ_{max}、θ_{min}——适宜土壤含水率上、下限（占干土重的%，一般θ_{max}为田间最大持水率的 90%，θ_{min}为田间最大持水率的 65%）；
T——灌水周期，d；
P——设计土壤湿润比；
t——一次灌水延续时间，h；
n——一株作物布置的滴头数目；
S_e——滴头间距，m；
S_w——湿润带宽度，m；
S_t——作物株距，m；
S_r——作物平均行距，m；
D_w——湿润带直径，m；
S_L——毛管间距（m）；
γ——土壤容重，g/cm^3；
z——计划土壤湿润层深度，m；
q_d——滴头设计流量，L/h；
N_{max}——最大轮灌组数，个；
$N_{轮灌组}$——实际轮灌组数，个；
$INT[\ ]$——将括号内实数舍去小数成整数；
$n_{总}$——系统滴头总数；
$n_{移}$——一条毛管在所管辖的面积内移动的次数</td></tr>
<tr><td>2</td><td>$Q=\frac{10mA}{TC}$或$Q=\frac{10I_aA}{\eta C}$</td></tr>
<tr><td>3</td><td>$A=\frac{\eta_{蓄}KV}{10\sum I_iT_i}$</td></tr>
<tr><td>4</td><td>$[h_v]=\frac{1}{x}q_v\left(1+0.15\frac{1-x}{x}q_v\right)$</td></tr>
<tr><td>5</td><td>$p=\frac{ns_es_w}{s_ts_r}\times100\%$或$p=\frac{S_w}{S_L}\times100\%$</td></tr>
<tr><td>6</td><td>$p=\frac{0.785D_w^2}{S_e\times S_l}\times100\%$</td></tr>
<tr><td>7</td><td>$m=0.1\gamma zp(\theta_{max}-\theta_{min})/\eta$</td></tr>
<tr><td>8</td><td>$T=(m/I_a)\eta$</td></tr>
<tr><td>9</td><td>$t=\frac{mS_eS_l}{q_d}$</td></tr>
<tr><td>10</td><td>$t=\frac{mS_tS_r}{nq_d}$</td></tr>
<tr><td>11</td><td>$N_{max}=INT\left[\frac{TC}{t}\right]$</td></tr>
<tr><td>12</td><td>$N_{max}=INT\left[\frac{TC}{n_{移}t}\right]$</td></tr>
<tr><td>13</td><td>$N_{轮灌组}=\frac{n_{总}q_d}{Q}$</td></tr>
<tr><td>14</td><td>$N_{轮灌组}\leqslant N_{max}$</td></tr>
</table>

续表

序号	公式	符号说明
15	$d_L \leqslant \left(\frac{1}{7} \sim \frac{1}{10}\right) d_D$	d_L——要求的过滤器过滤能力，mm； d_d——采用的灌水器出水孔等效直径，mm； M——筛网目数，目； D——网丝直径，in； a——网孔的净边长，in； V——施肥罐容积，L； F——一次施肥量，kg/亩； A——一次施肥面积，亩； C_0——施肥罐中允许肥料溶液最大浓度，kg/L； $H_{泵}$——系统总扬程，m； h_0——水泵出口所需最大压力，m； ΔZ——水泵出口轴心高程与水源水位平均高程之差； $f_{进}$——进水管水头损失，m； h_1——井口所需最大水头压力，m； h_2——井下管路水头损失，m； h_3——动水位到井口的高程差，m； $\nabla_{安}$——水泵安装基准面高程，m； $H_{允许}$——水泵允许吸上高度，m； ∇_{min}——水泵取水点最低工作水位高程，(m)；
16	$M=1/(D+a)$	
17	$V=\frac{FA}{C_0}$	
18	$H_{泵}=h_{泵}+\Delta Z+f_{进}$	
19	$H_{泵}=h_1+h_2+h_3$	
20	$\nabla_{安}=H_{允许}+\nabla_{min}$	
21	$q_d=\frac{mS_eS_L}{t}$	m——设计毛灌水定额，mm； S_e——滴头间距，m； S_L——毛管间距，m； n——一株作物布置的滴头数目； q_d——滴头流量，L/h； S_r——作物平均行距，m； R_i——摩损比； i——孔口编号； N——孔数； ΔH——管道全长的摩阻损失； m——流量指数（序号23公式）； h_i——孔口 i 断面处的压力水头，m； H——进口处的压力水头，m； S_t——作物株距，m； t——一次灌水延续时间； $\Delta H'_i$——进口处与 i 断面处地形高差，顺坡为"+"，逆坡为"−"，m； J——地形坡降，顺坡为"+"，逆坡为"−"； h_{max}——管道上工作水头最大的孔口的压力，m； h_1——管道上第1孔压力，m； h_N——管道上第 N 孔压力，m； P_{max}——最大工作水头孔口编号； P_{min}——最小工作水头孔口编号； Δh_{max}——管道上最大水头偏差； h_d——滴头设计工作压力，m； d——管道内径，mm； S——分流孔间距，m； J——地形坡度，顺坡为正，逆坡为负； h_d——孔口设计水头，与 q_d 相对应，m；
22	$q_d=\frac{mS_rS_t}{nt}$	
23	$R_i=1-\left(1-\frac{i}{N+0.487}\right)^{m+1}$	
24	$h_i=H-R_i\Delta H\pm\Delta H'_i$	
25	$\frac{kfq_d^{1.75}(N-0.52)^{2.75}}{2.75Jd^{4.75}(N-1)}\begin{cases}>1,\ h_1>h_N,\ h_1=h_{max},\ P_{max}=1\\=1,\ h_1=h_N=h_{max},\ P_{max}=1或N\\<1,\ h_1>h_N,\ h_N=h_{max},\ P_{max}=N\end{cases}$	
26	$P_{min}=N-\mathrm{INT}\left[\left(\frac{Jd^{4.75}}{kfq_d^{1.75}}\right)^{0.571}\right]$	
27	$\Delta h_{max}=\frac{kfSq_d^{1.75}(N-0.52)^{2.75}}{2.75d^{4.75}}-JS(N-1)$	

续表

序号	公式	符号说明
28	$\Delta h_{\max}=JS(N-P_{\min})-\frac{kfSq_d^{1.75}(N-P_{\min}+0.48)^{2.75}}{2.75d^{4.75}}$	k——水头损失扩大系数； f——摩阻系数； β_1、β_2、β_3——分别为允许水头分配给支管、毛管和辅管的比例； $[\Delta h_1]$、$[\Delta h_2]$、$[\Delta h_3]$——分别为支管、毛管和辅管允许的水头偏差，m； $[\Delta h]$——小区允许水头偏差，m； d——毛管内径，mm； k——水头损失扩大系数，k=1.1～1.2； f——摩阻系数； q_d——单孔设计流量，L/h； $[h_v]$——允许水头偏差率，%； S（S_e）——毛管上分流孔间距，m； L_m——毛管极限长度，m； N_m——极限孔数； S_0——毛管进口至首孔的距离，m； r——降比； G——压比； INT［ ］——将括号内实数舍去小数成整数
29	$\Delta h_{\max}=\frac{kfSq_d^{1.75}[(N-0.52)^{2.75}-(N-P_{\min}+0.48)^{2.75}]}{2.75d^{4.75}}$ $-JS(P_{\min}-1)$	
30	$[\Delta h]=[h_v]h_d$	
31	$[\Delta h_1]=\beta_1[\Delta h]$	
32	$[\Delta h_2]=\beta_2[\Delta h]$	
33	$[\Delta h_3]=\beta_3[\Delta h]$	
34	$N_m=\mathrm{INT}\left(\frac{5.446[\Delta h_2]d^{4.75}}{kS_eq_d^{1.75}}\right)^{0.364}$	
35	$r=\frac{Jd^{4.75}}{kfq_d^{1.75}}$	
36	$G=\frac{kfsq_d^{1.75}}{h_dd^{4.75}}$	
37	$\frac{[\Delta h_2]}{Gh_d}=\frac{(N_m-0.52)^{2.75}}{2.75}-r(N_m-1)$	
38	$P'_n=INT\ (1+r^{0.571})$	
39	$\phi=\frac{[\Delta h_2]}{Gh_d}\frac{1}{r(p'_n-1)-\frac{(p'_n-0.52)^{2.75}}{2.75}}$	
40	$\frac{[\Delta h_2]}{Gh_d}=\frac{1}{2.75}(N_m-0.52)^{2.75}-\frac{1}{2.75}(p'_n-0.52)^{2.75}$ $-r(N_m-p'_n)$	
41	$\frac{[\Delta h_2]}{Gh_d}=r(N_m-1)-\frac{(N_m-0.52)^{2.75}}{2.75}$	
42	$L_m=S(N_m-1)+S_0$	

续表

序号	公式	符号说明
43	$L_{亩}=\frac{666.7}{S_L}$（m/亩）或 $L_{公顷}=\frac{10000}{S_L}$（m/hm²）	A——可灌面积，hm²； $L_{亩}$、$L_{公顷}$、$L_{系}$——分别为每亩、每公顷、一个灌溉系统的毛管用量，m； S_L——毛管间距，m； N、N_1、N_2——毛管上灌水器数、支（辅）管上毛管条数、干管上一次运行支（辅）管数； $h_{毛}$——毛管水头损失，m； f、m、b——分别为摩阻系数、流量指数和管径指数； N——毛管实际出水孔个数； q_d——滴头设计流量，L/h； S_0——进口至首孔的间距，m； k——水头损失扩大系数，k=1.1～1.2； h_0——毛管进口工作水头，m h_d——滴头设计工作水头，m； S_e——滴头间距，m； R——平均摩损比，m； L——管道长度，m； $Q_{支}$——支管设计流量，L/h； d——管道内径，mm； t_n——年运行时间，h，作物不同，灌溉制度不同，系统年运行时间不同，取值不同； x_n——电费，元/（kW·h）； $Q_{干}$——干管各段设计流量，m³/h，用于序号51公式； Y′——PVC-U管现行价格，元/t； D′、D——分别为用序号51公式与序号52公式计算和修正的经济管径的内径 $Q_{毛}$——支（辅）管上第 i 条毛管的流量，L/h； $Q_{支(辅)}$、$Q_{干}$——分别为支（辅）管、干管的设计流量，L/h； $h_{支}$、$h_{干}$——分别为支管、干管的水头损失，m； $h_{计}$——计算节点的压力，m； $h_{上}$——紧靠并向计算节点供水的上游节点的压力，m； $\sum h_i$——上游节点与计算节点之间管段的水头损失，m； $\Delta H'$——上游节点与计算节点之间高程差，顺坡为“+”，逆坡为“－”，m
44	$L_{系}=L_{公顷}\times A$	
45	$Q_{毛}=Nq_d$	
46	$Q_{支(辅)}=\sum_{1}^{N_1}Q_{毛i}$	
47	$Q_{干}=N_2Q_{支(辅)}$	
48	$h_{毛}=\frac{kfS_eq_d^m}{d^b}\left[\frac{(N+0.48)^{m+1}}{m+1}-N^m\left(1-\frac{S_0}{S_e}\right)\right]$	
49	$h_0=h_d+R\times\frac{kfS_eq_d^{1.75}(N-0.52)^{2.75}}{2.75d^{4.75}}+\frac{kfS_0(Nq_d)^{1.75}}{d^{4.75}}$	
50	$h_{支}=\frac{kfQ_{支}^m}{d^b}L$	
51	$D'=10(t_nx_n)^{0.15}Q_{干}^{0.43}$	
52	$D=(3900/Y')^{0.15}D'$	
53	$h_{干}=\frac{kfQ_{干}^m}{d^b}L$	
54	$h_{计}=h_{上}-\sum h_i\pm\Delta H'$	

续表

序号	公式	符号说明		
55	$\nu_0=\frac{Q}{A_{沉淀池}}$	ν_0——表面负荷率，m/h； Q——设计流量，m^3/h； $A_{沉淀池}$——沉淀池表面积，m^2； $L_{沉淀池}$——沉淀池长度（m）； ν——水平流速（m/h）； $T_{停留}$——停留时间（h）； $B_{沉淀池}$——沉淀池宽度（m）； H_1——沉淀池（有效）水深，m； H_2——沉淀池存泥区深度，m	C_0——进入沉淀池的水流含设计标准及其以上粒径泥沙的浓度，kg/m^3； T——滴灌的灌水周期，h； γ——泥沙容重，可采用 $1780kg/m^3$； Re——雷诺数	$R_水$——水力半径，m； ν——水的运动黏性系数，水温20℃时为 1.01×106（m^2/s）； Fr——弗劳德数； g——重力加速度，$9.8m/s^2$； B——管槽底部宽度，m； D——管道外径，m； H——管槽开挖深度，m； $h_冻$——最大冻土层深度，m
56	$A_{沉淀池}=Q/\nu_0$			
57	$L_{沉淀池}=\nu T_{停留}$			
58	$B_{沉淀池}=A_{沉淀池}/L_{沉淀池}$			
59	$H_1=\frac{QT_{停留}}{A_{沉淀池}}$			
60	$H_2=\frac{QC_0T}{\gamma A_{沉淀池}}$			
61	$Re=\frac{3600\nu R_水}{\nu}$			
62	$Fr=\frac{1.296\times10^7\nu^2}{R_水 g}$			
63	$D\leqslant200mm$ 的管材，$B=D+0.3$			
64	$D>200mm$ 的管材，$B=D+0.5$			
65	$H\geqslant D+h_冻+0.1$			

参考文献

[1] 迟道才，费良军，蔡守华，等．节水灌溉理论与技术［M］．北京：中国水利水电出版社，2009.
[2] 郑耀泉，刘婴谷，严海军，等．喷灌与微灌技术应用［M］．北京：中国水利水电出版社，2016.
[3] 施炯林，郭忠，贾生海．节水灌溉技术［M］．兰州：甘肃民族出版社，2003.
[4] 李宗尧，缴锡云．节水灌溉技术［M］．北京：中国水利水电出版社，2004.
[5] 李雪转．现代节水灌溉技术［M］．郑州：黄河水利出版社，2018.
[6] 李宗尧，拜存有．节水灌溉技术［M］．北京：中国水利水电出版社，2018.
[7] 张志新．滴灌工程规划设计原理与应用［M］．北京：中国水利水电出版社，2007.
[8] 顾烈烽．滴灌工程设计图集［M］．北京：中国水利水电出版社，2005.
[9] 陈俊，艾合买提·肉孜．滴灌系统施工与运行管理［M］．北京：中国农业大学出版社，2017.
[10] 张强，吴玉秀．喷灌与微灌系统及设备［M］．北京：中国农业大学出版社，2017.
[11] 陈林，王海波．新疆主要农林作物滴灌高效栽培实用技术［M］．北京：中国农业大学出版社，2017.
[12] 张兴旺．节水灌溉技术［M］．兰州：甘肃文化出版社，2015.
[13] 王立洪，管瑶．节水灌溉技术［M］．北京：中国水利水电出版社，2011.
[14] 中华人民共和国水利部．中华人民共和国国家标准 GB/T 20203—2017. 管道输水灌溉工程技术规范［S］．北京：中国标准出版社，2017.
[15] 中华人民共和国住房和城乡建设部．中华人民共和国国家标准 GB 50288—2018. 灌溉与排水工程设计标准［S］．北京：中国计划出版社，2018.
[16] 中华人民共和国住房和城乡建设部．中华人民共和国国家标准 GB/T 50485—2009. 微灌工程技术规范［S］．北京：中国计划出版社，2009.
[17] 中华人民共和国水利部．中华人民共和国水利行业标准 SL 470—2010. 灌溉用过滤器基本参数及技术条件［S］．北京：中国水利水电出版社，2010.
[18] 中华人民共和国住房和城乡建设部．中华人民共和国国家标准 GB/T 50363—2018. 节水灌溉工程技术标准［S］．北京：中国计划出版社，2019.
[19] 中华人民共和国水利部．中华人民共和国水利行业标准 SL 550—2012. 灌溉用施肥装置基本参数及技术条件［S］．北京：中国水利水电出版社，2012.
[20] 中华人民共和国农业部．中华人民共和国国家标准 GB 5084—2005. 农田灌溉水质标准［S］．北京：中国计划出版社，2005.
[21] 中华人民共和国住房和城乡建设部．中华人民共和国国家标准 GB/T 50769—2012. 节水灌溉工程验收规范［S］．北京：中国计划出版社，2012.
[22] 新疆维吾尔自治区质量技术监督局．新疆维吾尔自治区地方标准 DB65/T 3055—2010. 大田膜下滴灌工程规划设计规范［S］．北京：中国水利水电出版社，2010.